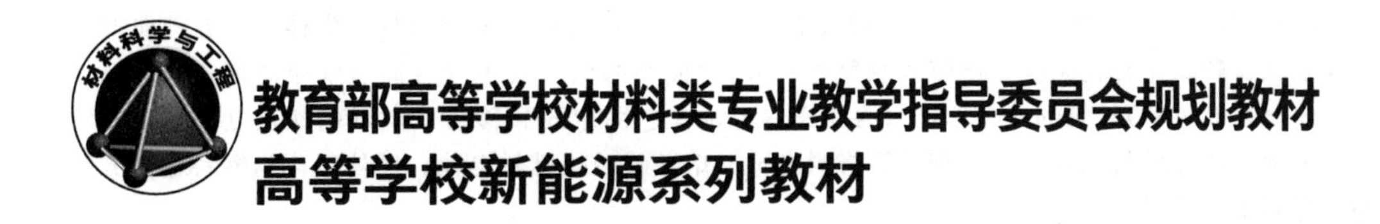

教育部高等学校材料类专业教学指导委员会规划教材

高等学校新能源系列教材

氢能与燃料电池

吴朝玲 主 编

王 刚 王 倩 副主编

HYDROGEN ENERGY

& FUEL CELLS

化学工业出版社

·北 京·

内 容 简 介

《氢能与燃料电池》主要内容包括氢能研发背景、氢的发展历史、氢的物理化学性质、五种典型的制氢技术（含碳氢化合物制氢、电解水制氢等）、六类典型的储氢技术（含高压气瓶储氢、液态氢储存、固体材料储氢等）、氢的典型应用（含氢燃料电池车、固定式和移动式燃料电池发电等）以及碱性燃料电池、磷酸燃料电池、质子交换膜燃料电池、熔融碳酸盐燃料电池、固体氧化物燃料电池五类典型的燃料电池技术。

本教材与中国大学 MOOC 网同名课程“氢能与燃料电池”配套，相关章节的视频、在线题库、配套彩图可通过扫描二维码使用。

《氢能与燃料电池》可供新能源材料与器件、储能科学与工程、新能源科学与工程、材料科学与工程、化学工程、热能与动力工程、建筑与环境工程及其他相关行业专业的本科和研究生教学使用，也可以作为氢能行业人员的入门参考书。

图书在版编目（CIP）数据

氢能与燃料电池/吴朝玲主编；王刚，王倩副主编
.—北京：化学工业出版社，2022.6（2024.7 重印）
ISBN 978-7-122-41105-1

Ⅰ.①氢… Ⅱ.①吴… ②王… ③王… Ⅲ.①氢-氧燃料电池-高等学校-教材 Ⅳ.①TM911.42

中国版本图书馆 CIP 数据核字（2022）第 051793 号

责任编辑：陶艳玲　　文字编辑：师明远
责任校对：田睿涵　　装帧设计：史利平

出版发行：化学工业出版社（北京市东城区青年湖南街 13 号　邮政编码 100011）
印　　刷：北京云浩印刷有限责任公司
装　　订：三河市振勇印装有限公司
787mm×1092mm　1/16　印张 12¾　字数 304 千字　2024 年 7 月北京第 1 版第 4 次印刷

购书咨询：010-64518888　　售后服务：010-64518899
网　　址：http://www.cip.com.cn
凡购买本书，如有缺损质量问题，本社销售中心负责调换。

定　　价：58.00 元

序言

能源科技既面向经济主战场，又面向国家重大需求，是科技发展领域的重中之重。氢能清洁无污染可再生，是一种新型二次能源，在未来可持续发展的能源供给体系中，将具有与电能同等重要的地位。氢能产业链包含制氢、储氢、输运氢、氢加注和氢应用等多个环节。依赖可再生能源制氢是人类氢经济理想中未来氢来源的主要发展方向；但在目前商业市场上，煤和天然气等化石能源制氢以及工业副产氢由于具有更高的经济性，依然是现阶段的主流氢源。高压氢气储运和液态氢储运技术成熟，已实现工程化和商业化；而基于各种液态和固态储氢介质的其他储氢技术虽然具有高效性和高安全性，各国研究人员也从未间断过对其研究，但仍处在探索和示范验证阶段。氢可以通过在燃料电池中的电化学反应，高效率地产生电能；也可以通过燃烧产生热能，继而通过氢内燃机等装备发电。无论哪种应用方式，其唯一产物是水，因此氢能清洁、无污染，不会造成温室效应。在能源危机和“双碳”目标的双擎驱动下，世界各国都在大力发展氢能技术及其产业，我国也在积极布局和大力培育发展中。

《氢能与燃料电池》一书的出版发行可谓适逢其时。这是一本专门针对氢能领域的本科和研究生编写的教材，与中国大学 MOOC 网上的同名课程配套。该教材的三位编写人员也都是 MOOC 课程的主讲老师，同时也是四川大学材料科学与工程学院的一线教学和科研人员，具有丰富的教学、科学研究以及工程实践经验。该教材从氢的物理化学性质入手，阐述了制氢、储氢、燃料电池等典型氢能相关技术的原理、工艺、材料和特点等内容，系统性和逻辑性强，深浅度适中，是一本不可多得的高质量专业教科书。

该教材可以为新能源材料与器件、储能科学与工程、新能源科学与工程、材料科学与工程、化学工程等专业的本科和研究生作为教科书，也可以作为氢能行业人员入门的参考书。特为之序。

郭烈锦

2021/11/22

前言

化石能源在人类的工业化进程中占据了非常重要的地位。然而它们都是一次能源，储量有限，在开采和使用过程中，它们带来了环境污染和温室效应问题；此外，为争夺化石能源还容易引发区域战争，引起社会动荡。在“碳达峰”、“碳中和”的双碳目标下，积极发展可再生能源是必由之路。氢能是重要的可再生能源之一，其储量丰富，宇宙中75%质量分数的物质由氢组成，而地球70%以上被水（氢的主要来源之一）覆盖，各个国家和地区不必因为争夺氢资源引发动乱；氢能是真正的清洁能源，不管通过何种方式使用，都不会产生任何碳排放，也不会产生温室效应；氢能是安全的能源，在空气中扩散能力强，一旦发生氢泄露或燃烧，会快速垂直上升到空气中并扩散开来。

世界各国都在大力发展氢能，例如美国燃料电池和氢能源协会（FCHEA）发布了《美国氢经济路线图》并提出，到2050年，氢能将占据美国能源需求的14%；日本发布了“氢能源基本战略”，主要目标包括2030年实现氢能源发电商用化，以削减碳排放并提高能源自给率。我国从“七五”即开启了氢能研发，特别是自2010年以来，密集出台了一系列氢能相关的政策措施，彰显出国家发展氢经济的决心。例如，2012年国务院发布了《节能与新能源汽车产业发展规划（2012-2020年）》，明确提出“氢燃料电池汽车、车用氢能源产业与国际同步发展”的战略。此后，各省市积极响应号召，纷纷出台了适合于本地氢能发展的政策，积极推动氢经济的健康发展。

本书从氢能研发背景出发，涉及氢的发展历史、氢的物理和化学性质、五种典型的制氢技术（碳氢化合物制氢、电解水制氢等）、六类典型的储氢技术（高压气瓶储氢、液态氢储存、固体材料储氢等）、氢的典型应用（氢燃料电池车、固定式和移动式燃料电池发电等）以及碱性燃料电池、磷酸型燃料电池、质子交换膜燃料电池、熔融碳酸盐型燃料电池、固体氧化物燃料电池五类典型的燃料电池技术，既阐述了氢能基础理论知识，也涵盖了氢能与燃料电池相关工程应用技术。

本教材编撰于国际国内氢能市场方兴未艾的大背景下，可供新能源材料与器件、储能科学与工程、材料科学与工程、化学工程、热能与动力工程、建筑与环境工程及其他相关行业领域的本科和研究生教学使用，也可以作为氢能行业人员的入门参考书。

本教材共11章，第1章概述，主要介绍氢能发展的背景和历史。第2章主要介绍氢的各种重要的物理化学性质。第3章主要介绍五种典型的制氢方法和技术。第4章主要介绍六类典型的储氢方法和技术，以及材料储氢性能测评方法。第 5 章主要介绍氢能典型的应用案例。第 6 章为燃料电池概述，主要介绍燃料电池的结构、关键材料与部件、工作原理及特点等。第 7 章主要介绍碱性燃料电池的结构、工作原理及特点。第 8 章主要介绍磷酸燃料电池的结构、工作原理及特点。第 9 章主要介绍质子交换膜燃料电池的结构、工作原理及特点。第 10 章主要介绍熔融碳酸盐燃料电池的结构、工作原理及特点。第 11 章主要介绍固体氧化物燃料电池的结构、工作原理及特点。本教材第 1 章由王倩副研究员编写，第 2~5 章由吴朝玲教授编写，第 6~11 章由王刚副教授编写，最后由吴朝玲教授统稿。三位编写者都是四川大学材料科学与工程学院一线教师和科研人员。

在此感谢教育部高等学校材料类专业教学指导委员会的指导。在本教材编撰过程中，北京大学李星国教授、中国矿业大学王绍荣研究员、四川大学陈云贵教授给出了宝贵的建议和意见，在此衷心感谢。

在本教材的编撰过程中，编者尽量收集国内外相关的文献资料，力求准确有效，即便如此，编者仍感水平有限，书中难免有不妥之处，敬请谅解并批评斧正。

本教材与中国大学 MOOC 网同名课程《氢能与燃料电池》配套，相关章节的教学视频、在线题库、配套彩色图片等电子资料可通过扫描二维码使用。

吴朝玲

2022 年 3 月

目录

第1章 概述

第2章 氢的物理化学性质

第3章 制氢技术

第4章 储氢技术

第5章 氢的典型应用

第6章 燃料电池概述

第7章 碱性燃料电池

第8章 磷酸燃料电池

第1章 概述

1.1 氢的发展历史

氢的发展史中不乏伟大的科学家和工程师、神奇的发现和技术突破，同时也充斥着历史倒退和悲剧。氢能技术已经与人类的日常生活息息相关。氢主要以碳氢化合物的形式存在，广泛应用于化学工程，特别是石化工业。它也参与生命过程，如在活体细胞中进行的光合作用和能量转换。本节从氢元素的最初发现开始，以氢的历史时间表为主线，概述氢气的科学技术发展历程，同时也包括与氢相关的重大历史事件。

1.1.1 氢发展史大事年表

(1) 发现氢气

比利时化学家、生物学家、医生、科学家扬·巴普蒂斯塔·范·海尔蒙特（Jan Baptista van Helmont，1577—1644）是第一个反对亚里士多德基本思想的人，他发现空气不是一种元素，其中还存在着另一种具有不同性质的气体。他把它命名为“chaos”（希腊语），根据荷兰语的拼写是 gas（气体）。

中世纪，瑞士冶金学家、物理学家、占星师、术士帕拉塞尔苏斯（Paracelsus，1493—1541）注意到，当铁溶解在“硫酸”中时会产生气体。后来，罗伯特·博伊尔（Robert Boyle，1627—1691）采用稀硫酸和铁制出了“人造空气”。他指出，只有在有空气存在的情况下“人造空气”才会燃烧，在反应过程中，一部分空气会消失，且燃烧产物比原材料要重。德国化学家格奥尔格·恩斯特·施塔尔（Georg Ernst Stahl，1659—1734）是普鲁士国王弗里德里西·威廉的医生，他在1697年提出了燃素理论，即所有易燃材料都含有燃素，这是一种假想物质，在燃烧过程中会释放出来。根据燃素理论，物质越易燃，燃素含量越高，燃烧越剧烈。这是人类第一次用燃素理论来描述化学反应。以铅为例，燃素理论认为铅是由氧化铅和燃素组成的，燃烧时燃素被释放出来，留下的物质就是氧化铅。

后来，英国科学家亨利·卡文迪许（Henry Cavendish，1731—1810，见图1-1）证明有不同类型的空气，其中一种是“易燃的空气”，许多金属在溶于酸时会产生不等量的这种气体。他认为这些金属是易燃空气的来源。然而，根据燃素理论，这是解释不通的。1770年，亨利·卡文迪许在氢-氧混合物中进行放电实验，得到了唯一的产物——水，这一发现激发了卡文迪许对新型气体的探索。于是在1781年，卡文迪许把这种易燃的空气（后被证实为氢气）与火焰一起燃烧，结果仍然只得到水，这一发现对于18世纪的科学界来说是非常了不起的。对于这种易燃空气的命名，1787年，法国科学家安托万·洛朗·拉瓦锡从希腊语“hydor”扩展，提出了“氢”这个词，意思是形成水的元素。

氢作为燃料，比可燃性更重要的特性是它燃烧过程中会释放大量的能量。拉瓦锡和皮埃尔·拉普拉斯在1783～1784年间用冰量热计测量了氢的燃烧热。实验耗时11.5h，冰融化等价的能量约为每公斤氢气燃烧放热9.7×10^7J，与准确值每公斤氢气燃烧放热1.2×10^8J差距很小。

（2）电解水制氢

1800年，英国的威廉·尼克松（William Nicholson）和安东尼·卡莱尔（Anthony Carlisle）通过电流将水分解为氧气和氢气，即电解水制氢实验。如图1-2中所示，将两个电极插入连通器的水里，连接电池的正负极通入电流，在连通器的两极会分别产生氢气和氧气。其中，产生氢气的体积是氧气的2倍。根据这个原理发展出来的电解水制氢技术如今已经相当成熟，并且已经实现了工业化。

图1-1　氢气的发现者：亨利·卡文迪许

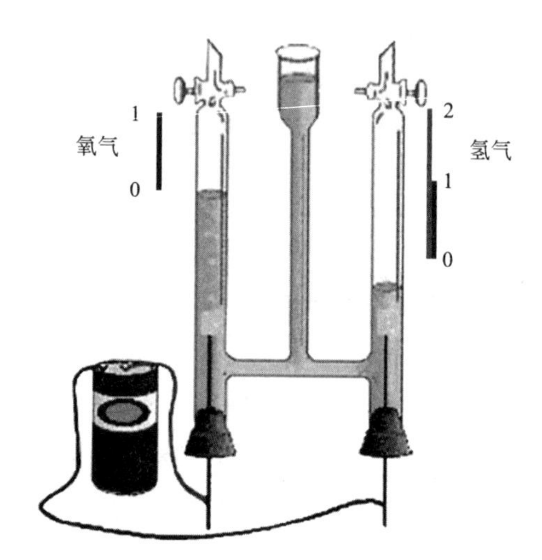

图1-2　电解水制氢

1823年，德国人约翰·沃尔夫冈·德贝列那（Johann Wölfgang Döbereiner）发明了第一款轻型的“口袋式”雪茄打火机（如图1-3所示）。这款打火机的工作原理是：锌与硫酸发生化学反应，产生的氢流过含铂的海绵，与氧自发地反应。随后，释放的热量也点燃了气态的氢，并产生火焰，完成了打火过程。反应完成后，在铂金属表面生成水。金属表面的催化燃烧是氢-金属相互作用最重要的化学效应之一，也是后续研发各种实用化装置的基础。

威廉·格罗夫爵士（Sir William Grove，1811—1896）在1839年制作了一款“气体伏打电池”，如图1-4所示，它由四个串联的电解槽组成，使用稀释的硫酸作为电解质，铂丝作为电极，通过电解水产生氢气和氧气。格罗夫制作的气体伏打电池让氢气和氧气通过电化学反应重新结合，从而产生电流，产生的电流又可以用于电解水制氢。“燃料电池”是1889年由路德维希·蒙德（Ludwig Mond）和查尔斯·兰格（Charles Langer）命名的，他们试图制造第一个使用空气和工业煤气的发电装置。然而，燃料电池大电流放电是非常困难的。

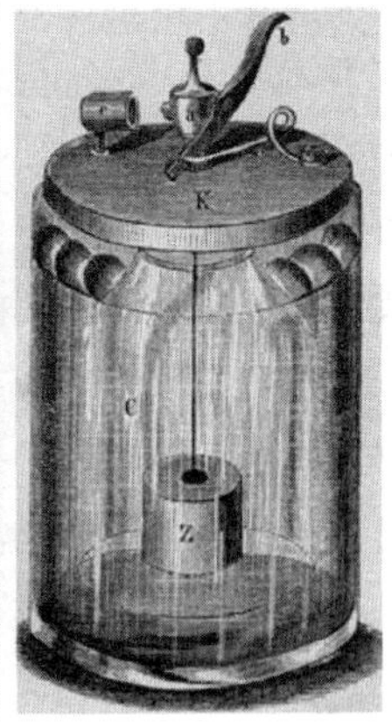

图 1-3 Döbereiner 铂金打火机

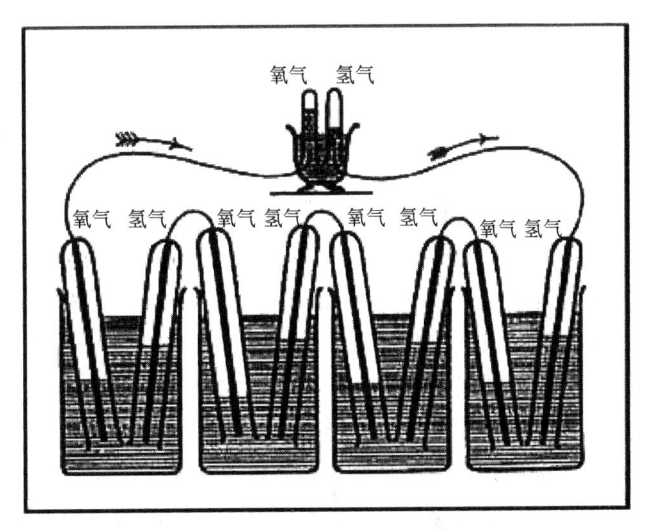

图 1-4 威廉·格罗夫及其制作的“气体伏打电池”

1866 年，第一台发电机面世，它能够把任何种类的机械能有效地转化为电能，燃料电池失去了其作为发电机的重要性，因此，直至 20 世纪中叶，燃料电池都没有得到发展。

（3）储氢技术

1803 年，继沃拉斯顿（W. H. Wollaston）发现金属钯之后不久，格雷汉姆（T. Graham）发现这种金属可以通过形成金属氢化物来吸收大量的氢，这一发现成为金属氢化物储氢技术的基础。1861 年，德国科学家古斯塔夫·基尔霍夫（Gustav Kirchhoff）和罗本特·本生（Robert Bunsen）分析了太阳发射光谱，发现太阳的主要成分是氢气。

1898 年 5 月 10 日，苏格兰人詹姆斯·杜瓦（James Dewar）使用循环冷却法首次实现静态液化氢。他利用液氮在 180 个大气压下对气态氢进行了预冷却，然后通过绝缘容器中的节流阀让氢气体积膨胀，在此期间氢气保持由液氮冷却的状态。膨胀的氢气产生了约 $20cm^3$ 的液氢，约为初始氢气体积的 1%。

1909 年，德国化学家弗里茨·哈伯（Fritz Haber）通过一个催化过程实现了氢和氮元素合成氨（NH_3）。卡尔·博世（Carl Bosch）成功地将哈伯的氨合成从实验室规模扩大到工业生产。第一次世界大战后，其他工业化国家引入了合成氨技术，因此氢的消耗量迅速增加。1929年，邦赫费尔（Bonhoeffer）和哈特克（P. Harteck）成功地制备了第一个仲氢样品。

(4) 氢的同位素和氢弹

1931年尤里（Urey）、布里克韦德（Brickwedde）和墨菲（Murphy）研究氢样品的可见原子巴尔默系列光谱，发现了氢的同位素^{2}H，即重氢（氘）。1935年，奥里芬特（Oliphant）、哈特克（Harteck）和卢瑟福勋爵（Lord Rutherford）通过中子轰击氘化磷酸合成了“超重氢”^{3}H（氚）。氘和氚是核聚变反应中最重要的核素。

人类目前已经实现了不可控核聚变反应，比如让人闻风丧胆的氢弹。早在1954年3月1日，美国在马绍尔群岛的比基尼环礁上点燃了第一颗氢弹，这枚核炸弹的威力是投在广岛的原子弹的1000倍。三周后，一艘名为“幸运龙”号的日本渔船出现在当时距离试验区80英里（1mile=1.609km）的范围内，导致264人意外暴露在辐射中，其中23名海员严重地感染了辐射病，这次爆炸后果比预期的严重得多。

(5) 氢从制备到应用

历史上，氢气的制备起始于水煤气（CO和H_2的混合物）的生产。20世纪30年代后期德国开发的鲁奇（Lurgi）工艺可以将煤转化为甲烷，继而合成其他碳氢燃料（如汽油）。该工艺二战期间在德国规模放大，然而与从原油中得到的碳氢燃料相比，在经济上没有竞争力。但是使用类似的工艺可以调节原油生产的最终产物。水蒸气重整或催化氧化是碳氢化合物规模生产氢气的主要方法。到2000年，全球每年总产氢量为500×10^9 m^3或约45×10^6 t。主要来源为天然气和煤炭，分别占总产量的48%和30%。氢气总产量的50%用于合成氨，25%用于原油裂解和提纯。氢也可以用作能量载体，在未来的氢经济中，将被大量应用于汽车、规模储能等多个国民经济领域。

氢也可以应用于其他多种领域。20世纪固体物理学的快速发展促进了与氢相关的新型固态器件的发展，如对氢敏感的Pd-MOS结构、镍氢电池、氢化物调光镜、氢化物热泵等。其中，金属氢化物镍电池（镍氢电池）是第一个实现以氢储能的蓄电池，氢以氢化物的形式存储在镍氢电池的负极上。菲利普斯（Philips）和埃因霍温（Eindhoven）发现的低成本、高储氢容量的$LaNi_5$型储氢合金使镍氢电池成功实现了商业化。1996年波格丹诺维奇（Bogdanovic）把催化剂应用在轻质的铝氢化物中，获得了较高的可逆放氢量，开辟了一条寻求高容量储氢材料的新路。然而，用于汽车的储氢材料必须满足更高的储氢容量，现在确定最终的储氢材料仍然为时尚早。

(6) 氢气在交通领域的应用

将氢气称为“易燃空气”的卡文迪许也是第一个测量其密度的人。1766年，他在论文中报道，氢比空气轻7～11倍（准确值为14.4）。卡文迪许的测量结果不仅揭开了气体历史的新篇章，而且还引起了人们对氢气作为热空气的一种有浮力气体替代品的极大关注。于是在1783年6月15日，蒙哥菲尔（Mongolfier）兄弟首次公开展示热气球之后不久，雅克·亚历山大·塞萨尔·查尔斯（Jacques Alexandre César Charles）也做了一个热气球。经过四天与铁-酸产氢器的斗争，查尔斯于1783年8月27日放飞了一个4m直径的氢气球。仅仅三个多月后，他和他的气球制作者艾琳·罗伯特（Aine Robert）成为第一批乘坐氢气球升空的人。

从1783年蒙哥菲尔兄弟和查尔斯开始，人们就对氢气球充满了热情。然而随之而来，氢的好的、不好的特性也不可避免地一一显示出来。惨案发生在1785年6月15日，罗齐耶(Pliatre de Rozier）和助理罗纳翁（P. A. Ronaon）乘坐着氢气球横穿英吉利海峡，氢气球上携带了一只用于高度控制的小型热气球。飞行30min后，氢气被点燃，两人死亡。氢气的易燃性是发生首次氢气球空难的根本原因。然而，氢气比空气更轻，浮力更大，这一特性的吸引力远远超过氢易燃这一危险特性。之后的150年间，不断有人尝试氢气球飞行试验。直到1937年发生的兴登堡号飞艇空难事件，持续了150年的氢气球热才被彻底浇灭。

可燃性是氢气的一个主要优点。1820年，塞西尔（W. Cecil）使用氢作为发动机燃料进行实验，并对汽车发动机做了相关研究。氢气作为燃料在各种运输系统中都进行了测试，如美国的比林斯（R. Billings）和德国的戴姆勒奔驰（Daimler Benz）、宝马（BMW）。1957年，一架氢动力的B-57堪培拉双引擎喷气式轰炸机升空，彰显了氢作为航空燃料的潜力。从1963年起，液氢液氧火箭开始发射。例如，阿波罗登月飞行需要使用$12\times10^4m^3$的液态氢罐装在土星号运载火箭上。

1970年，卡尔·科尔德什（Karl Kordesch）博士在A-40奥斯汀轿车基础上，改造了一台6kW的氢燃料电池/蓄电池混合动力电动汽车（如图1-5所示），并且他把这辆车用作个人交通工具使用超过三年。为了给乘客留出位置，压缩氢气罐被放在车顶上。这辆车的续航里程是300km。这也是人类第一辆燃料电池/蓄电池混合动力车。

图1-5　卡尔·科尔德什博士设计的氢燃料电池/蓄电池混合动力电动汽车

1988年，氢动力三重喷射运输机在苏联试飞。1994年，戴姆勒奔驰验证了Necar1型氢燃料电池汽车，搭载了巴拉德生产的50kW燃料电池堆，以及高压氢罐。1996年日本丰田验证了RAV4型燃料电池汽车，搭载了10kW燃料电池堆和固态金属氢化物储氢系统。但是2003年丰田放弃了生产这款电动车。随后，丰田十年磨一剑，于2014年底推出了Mirai。

1.1.2 兴登堡号和挑战者号空难

1937年5月6日，兴登堡号飞艇在一场灾难性事故中被大火焚毁。这艘巨大的飞艇当时正在新泽西州莱克赫斯特海军航空总站上空准备着陆，仅32s的时间就被烧毁，人们认为起火原因是发动机产生的静电或火花点燃了降落时放掉的氢气。兴登堡号空难是德国历史上一起惨烈的空难事件，德国人曾经将兴登堡号作为国家的骄傲，然而正当全世界都在关注兴登堡号的一举一动的时候，却意外地在准备着陆的时候突然起火。当然，关于这起空难的失事原因也说法不一。

1986 年 1 月 28 日清晨，挑战者号航天飞机在升空 73 秒后爆炸。该事件成为美国航空历史上最令人震惊的事件之一。总统委员会立即召开会议调查事故原因。但由于航天飞机的复杂性，以及很多利益相关者对调查的干涉，真正查清事故原因几乎成为一项不可完成的任务。发射的前一天晚上，为挑战者号生产零部件的企业技术人员建议美国航天局将发射时间延期，因为密封液氢燃料舱的 O 形圈在低于 11.6℃的情况下弹性会急剧下降，而发射当天的预测气温是零下 7℃。美国航空航天局召开了 5 分钟的紧急干部会议，最终决定强行发射。技术人员极力说明事情的危险性，但却莫名其妙地被误会为别有用心。于是，挑战者号按照原计划被点上了火，结果在发射 1 分 13 秒后发生爆炸，宇航员全体遇难。

科技的进步伴随着血与泪，乃至生命的付出，这就是氢的发展史。不管怎样，认清事物的本质，安全、有效地控制它、利用它，人类才能步入一个崭新的、清洁无污染的新世界。

1.2 氢能发展趋势

人类能源应用的历史，从早期不含氢的碳，向含氢的液态石油发展，然后是高含氢量的、气态的天然气，人类使用的燃料中含氢量越来越高。此外，日益严重的温室效应让我们非常清楚，必须严格控制、甚至避免二氧化碳的排放。单位质量 H_2 的化学能是 39.4kW·h/kg，比其他种类的燃料高 2 倍，即 1kg H_2 的化学能与 3kg 石油的能量是相同的。所以说，氢应该成为未来的能源载体。然而，在实现氢经济之前，我们还面临着诸多挑战，这些挑战既有来自于技术方面的，也有来自于经济方面的。

氢能实现循环利用（图 1-6）的理想模式，即氢经济（hydrogen economy），是指能源以氢为媒介进行储存、运输和能量转化的一种未来的经济结构设想，是 20 世纪 70 年代美国应对石油危机提出的。早在 1990 年，美国就通过了氢能研究与发展以及示范法案，美国能源部（DOE）就此启动了一系列氢能研究项目。在小布什出任美国总统期间，美国政府大力

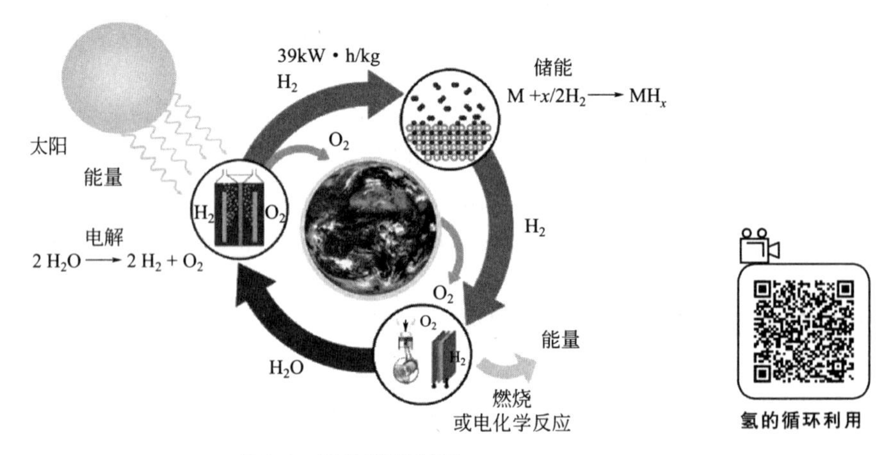

氢的循环利用

图 1-6　氢的循环利用

推动了“氢经济”，氢能被认为是未来美国能源的发展方向，美国应当走以氢能为能源基础的经济发展道路。此后，欧盟各国（特别是英、德、法国）、北美（特别是美国和加拿大）、亚洲各国（特别是中、日、韩）以及澳大利亚等国政府都高度重视氢能与燃料电池技术的研究和产品开发，纷纷出台相应的扶持政策鼓励氢能的发展。2017年后，氢能与燃料电池正式开启产业化模式。

在一个完整的氢循环中，首先涉及氢气的制备和储存。从制氢成本角度看，煤气化制氢技术成熟、成本最低，但是能耗高、不环保、碳排放高；其次是天然气重整制氢。然而理想的氢经济中，氢是通过电解水获得的，而电解水制氢的成本最高。在未来10～20年内，天然气重整制氢和煤气化制氢仍会是制氢的主要方式。可再生能源制氢能耗低、环保、碳排放低，但是全生命周期内成本较高。国际能源署发布的报告预计，到2030年，利用可再生能源发电制氢的成本可能下降30%，有望降至1.4美元/千克。到2050年，可再生能源制氢成本则可能降至0.8美元/千克。可再生能源发电电解水将成为主流制氢技术。电解水的产物除了氢气，还有氧气。氧气可以直接排放进入大气中，也可以作为产品销售。

通常，大规模生产氢的场所与用氢的场所不在同一处。因此，需要把制好的氢气集中输运，然后分销到用氢的场所。由于常态下的氢气体积能量密度极低，且极易燃爆，如何将分散在各地的氢气高效配送到加氢站，提高储运效率和氢气品质是氢能产业规模化发展的重大瓶颈。安全、高效、廉价的氢气储运技术将成为实现氢能商业化应用的关键。目前主要的储运氢技术有高压气态储运氢、液体储运氢、金属氢化物储运氢、有机液态氢化物储运氢等。总体看来，目前高压气态储（运）氢技术相对成熟，但在实现大规模、长距离储运技术的商用化前，需要攻克几大关键技术难题：①解决氢脆问题的技术。氢气本身活跃性较高，容易和钢材、岩石等发生化学反应，当涉及管道掺氢、运氢和地下地质储氢时，应做好不同氢压和掺氢比例对现有管道影响的研究，测试氢气与管材的相容性，确定安全氢压和掺氢比例范围。②液态储氢技术。液态储氢是氢气经压缩后深冷至21K（－252℃）以下使之变为液氢，然后存储到特制的绝热真空容器中。但氢的沸点是－252℃，把温度降到这么低需要消耗氢本身所具有的燃烧热的1/3。而且，由于液化温度与室温之间有200℃以上的温差，不能忽略容器壁渗进来的侵入热引起的液氢的汽化问题。因此，液氢只用于大规模高密度的氢存储，如果能降低液化过程中的能耗，以液氢作为氢的储运方式是非常有希望实现的。③有机液态介质储氢技术。有机液态介质储氢技术主要是采用有机液体化学储氢，如日本LOHC技术使用甲苯作为载体在催化剂的作用下与氢气结合形成有机氢化物进行储氢，该技术的主要问题是加载氢和卸载氢反应温度较高，因此该技术较适合应用于长距离、大规模的氢气储运场景。④固体介质储氢技术。固体介质储氢的突出优点在于安全，氢是处于低压下与另一种物质（固体储氢介质）结合成准化合物态或化合物态而存在的，不需要高压和低温。固体储氢介质主要包括高比表面积吸附材料、储氢合金、轻质金属氢化物和复杂氢化物等材料。

氢气的应用场景很多，典型的应用是给氢内燃机或者燃料电池提供燃料。氢作为燃料，和氧气发生化学反应（如在氢内燃机中），或者发生电化学反应（如在燃料电池中），同时释放出能量。不论哪种反应，其产物都是水，而没有任何其他的杂质。因此，在航天器或者潜艇中，燃料电池的产物水可以用作生命备份。水也可以重新用于制氢，从而进入下一个氢循环利用的闭环。

为了实现“双碳”目标和国家能源安全，弥补我国缺油少气的资源特点，我国一直重视氢能源全产业链建设。2019 年 3 月的全国“两会”上，氢能源首次写入政府工作报告。报告提出要推进充电、加氢等设施的建设。在科技部《氢能产业发展中长期规划（2021—2035 年）》中也明确提出，氢能是未来国家能源体系的重要组成部分，是战略性新兴产业和未来产业重点发展方向。目前，我国是世界上最大的制氢国，年制氢产量约 3300 万吨。其中，达到工业氢气质量标准的约 1200 万吨。而在氢能全产业链建设方面，我国已经初步形成从基础研究、应用研究到示范演示的全方位格局，布局了涵盖制氢（含纯化）、储运、加注、应用等完整的氢能产业链。预计至 2035 年，我国将完全建成氢能产业体系，构建涵盖交通、储能、工业等领域的多元氢能应用生态；可再生能源制氢在终端能源消费中的比重明显提升，对能源绿色转型发展起到重要支撑作用。

习题

一、选择题

二、简答题

1. 化石燃料的燃烧对环境的影响有哪些？

2. 为什么燃料电池技术在 180 年前就出现了，但是现在却没有被广泛应用？

三、讨论题

以 2014 年底丰田未来 Mirai 氢燃料电池车正式商业化为标志，世界正式步入氢经济建设初期。请查阅资料，评述各国禁油令和发展氢能的政策措施对社会和经济的影响。

参考文献

[1] Andreas Zuttel，Andreas Borgschulte，Louis Schlapbach. Hydrogen as a future energy carrier [M]. Berlin：Wiley-VCH，2008.

[2] 李星国，等. 氢与氢能 [M]. 北京：机械工业出版社，2012.

第2章 氢的物理化学性质

2.1 氢的丰度及同位素

2.1.1 氢的丰度

在整个宇宙中，氢资源非常丰富。宇宙中的物质，94.2%的原子占比、约75%的质量占比由氢（含氢的同位素）组成，见图2-1。

研究结果表明，在太阳的大气层中，按原子占比计算，氢占81.75%；按质量占比计算，氢占71.3%。

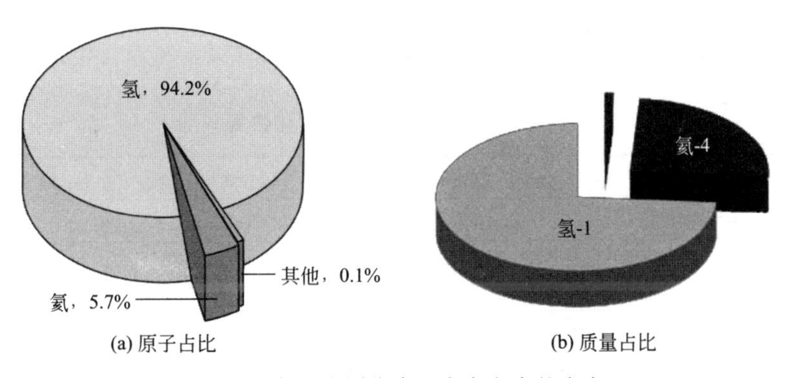

图2-1 氢（含同位素）在宇宙中的丰度

另一个特殊的星球——木星，其90%（原子占比）以上都由氢组成。外层主要由气态氢和包围住木星幔层的液态氢组成，当压力超过4×10^6bar（1bar=100kPa）时，形成金属氢，占了木星大半体积，见图2-2。

在地球及其大气中只存在极稀少的游离态氢。地壳中的氢只占总质量的1%，或者占总原子数的17%；地球表面71%的面积覆盖着水，而水可被视为氢的“仓库”，因为氢在水中的质量分数高达11%；泥土中约有1.5%的氢；此外，石油、天然气、动植物体等有机体都含氢。但在空气中，氢气含量不多，约占总体积的5×10^{-5}%。

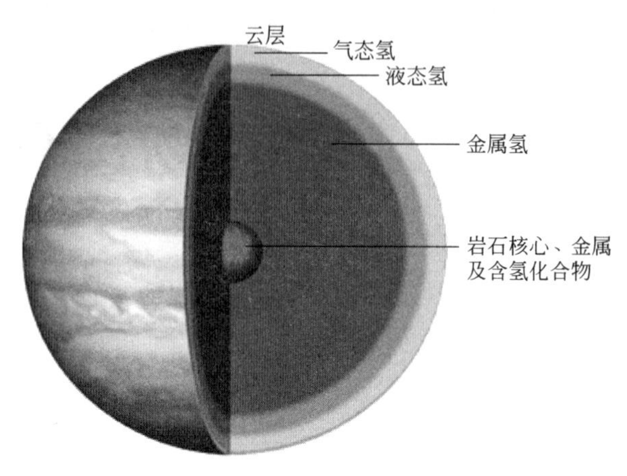

图 2-2　木星的组成

2.1.2 氢的同位素

氢原子是电中性的，它含有一个正价的质子与一个负价的电子，根据库仑定律可知，质子与电子被束缚在原子内。氢有三个同位素，分别称为氕、氘和氚。氕（protium），元素符号P或^{1}H，其原子核内有1个质子，没有中子；氘（deuterium），元素符号D或^{2}H，又叫作重氢，其原子核内有1个质子和1个中子；氚（tritium），元素符号T或^{3}H，又叫作超重氢，其原子核内有1个质子和2个中子，见图2-3。氚具有放射性。表2-1中列出了氢同位素的基本理化数据。

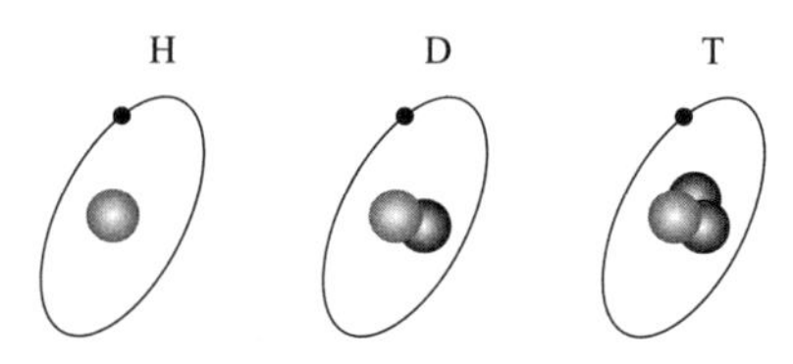

图 2-3　氢的同位素及其原子结构

表 2-1　氢同位素原子的理化数据

参数	^{1}H [12385-13-6]	^{2}H [16873-17-9]	^{3}H [15086-10-9]
原子量/u	1.007825	2.0140	3.01605
天然丰度/%	99.985	0.015	$\approx 10^{-18}$
半衰期/a			12.26
电离能/eV	13.5989	13.6025	13.6038
热中子俘获截面/$10^{-24}cm^2$	0.322	0.51×10^{-3}	$<6\times10^{-6}$
核自旋/（h/2π）	+1/2	+1	+1/2
核磁矩，核磁子/μN	+2.79285	+0.85744	2.97896

氕（^{1}H）通常称为氢，它是氢的主要稳定同位素，其天然丰度为99.985%，它是宇宙中最多的元素，在地球上的含量仅次于氧。它主要分布于水及各种碳氢化合物中。

氕的原子序数为1，原子量为1.007825。在常温下，它是无色无嗅的气体。在标准大气压下，液态氕的沸点为−252.8℃，固态氕的熔点为−259.2℃。在气体中，它的热导系数最大。氕微溶于水和有机溶剂，易溶于金属钯中。它在高温或者高压下，能渗透、穿过钢等材料。纯氕的制备方法主要是贫氘水进行电解，以及液氢精馏。此外，用天然水电解、甲烷裂解和水煤气法等制成的氢主要成分也是氕。

氘（^{2}H）是氢的一种稳定形态的同位素，原子量为 2.0140。氘在所有氢的同位素中占 0.015%。在大自然中的含量约为通常氢（即氕）的 1/7000，是热核反应的主要燃料。重氢在常温常压下为无色、无嗅、无毒、可燃性的气体。通常水的氢中含 0.0139%～0.0157% 的重氢。其化学性质与普通氢完全相同，但是因为质量大，化学反应速度略小。

氚（^{3}H）的原子量为 3.01605，半衰期为 12.26 年。氚极少量存在于自然界中，占氢同位素的约 10^{-18}%。氚可以从核反应过程中制得，例如用中子轰击锂可以产生氚。氚主要用于热核反应，比如氢弹和“人造太阳”。

2.2 与氢分子相关的几个基本术语

在学习氢分子的原子结构和电子状态之前，我们先介绍与氢分子相关的几个基本术语。

2.2.1 单重态与三重态

单重态是指根据泡利不相容原理，在同一轨道上的两个电子的自旋方向彼此相反，也就是基态分子的电子是自旋成对的，净自旋为零，这种电子配对的分子，其电子能态称为单重态，如图 2-4 所示。

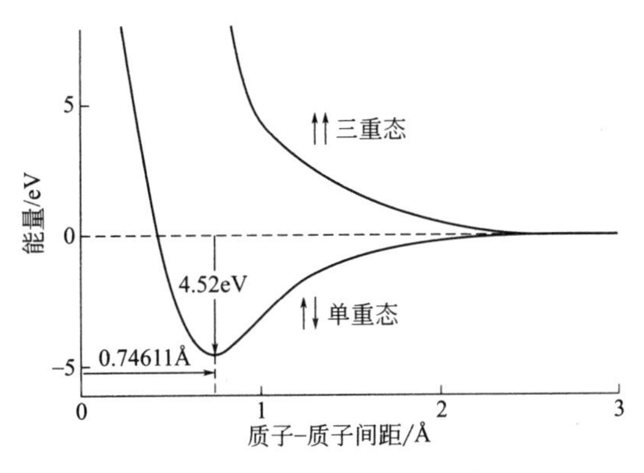

图 2-4　单重态和三重态示意图

三重态是自旋为 1 的系统的量子态。分子处于激发的三重态，其分子中含有两个自旋不配对的电子。这两个电子具有相同的自旋状态。

当氢原子数量相等，且电子自旋方向相反时，很容易成对结合，形成单重态分子，也就是总电子自旋等于零的状态。单重态氢分子在两质子间距为 0.74611Å（1Å=0.1nm）时具有最小势能。但是，外场可以干预氢分子的形成。譬如，施加强磁场可以抑制氢分子的形成。

2.2.2 正氢和仲氢

当用液态空气冷却普通的氢气，并用活性炭进行吸附分离，可以得到氢分子的两种变体，分别是正氢和仲氢。我们知道，一个氢分子里有两个氢原子，正氢和仲氢的区别就在于，这两个氢原子中原子核的自旋方向是有差异的。如图 2-5 所示，正氢具有平行的核自旋，是对称的；而仲氢具有反平行的核自旋，是反对称的。

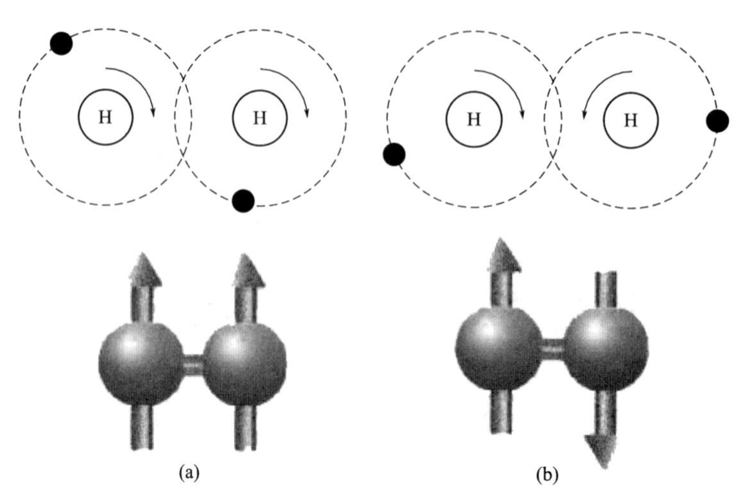

图 2-5　正氢（a）和仲氢（b）分子的核自旋示意图

正氢和仲氢的化学性质相同，但比如熔点和沸点、比热和热导率等物理性质有比较大的差异，这是它们在内能上的差异造成的，这也是造成正氢和仲氢分子在带光谱上有所差异的原因。对比二者的物理性质可知，仲氢的基态能量比正氢低。在各种温度下正氢和仲氢的平衡混合物，称之为平衡氢（$e\text{-}H_2$）。正氢（$o\text{-}H_2$）和仲氢（$p\text{-}H_2$）的平衡浓度在 20℃ 以下随温度变化而变化，如图 2-6 所示。

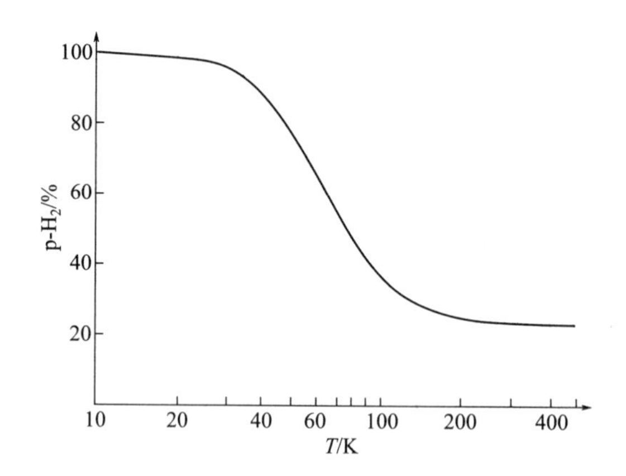

图 2-6　平衡氢（$e\text{-}H_2$）中仲氢（$p\text{-}H_2$）的量随温度的变化曲线

温度在 20℃ 以上的正氢和仲氢平衡混合物称为正常氢，由 75％正氢和 25％仲氢组成。随着温度降低，平衡氢中仲氢体积分数逐渐增高；在液氮温度－196℃时，正氢和仲氢的比例接近 1∶1；在液氢温度－252℃时，仲氢的体积分数可达 99.8％；在绝对零度时，仲氢的体积分数可达 100％。

正氢与仲氢之间存在相互转换。氢在液化和储存时，由于自催化作用，正氢会转化为仲氢并放出热量，使液氢产生蒸发损失，所以液氢产品中要求仲氢体积分数至少在 95％以上，也就是要求液化时将正氢基本上都催化转化为仲氢。正氢与仲氢之间的转换中，自转化是一个激活的过程，其速度非常缓慢。

2.3 氢气的物理性质

2.3.1 氢的平衡相图

氢有气体、液体、固体三种不同的形态，每种形态有不一样的特性，其中对氢的形态影响最大的两个因素是压力和温度，根据这两个主要影响因素即可绘制出氢的相图，如图 2-7 所示。

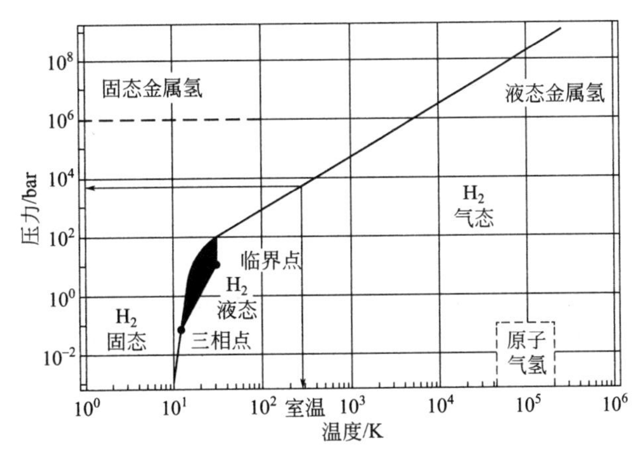

图 2-7 氢的平衡相图

在氢相图的左下角，即温度与压力极低时，氢形成密排六方晶体结构（hexagonal close-packed，hcp）的固态。

随着温度与压力升高，在 13.8K、7.04kPa，出现三相点（triple point），这个点是固、液、气三种状态氢的分界点。随着温度与压力继续升高，气液线上出现两相临界点（critical point，33K、1293kPa），这个点是液-气两相的分界点。图中还存在一个较小的黑色区域，被氢的三相点、气液线、液气两相点和固液线所包围，在该区域里，氢是液体。

从相图中还可获悉，在 1atm（1atm＝101325Pa）（即大约 1bar）条件下，液态氢的温度约是 21K，即－252℃。

此外，在超高压、一定的温度范围内，氢转化为单原子的金属氢，具有超导特性。在 10^6 bar 的超高压下，当金属氢温度升高至接近 6000K 时，固态的金属氢熔化，变成液态金属氢。如果氢以金属氢的形式稳定存在，这将是储氢密度最高的材料。遗憾的是，这个状态需要超高压力才能保持，条件过于苛刻。

从相图上看，除了液固线以上包含金属氢在内的固态氢区域和较小的液态氢区域以外，剩下的大部分区域都是气态氢。需要注意的是，在负压和高温（大约 4.5×10^4K～2×10^5K）条件下，可以获得等离子体气态氢。

总之，氢有气态、液态和固态三种状态，三种状态的氢又分别有两个不同的亚状态。气态氢有分子态和等离子态；液态氢有分子态和原子态；而固态氢有液氢凝固获得的密排六方晶体氢分子和具有超导特性的固态金属氢原子。因此，氢的相图中有 6 个不同的区域，分别代表固态分子氢、固态金属氢、液态分子氢、液态金属氢、分子气态氢和等离子气态氢。

2.3.2 氢气的状态方程

根据氢的平衡相图可知，氢在很大的温度和压力范围内，都是以气态形式存在的。为了研究气体性质，学者们建立了理想气体这一简化物理模型。从宏观上看，理想气体是一种无限稀薄的气体，它遵从理想气体状态方程和焦耳内能定律。从微观上看，理想气体的分子有质量，无体积，是质点；每个分子在气体中的运动是独立的，与其他分子无相互作用，碰到容器器壁之前作匀速直线运动；理想气体分子只与器壁发生碰撞，碰撞过程中气体分子在单位时间里施加于器壁单位面积冲量的统计平均值，宏观上表现为气体的压强。

理想气体状态方程（也称理想气体定律）是描述理想气体在处于平衡态时，环境条件与物质的量之间相互关系的状态方程，表示为：

$$pV=nRT \tag{2-1}$$

式中，p 是气体压强；V 是体积；n 是物质的量；R 是气体常数，等于 8.314J/(mol·K)；T 是气体温度。理想气体状态方程也适合于所有低密度的真实气体。但在真实的气体中，分子占据一定的体积，而且存在范德瓦耳斯力相互作用。因此真实气体的状态方程中引入了修正值，即下式：

$$p=\frac{nRT}{V-nb}-a\frac{n^2}{V^2} \tag{2-2}$$

式中，a 是偶极相互作用力或称斥力常数，对于氢气来讲，$a=2.476\times10^{-2}\mathrm{m^6\cdot Pa/mol^2}$；$b$ 是氢气分子所占体积，$b=2.661\times10^{-5}\mathrm{m^3/mol}$。

从能量角度，理想气体的吉布斯自由能定义为下式：

$$G(p,T)=G(p_0,T)+nRT\ln(p/p_0) \tag{2-3}$$

式中，$G(p, T)$ 是气体在压力 p 和温度 T 下的吉布斯自由能；$G(p_0, T)$ 是气体在标准压力 p_0 和温度 T 下的吉布斯自由能。同样地，真实气体的吉布斯自由能也有修正，即把公式（2-3）中的压力 p 换成逸度 f，得到如下方程：

$$G(p,T)=G(p_0,T)+\int_{p_0}^{p}V\mathrm{d}p=G(p_0,T)+nRT\ln\left(\frac{f}{p_0}\right) \tag{2-4}$$

逸度系数 ϕ 是由方程（2-5）来定义的，是压力 p 和维里系数 C_i 的函数，维里系数 C_i 是与温度有关的常数。

$$\ln\left(\frac{f}{p}\right)=\ln\phi=\frac{1}{RT}\int_0^p\left(V_m-\frac{RT}{p}\right)\mathrm{d}p=\sum_{i=1}C_i\frac{p^i}{i} \tag{2-5}$$

逸度系数 ϕ 亦为逸度与压力的比值，即 $\phi=f/p$，它与标准压强 p_0 无关。引入逸度 f 和逸度系数 ϕ 的概念，对研究相平衡等非常有用。

真实气体与理想气体的偏差在热力学上可用压缩因子 Z 表示，定义为

$$Z=-\frac{1}{V}\times\frac{\partial V}{\partial p}=\frac{pV_{\mathrm{m}}}{RT} \tag{2-6}$$

对于理想气体，在任何温度和压力下，$Z=1$。当 $Z<1$ 时，说明真实气体的体积 V_{m} 比相同条件下理想气体的体积小，此时真实气体比理想气体易于压缩。当 $Z>1$ 时，说明真实气体的体积 V_{m} 比同样条件下理想气体的体积大，此时真实气体比理想气体难于压缩。

图 2-8 展示了几种气体在 0℃时压缩因子随压力变化的关系，可见氢气的压缩因子大于 1，且随压力的增加而线性增大，氢气在 0℃时不易压缩。

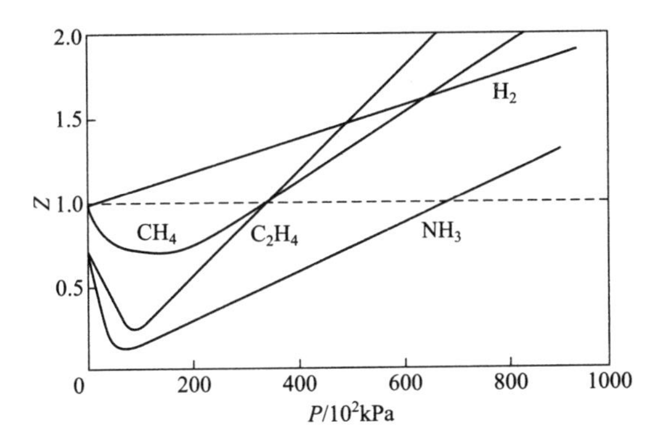

图 2-8　0℃时几种气体的 Z-P 曲线

最后可以得到压缩系数与逸度系数的关系，即方程（2-7）。

$$\ln\phi=\int_0^p\frac{(Z-1)}{p}\mathrm{d}p \tag{2-7}$$

2.3.3 焦耳-汤姆孙效应

当气体或液体与外界保持绝热，即不与环境发生热交换的条件下，被强行通过阀门或多孔塞时发生温度变化的现象，称为焦耳-汤姆孙效应（图 2-9），也称汤姆孙-焦耳效应。事实证明，这一现象对制冷系统以及液化器、空调和热泵的发展起到了非常重要的作用。

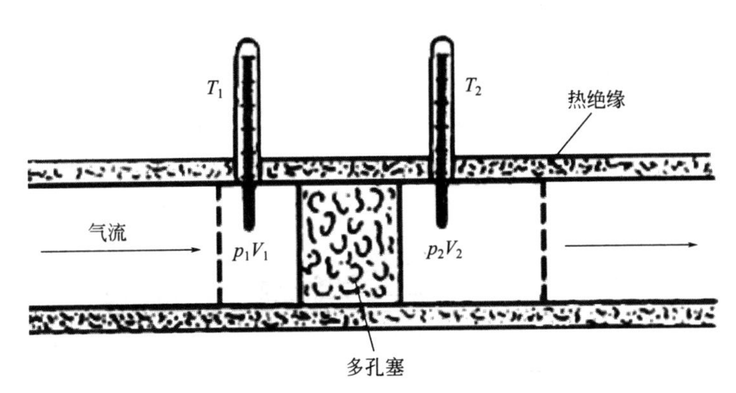

图 2-9　焦耳-汤姆孙效应示意图

焦耳-汤姆孙效应表明绝热节流过程是一个焓值不变的过程，因为与外界是热绝缘的，这是节流过程的重要热力学特点。但这并不是说绝热过程是一个定焓过程，因为中间经历的状态都是非平衡态。

常温下的大多数气体在节流过程中都会稍微发生冷却，但氢气和氦气除外。气体内部发生冷却的原因在于：热量转化为功，用于克服分子间的作用力。理想气体的关系式忽略了任何分子间的作用力，因此无法反映焦耳-汤姆孙效应。由此可见，在使用计算公式进行流量等计算时，仅仅依靠理想气体定律的各种假设得出的计算结果可能并不准确。

为了研究节流后气体温度随压强变化的情况，通常用焦耳-汤姆孙系数（也称为开尔文系数）来表征，定义式如下：

$$\mu=\frac{1}{c_p}\left[T\left(\frac{\partial v}{\partial T}\right)_p-v\right]=\frac{T^2}{c_p}\frac{\partial}{\partial T}\left(\frac{v}{T}\right) \tag{2-8}$$

式中，c_p 为等压热容；v 为体积；T 为温度。

实际上，焦耳-汤姆孙系数 μ 的直接定义是在等焓条件下，气体的温度对压力的导数，见下式：

$$\mu=\left(\frac{dT}{dp}\right)_H \tag{2-9}$$

对于理想气体，其焦耳-汤姆孙系数为0。实际气体节流后温度发生变化，可知气体的内能不仅是温度的函数，还是体积或压强的函数。当气体非常稀薄时，ΔT 趋近于0，可以推知，理想气体节流前后温度不变。因此，一定量某种理想气体的内能仅仅是温度的函数，与体积和压强无关。

实验发现，气体在节流前后温度一般要发生变化，同一种气体在不同温度与压强条件下，节流后温度可能升高，可能降低，也可能不变。如果节流前后温度不发生变化，也就是温度差 dT 等于0，称为焦耳-汤姆孙零效应。气体节流后，经历膨胀过程，压强减小，dp 总是负值，所以若节流后温差 dT 也是负值，那么 μ 大于0，表示节流引起了致冷效应，称为焦耳-汤姆孙正效应。与此相反，若节流温差 dT 大于0，也就是节流引起了致热效应，则 μ 小于0，称为焦耳-汤姆孙负效应。

图2-10所示为氢的焦耳-汤姆孙系数（μ）与压力（p）和温度（T）的关系，可见焦耳-汤姆孙系数高于0，即满足焦耳-汤姆孙正效应的区域非常小，仅在虚线以上的部分出现。

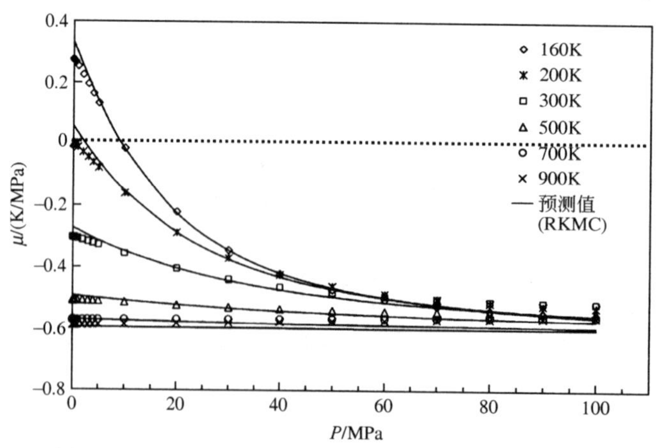

图2-10 氢的焦耳-汤姆孙系数及RKMC模型预测值

事实上，氢的转化温度约为204K，只有温度低于80K进行节流才有较明显的制冷效应。当压力为10MPa时，50K以下节流才能获得液氢。因此采用节流循环液化氢时需借助外部冷源进行预冷，工业上通常采用液氮进行预冷。

气体的焦耳-汤姆孙系数 μ 是对这种气体制冷乃至液化的重要指导参数。工程上，常把氢气先压缩至10～15MPa，然后用液氮预冷，再让77K左右的高压氢气进入节流阀，发生焦耳-汤姆孙效应，使氢气进一步冷却、液化，最后得到液氢。

2.3.4 反转曲线

当热焓不变时，即没有与外界进行热交换时，在任何气体的温度-压力曲线上，各轨迹点的压力降低对温度没有影响，这条曲线被称为气体的反转曲线，也称为转化曲线，是气体的一个重要的特征曲线。反转曲线有个简单的形式，即 $\mu=0$。正常氢的反转曲线如图2-11所示。

相对理想气体而言，真实气体在等焓环境下体积自由膨胀，温度会上升或者下降。对于给定压力，真实气体有一个焦耳-汤姆孙反转温度，高于反转温度时气体温度会上升，低于反转温度时气体温度下降，刚好在此温度时气体温度不变。

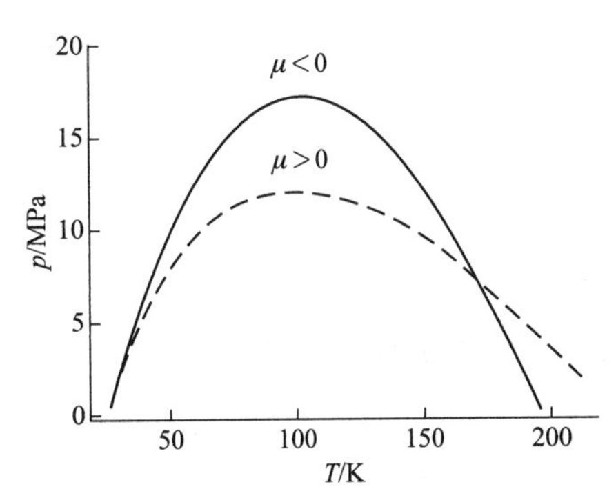

图2-11　正常氢的反转曲线（实线）及采用氢气的临界压力 $p_k=1.325$MPa和临界温度 $T_k=33.19$K计算拟合的反转曲线（虚线）

造成气体温度上升的原因是：当分子碰撞，势能暂时转换成动能，温度随之上升。造成气体温度下降的原因是：当气体膨胀，分子之间的平均距离增大。由于分子间吸引力的存在，气体的势能上升。因为该过程为等焓过程，系统的总能量守恒，所以势能上升必然会让动能下降，因此温度下降。

当气体温度高于反转温度时，势能转换成动能的影响更显著；当气体温度低于转化温度时，势能上升造成动能下降的影响更显著。

2.4 氢的扩散及化学性质

2.4.1 氢的扩散

氢由于尺寸小（基态原子半径为0.53Å）、质量小（原子量为1.008），是扩散能力最强的元素。常用扩散系数来表征氢的扩散特性。扩散系数是表示气体、液体或固体扩散程度的物理量，是指当浓度梯度为一个单位时，单位时间内通过单位面积的气体量，单位是 cm^2/s。

表2-2列出了氢在不同物质中的扩散系数。显然，氢气在各种气体氛围中扩散最快，扩散系数在 10^0 数量级附近。氢气在液体氛围中扩散能力比在气体中弱得多，例如氢在液态的

水中，扩散系数比在气体中低约 5 个数量级，这与氢在 960℃的铝熔体中的扩散系数数量级相同。而在 1600℃的铸铁熔体中，氢的扩散系数的数量级是 10^{-3}。氢在固体中的扩散系数也比在气体中小，例如，在金属钒中的扩散系数与在液态水和铝熔体中处于同一数量级；而在金属钯中，氢的扩散系数更小。

表 2-2 氢在典型气体（p=101.3kPa）、液体和固体中的扩散系数

扩散氛围	D/（cm^2/s）	T/℃
N_2	0.674	0
O_2	0.701	0
H_2（自扩散）	1.285	0
H_2O 蒸汽	0.759	100
H_2O 液体	4.8×10^{-5}	25
铸铁熔体	5.64×10^{-3}	1600
Al 熔体	1.28×10^{-5}	960
Pd	5.0×10^{-7}	25
V	5.0×10^{-5}	25

2.4.2 氢的化学性质

2.4.2.1 氢的四个化学反应过程

虽然纯氢在通常状态下不是非常活泼，但氢元素与绝大多数元素能组成化合物。氢的化学反应实质上可分为四个过程。

化学过程一：氢原子失去价电子（即氢原子被氧化）后，会形成氢的正离子，简称氢离子，即质子。例如，氢气与电负性较强的元素（如卤素）反应生成卤化物，在氢的卤化物中，氢的氧化态为+1 价。

氢离子不含电子，由于氢原子通常也不含中子，因此氢离子通常只含 1 个质子，故常将氢的正离子直接称为质子。质子是酸碱理论的重要离子。质子不能单独地在溶液或离子晶体中存在，这是由氢离子和其他原子、分子不可抗拒的吸引力造成的。除非在等离子态物质中，氢离子不会脱离分子或原子的电子云。

化学过程二：氢可与电负性较低的元素（如活泼金属）生成化合物。氢原子接受一个电子成为还原态（价态为−1 价），称为氢负离子，形成的化合物称为氢化物。

含有氢元素的离子化合物称为离子型氢化物。1916 年吉尔伯特・路易斯预言了氢化物的存在，“氢化物”一词暗含氢的还原态为−1 价。1920 年摩尔斯通过电解氢化锂，在阳极产生氢气，从而证明了离子型氢化物的存在。

化学过程三：氢可与其他原子共用电子，形成 X—H 共价键。例如，N—H 键、B—H 键和 H—H 键等。

化学过程四：氢还可与全体原子共享一个电子形成金属键，例如具有超导特性的金属氢，金属氢的化合价为 0 价。

总之，氢的化学性质取决于四个不同的化学过程：①贡献价电子后形成氢离子 H^+；②接受一个电子形成氢负离子（亦称氢化离子）H^-；③与其他原子共用电子，形成一对共价键（X—H 键）；④与所有原子共享一个电子形成金属键 H^0。氢的化学反应过程实质上就是基于这四个过程。

2.4.2.2 四类氢化物

不同元素与氢可以形成不同特性的化合物，这与元素间电负性的差异有关。电负性（符号 χ），是描述原子或官能团吸引电子（或电子云）靠近自身的倾向的性质，表征了元素原子或官能团在分子中对成键电子的吸引能力。图 2-12 的元素周期表中标注了各种元素的电负性及其所形成化合物的种类。

离子氢化物
共价聚合氢化物
共价氢化物
金属氢化物

1	2	3	4	5	6	7	8	9	10	11	12	13	14	15	16	17	18
H 2.20																	He
LiH 0.97	BeH_2 1.47											BH_3 2.01	CH_4 2.50	NH_3 3.07	H_2O 3.50	HF 4.10	Ne
NaH 1.01	MgH_2 1.23											AlH_3 1.47	SiH_4 1.74	PH_3 2.06	H_2S 2.44	HCl 2.83	Ar
KH 0.91	CaH_2 1.04	ScH_2 1.20	TiH_2 1.32	VH VH_2 1.45	CrH (CrH_2) 1.56	Mn 1.60	Fe 1.64	Co 1.70	$NiH_{<1}$ 1.75	CuH 1.75	ZnH_2 1.66	(GaH_3) 1.82	GeH_4 2.02	AsH_3 2.20	H_2Se 2.48	HBr 2.74	Kr
RbH 0.89	SrH_2 0.99	YH_2 YH_3 1.11	ZrH_2 1.22	(NbH_2) 1.23	Mo 1.30	Tc 1.36	Ru 1.42	Rh 1.45	$PdH_{<1}$ 1.35	Ag 1.42	(CdH_2) 1.46	(InH_3) 1.49	SnH_4 1.72	SbH_3 1.82	H_2Te 2.01	HI 2.21	Xe
CsH 0.86	BaH_2 0.97	LaH_2 LaH_3 1.08	HfH_2 1.23	TaH 1.33	W 1.40	Re 1.46	Os 1.52	Ir 1.55	Pt 1.44	(AuH_3) 1.42	(HgH_2) 1.44	(TlH_3) 1.44	PbH_4 1.55	BiH_3 1.67	H_2Po 1.76	HAt 1.90	Rn
Fr	Ra	AcH_2 1.00															

CeH_3 1.08	PrH_2 PrH_3 1.07	NdH_2 NdH_3 1.07	Pm	SmH_2 SmH_3 1.07	EuH_2 1.01	GdH_2 GdH_3 1.11	TbH_2 TbH_3 1.10	DyH_2 DyH_3 1.10	HoH_2 HoH_3 1.10	ErH_2 ErH_3 1.11	TmH_2 TmH_3 1.11	(YbH_2) YbH_3 1.08	LuH_2 LuH_3 1.14
ThH_2 1.11	PaH_2 1.14	UH_3 1.22	NpH_2 NpH_3 1.22	PuH_2 PuH_3 1.22	AmH_2 AmH_3 1.2	Cm	Bk	Cf	Es	Fm	Md	No	Lr

图 2-12 四类氢化物分区及元素的电负性（彩图见二维码）

(1) 氢化物盐

图中的绿色区域是碱金属和碱土金属元素，与氢反应后形成离子型氢化物，也叫做氢化物盐。其固体为离子晶体，比如 NaH 和 BaH_2 等。这类离子型氢化物的热力学稳定性一般较高，存于化合物中的氢释放困难。这些元素的电负性都比氢的电负性小，更容易失去电子。在离子型氢化物中，氢以负离子形式存在，熔融态能导电，电解时在阳极放出氢气。

(2) 共价氢化物

紫红色区域与蓝色区域的元素与氢反应后形成共价型氢化物。由氢和ⅢA～ⅦA 主族、以及一些副族元素所形成。其中与ⅢA 族元素形成的氢化物是缺电子化合物和聚合型氢化物，例如乙硼烷 B_2H_6 和氢化铝 $(AlH_3)_n$ 等。各种共价型氢化物的热稳定性相差悬殊。例如，氢

化铅 PbH_4、氢化铋 BiH_3 在室温下强烈分解；氟化氢和水受热到 1000℃时也几乎不分解。

共价氢化物的另外两个典型代表是氨和甲烷，其共价键形成如图 2-13 所示。氮气与氢气在高温 450℃左右，压强 20～50MPa、催化作用下可以生成氨。该反应过程中，1 个氮原子核外的 3 个未成对电子与 3 个氢原子共享，形成 3 个 N—H 饱和共价键，生成氨气，称为哈伯法制氨，如下式所示：

$$3H_2(g)+N_2(g)\rightleftharpoons 2NH_3(g) \qquad \Delta_r H^{\ominus}_{298}=-91.86kJ/mol \tag{2-10}$$

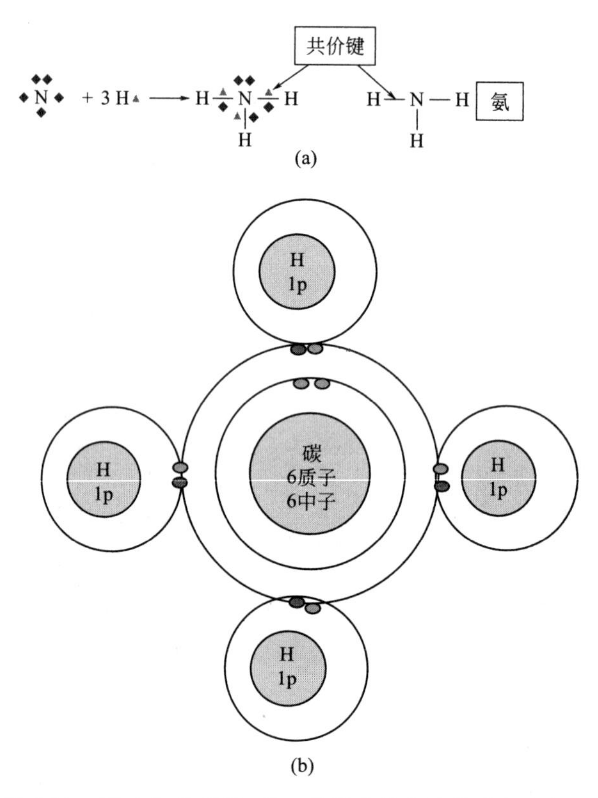

图 2-13　氨（a）和甲烷（b）分子中共价键的形成示意图

合成甲烷的反应过程中，2 个氢分子与 1 个碳原子核外的 4 个不饱和电子共享，形成共价键，如下式所示：

$$2H_2+C\longrightarrow 2CH_4 \qquad \Delta H^{\ominus}_{298}=-75kJ/mol \quad S^{\ominus}=186J/(K\cdot mol) \tag{2-11}$$

共价型氢化物也可能有还原性，因为氢的氧化价态仅为+1 价，其还原性大小取决于另一元素失电子的能力。

（3）金属氢化物

红色区域是过渡金属元素，与氢形成过渡型氢化物，也称为金属型氢化物。这类氢化物的组成不符合正常化合价规律，比如氢化镧 $LaH_{2.76}$，氢化铈 $CeH_{2.69}$，氢化钯 $PdH_{0.7}$ 等。金属氢化物晶格中，原金属原子的排列基本上保持不变，只是由于氢的进入，导致相邻金属原子间的距离稍有增加。在金属氢化物中，氢原子占据的是金属晶格中的间隙位置，金属氢化物的性质更接近金属特性。过渡金属氢化物的形成与金属的本征特性、温度以及氢气分压有关。它们的性质与母体金属的性质非常相似，并且具有明显的强还原性，一般热稳定性差，受热后容易放出氢气。

一些金属或合金是储氢的理想介质。最早受到人们关注的是 $LaNi_5$，吸氢后成为金属氢化物 $LaNi_5H_6$，它是一种性能优良的储氢材料，已被大量使用。一些贵金属如钯、钯合金及铀都是强吸氢材料，主要用于储存氢的同位素。

（4）复杂氢化物

除了上述三类氢化物外，还有一种称为复杂氢化物，它是由离子键和共价键混合的氢化物，例如 $LiBH_4$、$NaAlH_4$、$LiNH_2$ 等。氢与电负性更高的原子，如 B、Al、N 等形成共价键基团，这些基团与电负性较低的金属原子形成离子键。复杂氢化物的吸放氢伴随着晶体结构的变化，一般热稳定性高，释放氢条件苛刻。

2.4.2.3 氢键

氢键是氢与元素形成的一种特殊的键合方式。氢键的通式可用 X—H┄Y 表示，式中 X 和 Y 代表 O、F、N 等电负性大而原子半径较小的非金属原子。X 和 Y 可以是两种相同的元素，也可以是两种不同的元素。当氢原子与电负性大的原子 X 以共价键结合，若存在电负性大、半径小的原子 Y，则在 X 与 Y 之间形成以氢为媒介的一种特殊的分子间或分子内相互作用，称为氢键，是一种较强的、非共价的特殊键。图 2-14 展示了有机分子和冰中氢键的形成方式。氢键的生成焓通常在 4～40kJ/mol 范围，而一般的化学键通常在 200～400kJ/mol 范围，因此氢键可视为一种特殊的共价键，可以通过红外光谱和核磁共振光谱检测到。氢键的键长在 200～300pm，例如冰中的 O—H┄O 氢键键长为 276pm。

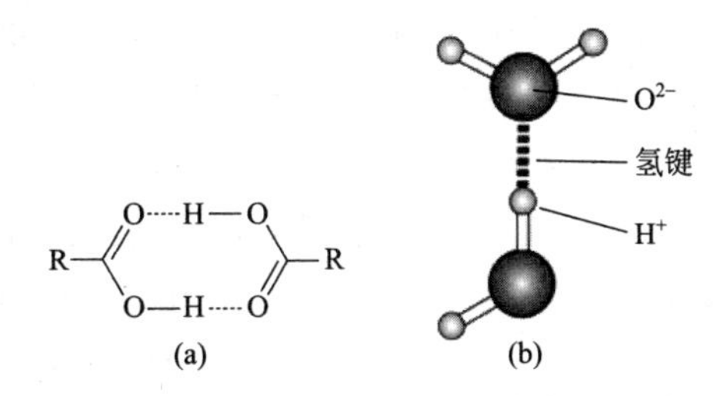

图 2-14　有机分子（a）和冰（b）中氢键形成示意图

氢键可以带来一些特殊的效应：

① 熔点和沸点的变化。对于分子间存在氢键的物质，例如 NH_3、H_2O 和 HF，熔化或汽化时，除了要克服纯粹的分子间作用力外，还需提高温度，额外地供应一份能量以破坏分子间的氢键，因此这些物质的熔点和沸点比同系氢化物（比如 PH_3、H_2S、HCl）的熔点和沸点高。相反，若分子内存在氢键，其熔点和沸点通常会降低。这是因为物质的熔沸点与分子间作用力有关，如果分子内形成氢键，那么相应的分子间的作用力就会减小，分子内氢键会使物质熔沸点降低。例如，有分子内氢键的邻位硝基苯酚熔点是 45℃，比有分子间氢键的间位硝基苯酚熔点（96℃）和对位硝基苯酚熔点（114℃）都要低。

② 氢键的存在会使汽化热升高，原因跟氢键使物质的熔点和沸点升高是类似的。

③ 一些配合物中，结晶水、未配位磺酸基，以及未配位的羧基之间通过氢键相连，会形成三维网状结构。

④ 会形成 $(HF)_n$ 型锯齿形结构的聚合物。

氢键还表现出以下一些特殊的性质。

① 氢键对水的密度有影响。冰的密度略小于水，是因为氢键使冰中水分子排列更规则，使冰晶体中产生更多的空隙。

② 氢键还可以影响某些无机酸的强度。比如，在硝酸的水溶液中，硝酸分子中可能存在分子内氢键，使之形成多原子环结构，导致其酸性比其他强酸稍弱。

③ 能形成分子间氢键的化合物，一般有较大的介电常数。例如，水的介电常数高，与水中存在氢键而发生缔合相关。

④ 氢键的形成对化合物的溶解度有影响。当某种化合物与溶剂（如水分子）间能形成氢键时，该化合物会有很大的溶解度。例如 NH_3、HF、某些含氧酸，以及乙醇、甲胺、甲酸、甘油等有机物，它们在水中都有很大的溶解度。而当某种化合物的分子或离子间能形成氢键时，它在水中的溶解度会变小。当某种化合物能形成分子内氢键时，它的溶解度也会变小。例如邻位硝基苯酚，比它的间位化合物或者对位化合物更不易溶于水。

2.4.2.4 氢原子和氢离子的化学特性

形成不同化学态的氢所需要的能量是不同的。例如，原子氢比分子氢更活泼，其分解反应如下式：

$$H_2 \longrightarrow 2H \qquad \Delta H^{\ominus}_{298}=432.2\text{kJ/mol} \tag{2-12}$$

该反应是一个强吸热反应。通过提供足够的能量给分子氢，例如大电流电弧、低氢分压下的两电极、紫外光辐射、电子轰击（10～20eV）等，可以产生原子氢。原子氢的半衰期很短（约 0.3s），与一些非金属元素（如卤素、氧、硫、磷等）在室温下即可反应生成化合物。在高温下，氢原子还可以把很多氧化物还原成金属。氢原子再结合为氢分子可能会导致非常高的温度（称为朗缪尔耀斑，4000K）。氢原子也可以被一些金属元素及其合金吸收入金属晶格中。许多与氢反应相关的催化剂也是以氢分子的解离和氢原子的溶解为基础的。金属溶于酸中产生的氢在形成初期比普通氢气更活泼，其强还原性得益于瞬间形成的原子氢。

氢原子电离的反应式如下：

$$H_{(g)} \longrightarrow H^+_{(g)} + e^- \qquad \Delta H^{\ominus}_{298}=1310\text{kJ/mol} \tag{2-13}$$

其电离势比惰性气体氙的电离势还高。电离势是元素呈气态时，从它的一个原子或阳离子中将一个电子移至无穷远处时所需做的功。

氢离子只能在溶解质子的介质中存在，而溶解过程给化学键的断裂提供了能量。氢离子与水形成水合氢离子，如下式所示：

$$H^+_{(g)} + xH_2O \longrightarrow H^+_{(aq)} \qquad \Delta H^{\ominus}_{298}=-1070\text{kJ/mol} \tag{2-14}$$

在水溶液中，常用 H_3O^+ 来代表氢离子。H_3O^+ 离子的结构为扁平的四面体，其 H—O—H 键角约为 110°，O—H 键长为 102pm，H—H 键长为 172pm。单个的 H_3O^+ 离子寿命极短，约 10^{-13}s，因为质子在水分子中可以快速交换。

2.4.2.5 燃烧与爆炸特性

氢气可与所有氧化性的单质元素反应。例如，氢气在常温光照条件下可自发地和氯气反应。氢气和氟气在冷暗处混合就可发生爆炸。氢气和氯气或氟气反应，将生成具有潜在危险性的酸（HCl 或 HF）。

（1）氢气的燃烧特性

氢气和氧气燃烧反应的高热值为−286kJ/mol，低热值为−242kJ/mol。其中，氢燃烧生成水，如果水按蒸汽算，结果就是低热值；如果水按冷凝成水算，就是高热值。两者的差值是水的汽化潜热。

氢气是一种极易点燃的气体，其燃点（或称着火点）只有500多摄氏度。如图2-15所示了氢气在空气中的燃烧极限。在大气压力下，随温度升高，氢在空气中的燃烧极限会增宽。其在室温下的燃烧极限约为4%～75%（体积分数），当温度升高至接近800K时，任意比例的氢在空气中都会引起燃烧。氢气在纯氧中的室温燃烧极限更宽，约4.65%～93.9%（体积分数）。氢的同位素氘在纯氧中的室温燃烧极限与之接近，约5.0%～95%（体积分数）。

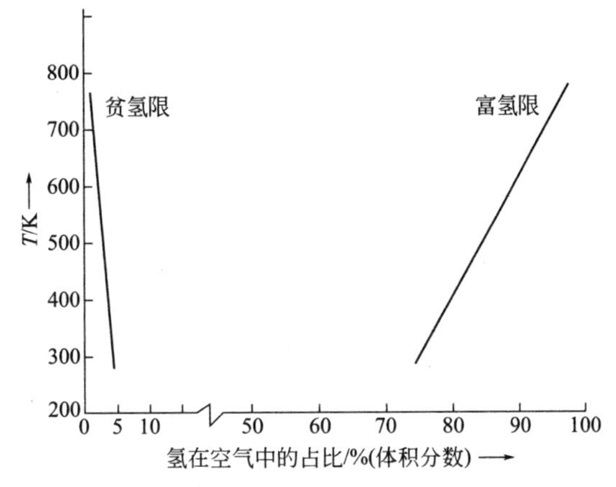

图2-15　温度对氢在空气中燃烧极限的影响（压力100kPa）

(2) 氢气的爆炸特性

氢气除了燃烧极限很宽以外，还很容易爆炸。实验测定，空气中如果混入氢气的体积达到总体积的18.3%～59%，点燃时会发生爆炸，这个范围叫做氢气的爆炸极限。实际上，任何可燃气体或可燃粉尘如果跟空气充分混合，遇火时都有发生爆炸的可能。因此，当可燃性气体（如氢气、液化石油气、煤气等）发生泄漏时，应杜绝一切火源、火星，禁止产生电火花，以防发生爆炸。

图2-16是氢-空气-水蒸气三组分体系的燃烧和爆炸极限。可见，水蒸气的引入使氢氧混合气中氢气的燃烧极限变窄，水蒸气对氢氧反应有明显抑制作用。该三组分体系在相同压力

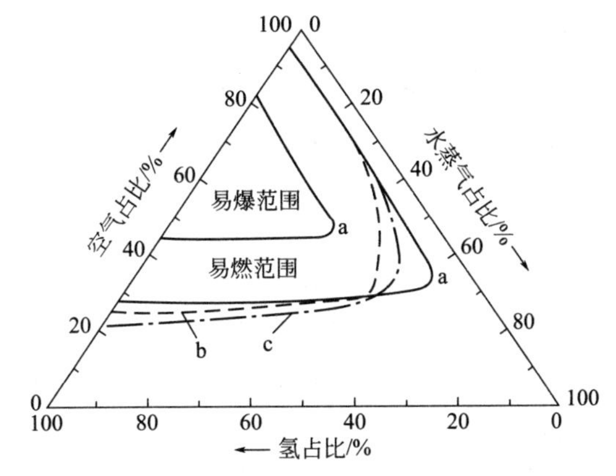

图2-16　氢-空气-水蒸气的燃烧和爆炸极限

a—42℃，100kPa；b—167℃，100kPa；c—167℃，800kPa

下，随温度升高，氢气燃烧限变宽，见图 2-16 所示。

由于氢气的扩散速度极高，氢气的体积泄漏量将是相同条件下甲烷气体泄漏量的 1.3～2.8 倍，是空气泄漏量的约 4 倍。因此，“空气密封不等于氢气密封”，这是一条非常重要的法则。放出的氢气以湍流、漂流和上浮的方式快速扩散，因此危险的持续时间短。表 2-3 对比了四种代表性燃料的燃烧和爆炸特性。

表 2-3 氢气、甲烷、丙烷和汽油的燃烧和爆炸特性

特性	氢气	甲烷	丙烷	汽油
标态下的气体密度/(kg/m^3)	0.084	0.65	2.42	4.4①
汽化热/(kJ/kg)	445.6	509.9		250～400
低热值/(kJ/kg)	119.93×10^3	50.02×10^3	46.35×10^3	44.5×10^3
高热值/(kJ/kg)	141.8×10^3	55.3×10^3	50.41×10^3	48×10^3
标态下的热导率/[mW/(cm·K)]	1.897	0.33	0.18	0.112
标态下空气中的扩散系数/(cm^2/s)	0.61	0.16	0.12	0.05
空气中的燃烧极限/%（体积分数）	4.0～74	5.3～15	2.1～9.5	1～7.6
空气中的爆炸极限/%（体积分数）	18.3～59	6.3～13.5		1.1～3.3
空气中最易燃化学计量比/%（体积分数）	29.53	9.48	4.03	1.76
空气中最低着火能量/MJ	0.02	0.29	0.26	0.24
燃点/K	858	813	760	500～744
空气中火焰温度/K	2318	2148	2385	2470
标态下空气中最大燃烧速度/(m/s)	3.46	0.45	0.47	1.76
标态下空气中爆炸速度/(km/s)	1.48～2.15	1.4～1.64	1.85	1.4～1.7②
单位质量爆炸能量③/TNT	24	11	10	10
单位体积爆炸能量③/($gTNT/m^3$，标态)	2.02	7.03	20.5	44.2

① 在 100kPa、15.5℃条件下。
② 基于正戊烷和苯的性质。
③ 理论爆炸能量。

2.4.2.6 燃烧危害性

氢的燃焰在白天基本不可视。氢燃烧火焰的持续时间只有碳氢化合物燃烧火焰持续时间的 1/10～1/5，相比之下，火灾造成的危害也较轻。这是因为氢气燃烧具有如下特性：①氢与空气的混合速度快，燃烧速率高，火焰传播速度也快；②氢的上浮速率高；③液氢的蒸气产生率高。尽管氢气火焰温度与其他燃料差别不大（见表 2-3 所示），其辐射热却小于天然气火焰。对于碳氢燃料而言，烟尘吸入是造成危害的主要因素。然而氢的燃烧产物是水蒸气，同时因为空气中含氮气，氢在空气中的燃烧会产生一些氮氧化物（具体产物取决于火焰温度），因此氢的燃烧带来的危害远低于其他碳氢燃料。

图 2-17 是氢汽车与燃油车发生火灾时的对比。氢汽车一旦发生氢气泄漏起火，火焰向上，火灾后车架保持完好。传统的燃油车由于汽油下淌，在地上蔓延，会引燃整台车辆，甚至点燃油箱，发生汽车爆炸事故。因此，从这个角度分析，氢燃料汽车比燃油车具有更高的安全性。

图 2-17　氢汽车（左）与燃油车（右）起火对比实验

2.4.2.7　爆炸危害性

流体流动时，如果流体质点的轨迹是有规则的光滑曲线，最简单的情形是直线，这种流动叫层流，没有这种性质的流动叫湍流。氢的层流燃烧速度以及层流火焰传播速度都很高，且极易过渡到湍流火焰速度，能够超过 800m/s 甚至数千米每秒。因此，与碳氢燃料相比，氢气对从爆燃到爆炸的转变（DDT 转变）更敏感。氢气具有迄今为止所发现的物质中最宽的爆炸极限，当以一定比例混合的氢气-空气混合气被限制在一定的空间中，其爆炸会产生约 15∶1 的压升率。如果实现 DDT 转变过程，未燃烧的氢气-空气混合气被预压缩，则可能产生 120∶1 的压升率。

爆炸与能量释放量有关，通常用三硝基甲苯（烈性炸药，TNT）的当量来表征。表 2-3 中列出了几种燃料的理论爆炸能量（TNT 当量）。实验数据证明，爆炸能量的真实值约为理论值的约 10%。单位质量氢的爆炸能量是几种燃料中最高的，而单位体积氢的爆炸能量是最低的。如果氢用于储能，则从理论上讲，氢爆炸的危害性最低。

氢气燃烧甚至爆炸最猛烈、最易发生的组分是氢氧体积比 2∶1，而氧气在空气中为 21%（体积分数），此时空气和氢气的体积比约 5∶2，即氢气 29%（体积分数）。氢气的体积分数为爆炸最高限 59% 和最低限 18.3% 时都是弱爆炸，超出这个范围，氢气不会发生爆炸。

2.4.2.8　氢气在工业中的危害性

氢气是无色、无味、无嗅、无毒的可燃性气体。在工业生产中其危险性概括如下：

① 由于黏度小，渗透性和扩散性强，故而在生产、储运和使用过程中极易发生泄漏，且不易被察觉；因为密度小，容易在设备、容器、建筑物顶部聚积，当遇到火种或热源时，会发生燃烧、甚至爆炸。

② 着火能量小，仅仅为 0.02MJ，极易被点燃。

③ 燃烧极限和爆炸极限范围宽，室温下在空气中前者为 4%～75%，后者为 18.3%～59%。随着压力和温度的升高，其燃烧极限和爆炸极限范围更宽。当与氯气混合后，经加热或日照即能发生爆炸；如与氟气混合则立即爆炸。

④ 一旦起火后，其火焰温度高、传播速度快，容易造成较大损失。

2.5 氢气与固体表面的相互作用

2.5.1 固体的表面效应

在吸气剂、永磁体、催化剂、电池电极反应、氢脆，以及聚变系统中的等离子体-器壁交互反应体系中，金属对氢气的吸附和吸收过程最重要的是表面效应。表面效应取决于两个方面：首先是表面的本征特性。物质表面的电荷、电子电势、原子核的突变，以及表面原子周期性排列的破坏，会导致表面结构特性、电子特性和磁性、最外层和近表面层的化学成分，以及表面和近表面原子的反应动力学特征等与基体材料差异显著。其次是氢原子（H）与表面的交互作用。最常见的反应过程始于气态氢分子的物理吸附，随之是氢分子解离为氢原子的吸附，亚表层氢原子吸附，最后氢原子扩散并溶入基体。其中，表面不仅仅是指基体最外层的原子层，也包含了与基体不同的若干个原子层。例如，单晶基体的洁净表面，其最外的3～4个原子层都称为表面。而在被氧化和污染的表面，如多相合金中，表面可能有几十纳米厚，如图2-18所示。通常，这些有覆盖物的表面与氢的反应活性降低，需要被活化。活化过程对于催化或者吸附体系的金属间化合物的吸氢过程非常重要。

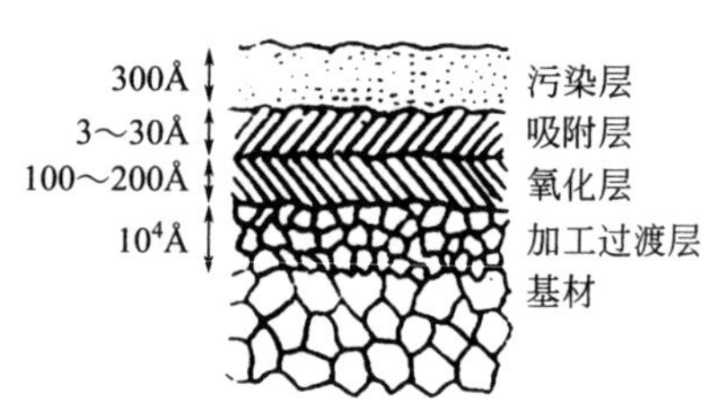

图 2-18　固体表面的分层特性

储氢材料的纯表面效应仅出现在吸附材料（如碳纳米管、金属有机框架结构储氢材料）中。金属氢化物储氢是体效应，金属表面与氢的作用仅为中间过程。其最终的状态取决于体相的热力学特性，而中间态受体相和表面特性的综合控制。如果要忽略表面和体相间的交互作用，最简单的方法是用反应速率控制步骤（如扩散速率、解离速率等）来表征反应特性，但这种方法仅在一些特殊条件下适用。

2.5.2 氢与固体间的表面效应

氢分子被解离成氢原子后，氢原子被洁净金属表面吸附，继而被金属体相溶解的过程可以用简化的势能曲线来描述，见图2-19所示。

在远离表面的气相区域，两条势能曲线被解离热 $E_D=218$kJ/(mol H)（即4.746eV）分开，其中，E_D 值代表了氢分子解离成氢原子所需要吸收的热量。

在界面区域，接近金属表面的氢分子与金属的首次相互作用是由范德瓦耳斯力形成的物理吸附，其吸附能很小，$E_{Phys}\approx-5$kJ/(mol H)，距离金属表面大约1个氢分子长度（≈0.2nm）。当氢分子进一步接近金属表面，氢分子需要克服一个能量势垒才能解离成氢原子（即被激活），以及形成氢—金属键。这个能量大小取决于表面元素特性，其最高值有时也称为过渡态，由氢分子解离前与表面的最近距离决定。氢原子与金属表面的原子共享电子称为化学吸附，其吸附能 $E_{Chem}\approx-50$kJ/(mol H)。化学吸附的氢原子可具有很高的表面活性，它们在足够大的区域内相互作用，形成表面相。许多表面特性（例如化学吸附热、黏附率等）都依赖于气体分子附着量。

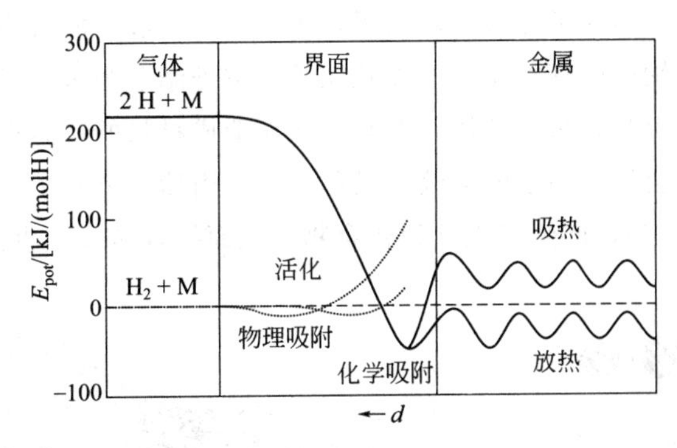

图 2-19 氢在清洁金属表面及体相内吸附（溶解）势能图

气相中的原子或分子（统称为粒子）聚集到金属表面上，之所以会产生吸附现象，是因为原子或分子不断撞击固体表面时，一部分粒子会反弹，另一部分会停留在固体表面并保持一段时间，这种滞留导致吸附分为两种类型：物理吸附和化学吸附。由范德瓦耳斯力产生的物理吸附先于化学吸附发生，能量较小；而化学吸附因为要形成氢—金属键，能量较高。

最后，被化学吸附的氢原子穿透金属表面，并以放热或吸热的反应方式在体相扩散、溶解和吸收，新形成的氢化物相在金属基体中形核并生长。大多金属材料与氢形成化合物是放热反应。该反应过程中，无论是在金属体相，还是在表面上，氢—金属键本质上都具有电子特性。

表面及表面的氢吸附特性应当用结构特征、热力学特性（包括吸附热、平衡成分和物相）、电子特性和磁性（化学键的性质）、以及动力学特征（黏附性、振动、旋转、扩散等）来描述，这些性质间通常是相互关联的。

为了简化模型，氢吸附的大多实验和理论研究是建立在理想表面（即单晶）基础上的。真实表面的吸附会非常复杂，主要是表面物理和化学性质不均匀性造成的。表面缺陷（包括台阶、扭折和晶界），以及杂质原子的存在都严重影响吸附。合金和金属间化合物的表面由于与体相成分的差异，还显示出其他的一些特性。

图 2-19 定性地描述了氢分子与金属表面间的相互作用关系。实际上，过渡金属对氢分子的解离反应具有很好的催化效果。吸/放氢激活能是表征氢—金属作用关系的重要参数，深入理解这些参数有助于预测真实条件下氢的吸/脱附过程。例如，根据催化体系中的激活能大小可以判断表面系列反应的最缓步骤，依此为据调整相应参数，以促进整个反应进程。这些参数对于理解质子交换膜燃料电池中的催化过程非常重要，因为这类电池中使用易被CO 毒化的贵金属 Pt，急需用其他廉价的材料来取代；此外，这些参数对开发新型的金属氢化物，以解决移动设备的储氢难题也至关重要。

2.5.3 氢脆

在氢经济中，氢的输运、储存和压缩等环节可能遇到一个非常重要的问题——材料的氢脆。氢与金属发生特殊的相互作用，使金属中产生裂纹的现象称为氢脆。以钢铁为例，从图 2-20 可见，钢材表面通常是不平整的，在凹陷处容易积聚水溶液，从而产生质子。当质子捕获自由电子，则产生高扩散性的氢原子，氢原子极易扩散进入金属体相中。溶于钢中的高能氢原子在孔洞等缺陷处结合为氢分子，当气态氢分子数量增高，会产生氢气泡，引起孔洞内的压力升高，从而造成材料的应力集中。当应力超过钢的强度极限，在钢内部就会形成细小的裂纹，又称白点。当然，氢原子也可能与一些金属元素发生化学反应（见图 2-12），产生高脆性的化合物，从而导致裂纹产生。

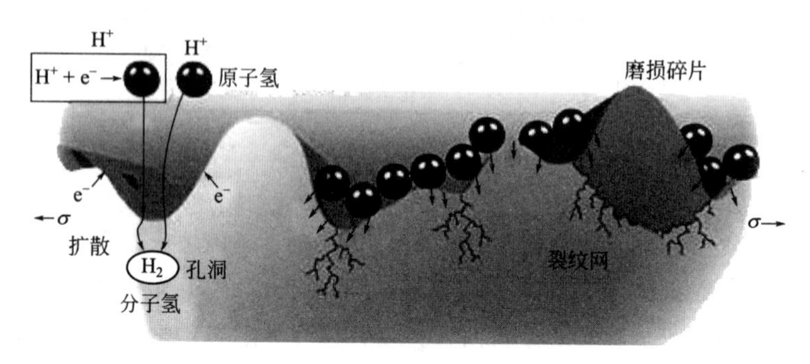

图 2-20　氢脆的形成原理示意图

σ—应力

在材料的冶炼过程和零件的制造与装配过程中（比如电镀、焊接等）进入钢材内部的微量氢（通常为 10^{-6} 量级），在材料内部残余应力或外加应力作用下都可能导致材料脆化甚至开裂。

氢脆一经产生，就难以消除。因此，从材质的选择和新材料的设计开发，乃至后期的热处理和表面处理等工艺过程都需充分考虑氢脆问题。但是，在材料尚未出现开裂的情况下通过脱氢处理（例如把材料加热到 200℃以上数小时），可降低金属内部的氢含量，恢复钢材的性能，故而内氢脆还是可逆的。

2.6 氢的四种化学态

2.6.1 简介

氢可以分为四种化学态，分别是分子态、质子态、原子态和氢负离子。在与氢相关的工程应用中，实际上是实现氢的这四种化学态间的相互转换。表 2-4 列出了氢的四种化学态的参数。

表 2-4　氢的四种化学态

H_2：分子氢（dihydrogen，$l/2\approx0.1$nm）	[H^0：H^0]
H^+：质子（proton，$r=1.5\times10^{-6}$nm）	[$H^+=H^0-e^-$]
H^0：氕（单原子氢，protium，$r=0.053$nm）	[$H^0=H^--e^-$]
H^-：氢负离子（protide，$r=0.208$nm）	[$H^-=H^++2e^-$]①

① [H^-] 在不同的化合物中有差异，如在 MgH_2 中为 0.13nm；在 $NaBH_4$ 中为 0.2nm。

注：l—长度；r—半径。

① 分子氢（H_2，俗称氢气），其分子是由两个氢原子共享电子对组成的。分子氢作为化学制品被广泛地应用于化工领域，如今正成为非常重要的能源，如作为燃料用于质子交换膜燃料电池（proton exchange membrane fuel cell，PEMFC）中。

② 质子（H^+，亦称为氢离子），是氢原子失去一个电子形成的阳离子，带一个单位正电荷。质子常见于许多电化学过程，如催化和 PEMFC 工作过程中。质子在酸性溶液或者质子交换膜（如 Nafion 膜）中以 H^+ 形式存在。

③ 氕（^1H 或 H，即单原子氢），它存在于金属氢化物的晶格间隙中，两个被释放出晶格间隙的氕原子可以组成一个氢分子。金属氢化物已经被研究了几十年，是一种主要的储氢材料，也被作为化学、电化学催化剂，电极材料和还原剂。典型示例如 $LaNi_5$ 型储氢合金，它被成功应用于镍氢电池作为负极材料。

④ 氢负离子（H^-，亦称氢化离子），是一种不能独立存在的化学态，但是可以形成二元氢化物盐，或与碱金属/碱土金属共同形成氢—金属（非金属）复杂化合物离子，主要是铝氢化物或者硼氢化物。

2.6.2 四种化学态的氢相互转化和应用

四种化学态的氢之间可以通过得失电子进行相互的转化。图 2-21（a）列出了四种化学态的氢相互转换时发生的典型化学或者电化学反应，图 2-21（b）列出了对应的应用领域。质子、氢原子和氢负离子分列在三角形中的三个角，氢分子位于其中心。

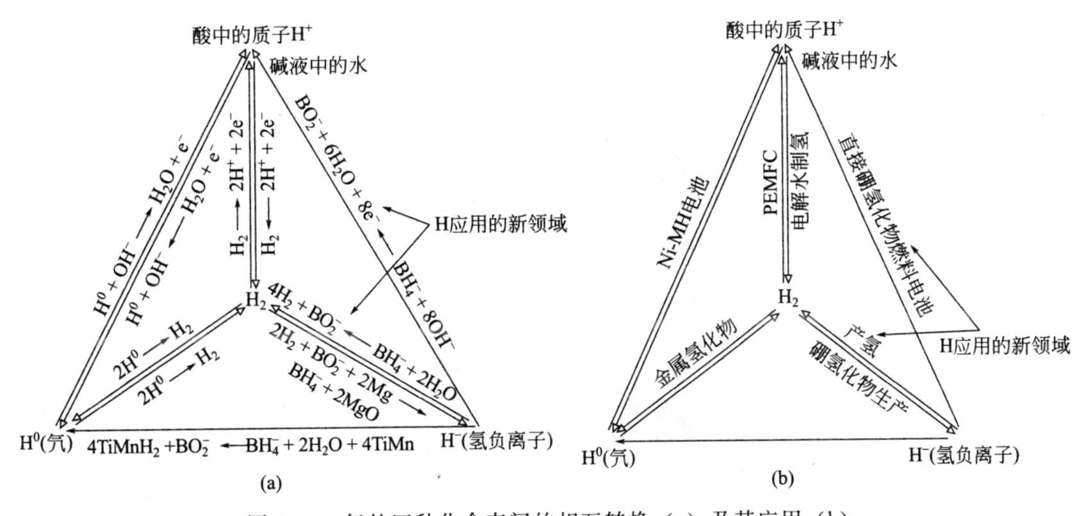

图 2-21　氢的四种化合态间的相互转换（a）及其应用（b）

氢原子可在碱性溶液中与氢氧根结合，生成水的同时产生电子。该反应是可逆的，水分子获得电子将电解为氢氧根与氢原子，从而实现氢原子与氢离子的相互转换。上述可逆反应的典型应用是镍氢电池。

两个氢原子结合形成一个氢分子（H_2）；相反地，一个氢分子也可以分解成两个氢原子。氢分子与氢原子的转换常见于金属氢化物的可逆储氢体系。

氢离子还可以在酸性环境下与氢分子之间发生相互转换。两个氢离子获得两个电子可反应生成一个氢分子，如电解水制氢。相反地，一个氢分子也可以失去两个电子，产生两个质子，其典型应用是质子交换膜燃料电池。

氢负离子与氢分子之间也存在相互转换。典型的示例是硼氢化物的水解制氢反应，例如 $NaBH_4$ 与水反应可以生成氢气与偏硼酸钠，可望用于在线制氢。这是氢能应用的一个新的发展方向。相反地，偏硼酸盐与氢气和金属反应可生成硼氢化物与金属氧化物，可用于硼氢化物的制备及其水解产物的回收。

硼氢化物在碱性环境下还可与氢氧根反应产生水和电子，该反应被用于高能量密度的直接硼氢化物燃料电池（DBFC）中，这也是氢能应用的一个新的研究方向。

硼氢化物与水和合金 TiMn 反应，将生成金属氢化物与偏硼酸盐。这是采用非气态氢源制备金属氢化物的一种新方法。

2.6.3 分子氢

分子氢（molecular hydrogen，H_2）也称双原子氢，典型的应用是氢燃料电池。这是一种将氢气和氧气的化学能直接转换成电能的发电装置。

燃料电池的基本工作原理（见图 2-22）是把氢气和氧气分别供给阳极和阴极，阳极催化层一般由铂基催化剂组成，在催化剂表面氢分子失去电子转化为质子，在许多文献中，这一转变经历了式（2-15）的过程，氢分子先解离为氢原子后再成为质子。

$$H_2 \longrightarrow 2H^0 \longrightarrow 2H^+ + 2e^- \tag{2-15}$$

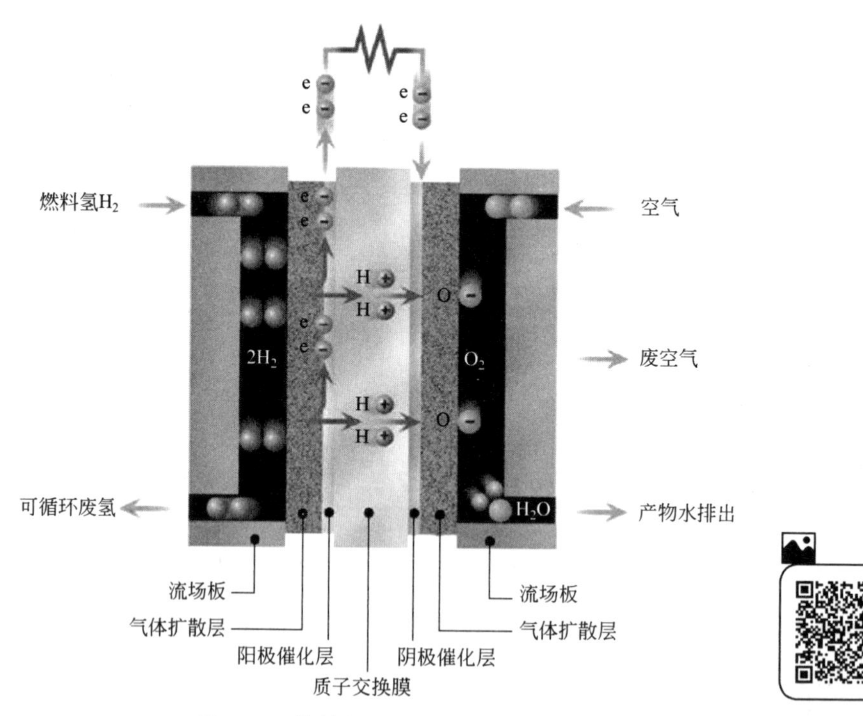

图 2-22 燃料电池工作原理示意图

电子通过外部的负载到达阴极，从而在外电路中产生电流。失去电子的氢离子（即质子）穿过质子交换膜，到达燃料电池的阴极。在阴极，氧气在催化剂的作用下解离为氧原子，与从阳极和电解质（质子交换膜）穿过来的质子和通过外电路传输过来的电子发生反应，生成水。由于供应给阴极的氧可以从空气中获得，因此只要不断地给阳极供应氢气，给阴极供应空气，并及时把产物水带走，就可以不断地产生电能。

2.6.4 质子

质子（proton，H^+）也称为氢离子。氢的核素氕形成的阳离子可以看作质子，但另外两种核素氘和氚由于有中子存在，因此形成的阳离子不能看作质子，只能叫做氘离子和氚离子。氢离子在化学和电化学反应中经常出现。

质子常见于质子交换膜燃料电池（见图 2-22）和电解水制氢（见图 2-23）这一对相反的电化学反应过程中。质子通常存在于酸溶液或水合氢离子中。其一，在 PEMFC 中，氢分子解离为氢原子后失去电子，成为质子，见式（2-15）。其二，水自身也会电离出极少量的氢离子和氢氧根离子，但是严格地说方程式不能写成水分解为氢离子与氢氧根，因为氢离子极易被其他水分子吸引形成水合氢离子，见式（2-16）。

$$H^+ + H_2O \rightleftharpoons H_3O^+ \quad (2\text{-}16)$$

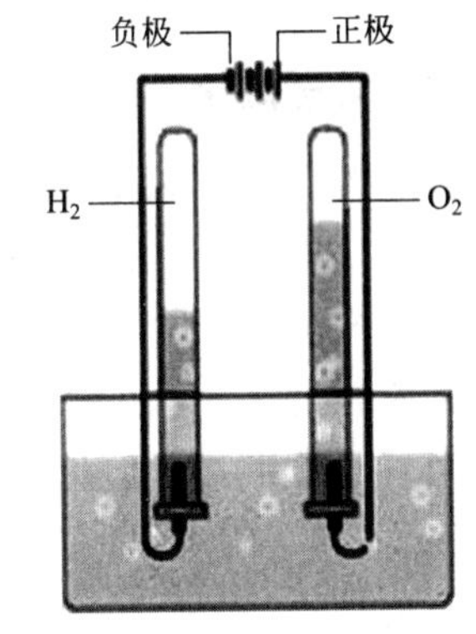

图 2-23　电解水制氢原理示意图

2.6.5 原子氢

原子氢（protium，H^0，氕）在自然条件下不能独立存在，但是可独立存在于一些特殊条件下，例如在高电流密度的电弧中、在低压放电管中，或者在高温下通过紫外线照射的氢气中。原子氢具有高化学活性，可以把许多氧化物还原为低价态或者纯金属和合金。

原子氢一旦离开金属氢化物颗粒外表面，则显示出很高的活性。但是，原子氢可以在储氢材料内部以形成氢化物的方式稳定存储起来，且吸放氢可逆（属于“内可逆”，internal reversibility），在金属氢化物表面原子氢以氢分子形式释放。金属氢化物的“内可逆”严格区别于“外可逆”（external reversibility），“内可逆”伴随着吸氢和放氢过程中分别发生放热和吸热反应时，氢-金属氢化物与环境之间的热交换过程，其中，放热和吸热的大小是根据吸放氢过程的焓变确定的。

氢与金属 M（M 为过渡金属，如 Ti、Zr，镧系金属如 La、Sm 等）可形成金属氢化物，其中氢以原子态存在于可形成金属氢化物的金属晶格间隙位。

典型的可形成金属氢化物的合金（也称为储氢合金）如 $LaNi_5$ 和 TiFe，其形成氢化物的反应过程分别如下所示：

$$LaNi_5 + 3H_2 \rightleftharpoons LaNi_5H_6 \rightleftharpoons LaNi_5 \cdot 6(H^0) \quad (2\text{-}17)$$

$$TiFe + H_2 \rightleftharpoons TiFeH_2 \rightleftharpoons TiFe \cdot 2(H^0) \quad (2\text{-}18)$$

氢与金属的反应通式为：

$$2M + xH_2 \rightleftharpoons 2MH_x \rightleftharpoons 2M \cdot x(H^0) \quad (2\text{-}19)$$

储存在金属晶格间隙的氢原子数量在 0 到 x 之间变化，具体数值由压力和温度确定，用 H/M 表示。式中，H 代表氢原子数量；M 代表金属原子数量。氢与金属反应吸氢时生成焓 ΔH 是负值，为放热反应；放氢时 ΔH 是正值，为吸热反应。上述两种金属氢化物都可在近室温、几兆帕的条件下充氢生成。降低压力，或者适当提升温度，氢原子将从金属晶格间隙中释放出来，并且很容易形成稳定的氢气，向用户提供氢源。

镍-金属氢化物（Ni-MH）二次电池是原子氢的另一个典型应用案例，这类可充电池在小型家电、混合动力汽车等领域被广泛使用。镍氢电池的工作原理是基于氢原子在 KOH 溶液中发生充电和放电的可逆电化学反应过程，如下式所示：

$$H^0 + OH^- \xrightleftharpoons{\text{充放电}} H_2O + e^- \tag{2-20}$$

式中，⟵代表充电；⟶代表放电。

2.6.6 氢负离子

氢负离子（protide，H^-，氢化离子）不能独立存在，但是存在于碱金属和碱土金属的二元氢化物（或称氢化物盐，如 NaH、CaH_2 和 MgH_2），三元氢-铝金属复杂化合物［如 $LiAlH_4$、$NaAlH_4$、$Mg(AlH_4)_2$］以及氢-硼金属复杂化合物［如 $LiBH_4$、$NaBH_4$、KBH_4、$Mg(BH_4)_2$］中。

这些氢化物大多活泼，在潮湿空气和水中会剧烈反应放氢。近年来，因这类储氢材料具有高储氢量而被广泛关注。在这些复杂氢化物中，$NaBH_4$ 是唯一可控的催化水解制氢材料，并被视为一类有前景的储氢材料。硼氢化钠可与水和醇等含有羟基的物质发生较缓慢的反应释放出氢气。但在适当的催化剂作用下，可快速放氢，是一种能在室温附近实时制氢的高容量水解制氢剂。硼氢化钠常温常压下稳定，通常以硼氢化离子（BH_4^-）的形式存在于 NaOH 水溶液中。

2.6.7 氢化物应用的新领域

氢化物应用有两个典型的新领域，其一是实时可控制氢技术，如硼氢化钠催化水解制氢；其二是直接硼氢化物燃料电池技术。

可以实现可控实时制氢的材料主要有 $NaBH_4$、Mg 和 Al 及其合金等。其中，$NaBH_4$ 由于具有 10.8%（质量分数）的储氢密度，高于高压气态、储氢合金等大多储氢方式，且能够在室温附近、常压下放氢而备受青睐，在国防等一些特殊的领域已开始使用。硼氢化钠在碱性水溶液中发生水解反应，如下式所示：

$$NaBH_4 \longrightarrow Na^+ + BH_4^- \longrightarrow Na^+ + B^{3+} \cdot 4(H^-) \tag{2-21}$$

$$B^{3+} \cdot 4(H^-) + 2H_2O \longrightarrow 4H_2 + BO_2^- \tag{2-22}$$

图 2-24 所示为美国联合技术研究中心发布的利用 $NaBH_4$ 水解制氢，给燃料电池供氢的原型机及产氢曲线，在 80～100℃可产生 0.45kg H_2；$NaBH_4$ 水解催化剂在 25 次循环使用后仍然保持高催化活性。

氢化物的另一个新应用领域是直接硼氢化物燃料电池，其工作原理如图 2-25 所示。阳极反应如式（2-23）所示，由于阳极半反应中，1mol 反应物 $NaBH_4$ 可以产生 8mol 电子，能量密度高，因此直接硼氢化物燃料电池被许多研究者看好。

阳极半反应的本质反应如式（2-24）所示，即为氢负离子与质子之间的转换过程。

$$BH_4^- + 8OH^- \longrightarrow BO_2^- + 6H_2O + 8e^- \tag{2-23}$$

$$H^- \longrightarrow H^+ + 2e^- \tag{2-24}$$

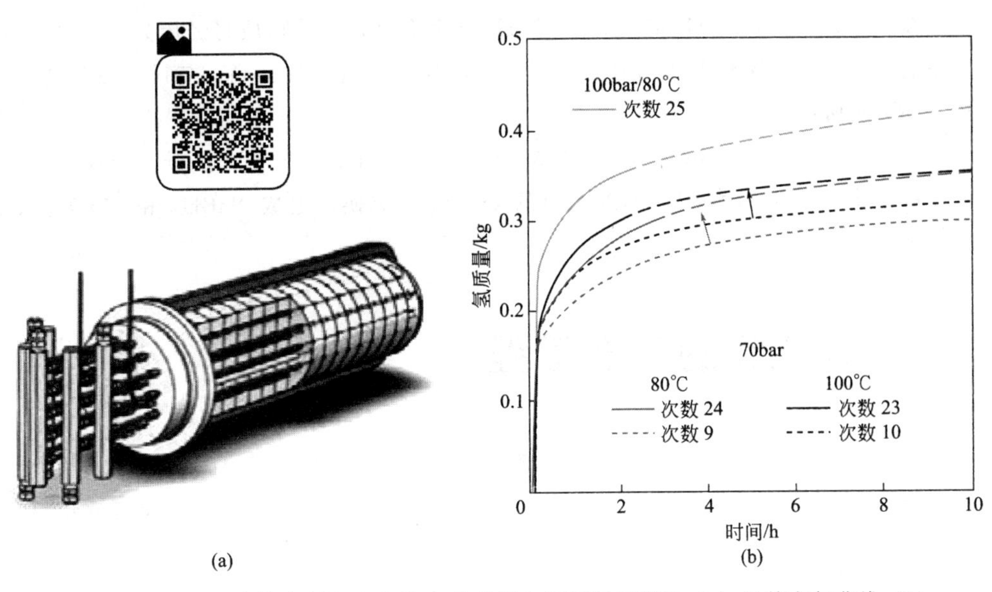

图 2-24 美国联合技术研究中心发布的直接水解制氢原型机（a）及其产氢曲线（b）

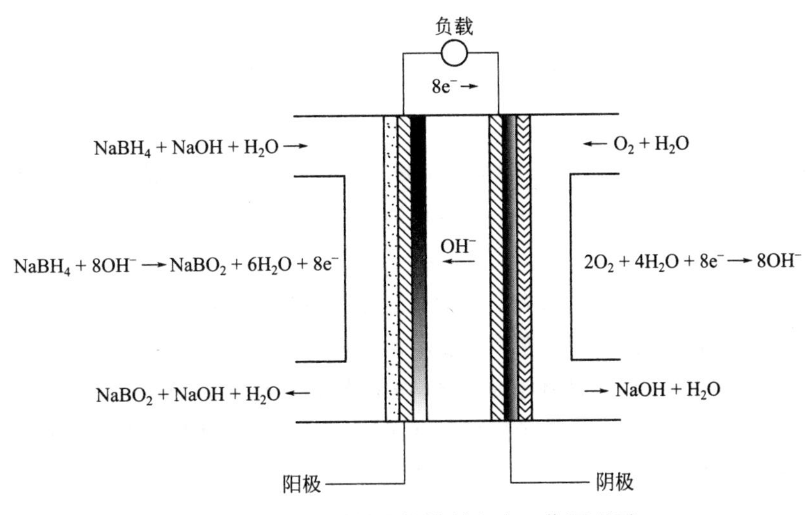

图 2-25 直接硼氢化物燃料电池工作原理图

2.6.8 Mg 颗粒外表的氢负离子

前已述及，$NaBH_4$ 是一种高储氢量的直接水解制氢剂。但是其价格昂贵，水解反应在线不可逆。为了降低使用成本，需要把水解产物下线再生，式（2-25）所示的反应过程是 $NaBH_4$ 再生的一种方法。

$$NaBO_2+2Mg+2H_2 \longrightarrow 2MgO+NaBH_4 \quad (2\text{-}25)$$

镁和氢在高温高压下可以生成二元氢化物 MgH_2。然而，在 H_2 气氛中，如果快速升温，Mg 与 $NaBO_2$ 混合时将不会形成 MgH_2。氢将直接转换为氢负离子，成为过渡态 Mg · 2（H^-），如下式所示：

$$Mg+H_2 \rightleftharpoons Mg \cdot 2(H^-) \quad (2\text{-}26)$$

在一定条件下，当 Mg 和 $NaBO_2$ 在 H_2 气氛下时，三种物质将经历如下化学反应过程：气态的氢分子在金属镁表面先分解成氢原子，氢原子的活性很高，与镁成键后生成镁氢化物，如下式所示：

$$NaBO_2 + 2Mg + 2H_2 \longrightarrow 2Mg \cdot 2(H^-) + NaBO_2 \longrightarrow 2MgO + NaBH_4 \quad (2\text{-}27)$$

镁氢化物中的 H^- 再与 $NaBO_2$ 中的 O^{2-} 离子交换，生成 $NaBH_4$ 和 MgO，从而完成 $NaBH_4$ 的再生。

2.7 氢化物的表面工程

上一节，我们讲到了氢的四种化学态之间相互转换及其不同的应用领域。实际上，这些相互转换将率先在气-固或者液-固界面发生，而固相的吸氢材料为这些反应提供反应位点。本节将从表面反应的视角解析氢的四种化学态之间相互转换在工程中的应用。

2.7.1 氢化物的各种表面相互作用

在气-固界面的相互作用如下。

(1) H_2（氢分子）-H^0（氢原子）

分子态的氢气可以转换为原子态的氢，即（氕），例如在金属氢化物的储氢过程中，氢气会与金属表面率先作用变成氢原子，然后扩散进入金属晶格发生氢化反应形成氢化物；又如，在 Mg 颗粒表面合成 $NaBH_4$ 的工艺中，氢气在镁颗粒表面先分解为氢原子，见式（2-28）。

$$H_2 \rightleftharpoons 2H^0 \quad (2\text{-}28)$$

表面的洁净金属氢化物一般具有良好的可逆吸放氢性能，即长循环寿命。如果表面被杂质气体（如 O_2、CO、H_2S、H_2O 等）污染，其吸氢性能将严重下降。有研究表明，长期暴露在空气中的金属氢化物表面将形成氧化物或者氢氧化物，导致其吸氢容量衰减。而 PEMFC 的阳极 Pt 基电极被氢气中痕量的 CO 污染后，也会引起表面严重毒化。

金属氢化物表面抗毒化性是一个重要的研究方向，可以通过表面改性，包括调整表面成分或结构来加以改善。可采用化学镀、碱处理、氟化处理等方法来提高材料储氢量、电化学特性和循环寿命等性能。

(2) H_2（氢分子）-H^0（氢原子）-H^+（质子）

在气-固界面，分子态的氢气先被解离为原子态，氢原子失去一个电子将成为质子，见式（2-15）。这一反应过程出现在质子交换膜燃料电池的阳极中。氢气在阳极的铂催化剂表面首先转换为氢原子，再转换为质子进入质子交换膜中。由于阳极表面提供给氢分子转换为氢原子的活性位点，因此其比表面积的大小是一个关键参数。

在液-固界面的相互作用如下。

(3) H^+（质子）-H^0（氢原子）

质子可以得到一个电子，生成氢原子。该反应发生在 Ni-MH 二次电池充电过程中，负极的固态储氢合金与水溶液中的质子在电催化作用下转换为氢原子，如式（2-29）和式（2-30）所示，该过程发生在有催化作用的金属镍与电解液的界面。在放电过程中氢原子释放电子变成质子，与 OH^- 结合成水，见式（2-31）和式（2-32）。整个电化学反应过程发生在负极材料（即金属氢化物）表面。

充电过程：

电解质中 $$H_2O \longrightarrow H^+ + OH^- \tag{2-29}$$

而后在阳极 $$H^+ + e^- \longrightarrow H^0 \tag{2-30}$$

放电过程：

在阳极 $$H^0 - e^- \longrightarrow H^+ \tag{2-31}$$

而后在电解质中 $$H^+ + OH^- \longrightarrow H_2O \tag{2-32}$$

与气-固储氢类似，Ni-MH 二次电池负极中氢原子也储存于金属氢化物的晶格间隙中，储氢量则取决于充放电程度。在上述电化学反应中，氢的化学态在金属氢化物表面上进行质子和原子间的互相转换。这是典型的氢在液-固相界面间的转变过程。

（4）H^-（氢负离子）-H_2（氢分子）

氢负离子由于比氢原子多一个价电子，比氢离子多两个价电子，因此是所有氢的化学态中反应活性最高的。氢与金属或者半金属形成复杂离子，如 $NaAlH_4$ 中的 AlH_4^-、$LiBH_4$ 和 $NaBH_4$ 中的 BH_4^-。这些材料中的氢可以通过热解或者水解等方式释放。

在液-固界面，氢负离子可以转换为气态氢。例如，采用 $NaBH_4$ 溶液储氢，即 $NaBH_4$ 在碱性条件下的催化水解制氢。在无催化剂的反应过程中，硼氢化物中的氢负离子与液态水接触，在液-固界面处反应，氢负离子转化为氢气，见式（2-21）和式（2-22）。

（5）H^-（氢负离子）-H^+（质子）

在液-固界面，氢负离子还可以转化为质子。例如，在直接硼氢化物燃料电池中，硼氢化物中的氢负离子与液态水接触，与氢氧根反应转化为质子，见式（2-23）和式（2-24）。

2.7.2 表面特性的重要性

氢与金属表面的相互作用对氢的应用非常重要，当金属表面有污染层、吸附层和氧化层时，氢与表面的相互作用很难进行。我们可以通过改变表面的基本特征，以及两者相互作用的环境条件，来避免或增强这种相互作用。改善金属间氢化物表面性质的主要措施如下。

① 创建易与氢发生交互作用的表面；

② 加大比表面积以增加反应活性位点；

③ 增大发生电化学反应的导电表面；

④ 增加催化位点的数量；

⑤ 提升表面的反应动力学；

⑥ 创造新鲜的表面以增强反应活性；

⑦ 抑制表面氧化层的生长；

⑧ 提供抗毒化的清洁表面。

氢的任何应用场景都建立在金属表面发生的四种化学态（氢分子、氢原子、质子和氢负离子）的相互转变基础上，金属表面具有反应活性是基本要素。如果表面暴露在空气中或者与一些杂质气体（包括 CO、CO_2、H_2S、NO_2、N_2、水蒸气等）接触，将生成氧化物层、氢氧化物层或其他惰性表面，降低表面反应活性和材料使用寿命。为了提高反应活性，应增加表面的化学和电化学反应位点数量，同时，还应当设计抗空气、水和其他杂质气体、碱性溶液等毒化或污染的表面。

常见的改善表面活性的方法有增加比表面积、建立表面纳米结构、表面化学处理等。

2.7.3 表面特性的改善措施

吸氢材料在长期服役过程中容易丧失吸氢能力，其主要原因如下。

① 晶体结构退化为非晶态，导致晶格中可供氢原子占据的间隙位数量减少，从而降低有效的储氢量。

采用高能球磨等方法制备微纳米级晶体材料颗粒，引入过大的机械应力，会破坏晶体结构，产生非晶化，通常会导致材料储氢量的降低。即使后期采用加热晶化等方法，要消除晶格破坏带来的影响都变得困难。

② 晶体组分的歧化，通常会导致晶格结构的变化，也就是储存氢原子的间隙位数量减少，从而引起晶体材料吸氢能力的下降。

③ 表面污染，导致表面钝化层的形成与生长，不仅阻碍氢进入材料内部，同时被污染的材料也丧失了吸氢能力，因此材料整体的吸氢量会下降。

通过表面改性可以增加材料比表面积，此外，一些化学处理方法还可以起到降低杂质敏感性和表面活化的作用。其中，氟化处理是一种可以达成 2.7.2 节中所有 8 项目标的表面改性方法。储氢合金的氟化法是指把储氢合金在含氟离子的溶液中浸泡，然后经水洗、酒精洗、真空干燥后得到氟化表面的工艺。用氟化法表面改性的氟化储氢合金有如下 7 个主要的特征：

① 氟化处理可以除去合金表面的氧化膜，提高表面活性；

② 氢可以选择性透过氟化膜进入合金内部，而其他物质，如氧等杂质气体无法进入；

③ 氟化合金耐毒化能力也随之提高；

④ 氟化后表面组织细化，如图 2-26 所示，比表面积提高，反应活性位点增加；

(a)

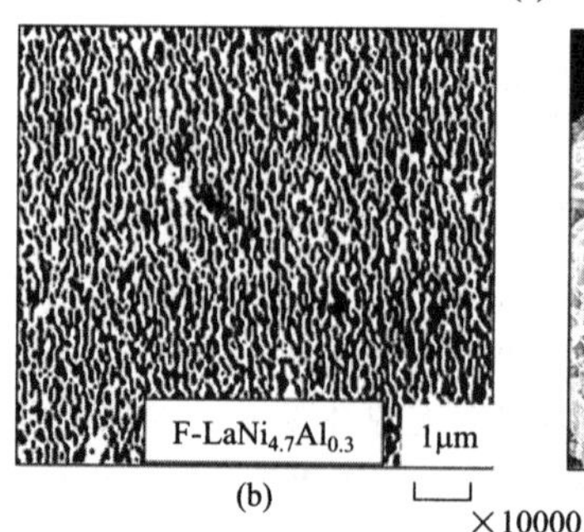

(b)

(c)

×10000

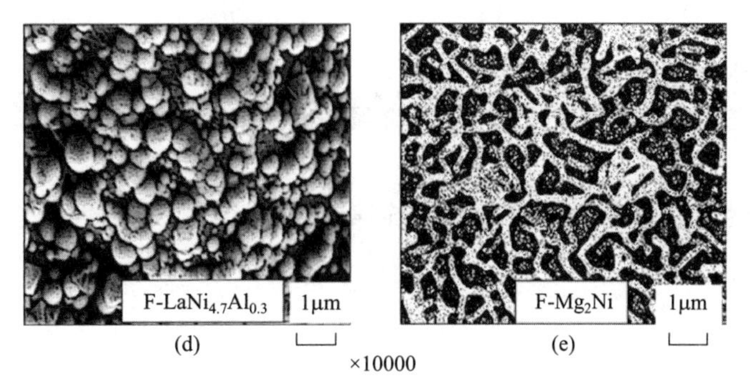

图 2-26　表面氟化处理的 Mg_2Ni 合金［(a)、(c)、(e)］和 $LaNi_{4.7}Al_{0.3}$ 合金［(b)、(d)］的扫描电子显微镜（SEM）图片

⑤ 合金表面可能产生超微细粒子，进一步增加反应活性位点；

⑥ 氟化表面具有高物理吸附能力，使氢与表面的相互作用变得更容易；

⑦ 氟化表面具有高导电性，同时，对氢离子和氢分子的亲和性提高。

此外，氟化反应不仅能有效地保护金属表面不受杂质的污染，而且能发挥催化作用，改善金属氢化物的化学和电化学特性。例如，Mg_2Ni 合金表面经过氟化处理后，可以有效地催化碱性溶液中 $NaBH_4$ 的水解制氢。又如被用作 Ni-MH 电池负极材料的混合稀土镍合金，经过氟化处理后，表面的氧化镧、氢氧化镧被清除，露出富镍的 LaF_2 表面，从而改善了导电性；同时保护表面不受电解质 KOH 碱溶液腐蚀，延长了其循环寿命。

2.8　本章结语

本章详细介绍了氢的基本物理和化学性质，解释了氢经济各环节中所涉及到的基本特性，包括氢的相图、化学反应特性、燃烧和爆炸特性、安全性等，重点阐明了氢的四种化学态之间的相互转换及其典型的应用领域。需要关注的是，在材料表面，氢的四种化学态之间的转换是制氢、储氢以及氢应用的化学基础。在化学和电化学应用中，表面是指气-固和液-固两相反应的界面。经氟化处理获得纳米结构表面的技术被证明是提高化学和电化学储氢材料的吸氢能力和使用寿命的有效措施。

习题

一、选择题

二、简答题

1. 什么是焦耳-汤姆孙效应和气体的反转曲线？如何冷却气体？

2. 请从势能变化的角度来描述氢与清洁金属表面及其基体的相互作用。

三、讨论题

与汽油和天然气相比，氢的使用更不安全吗？

参考文献

[1] Zuttel A，Borgschulte A，Schlapbach L. Hydrogen as a future energy carrier [M]. Weinheim：Wiley-VCH Verlag GmbH&Co kGaA，2008.

[2] 吴朝玲，李永涛，李媛，等. 氢气储存和输运 [M]. 北京：化学工业出版社，2021.

第3章 制氢技术

氢经济始于氢的制备。理想的氢经济中，氢来自分解水的工艺。但是目前，世界上绝大多数国家和地区不具备大规模电解水制氢的条件。实际上，如今市场上的氢大多来自化石燃料制氢，主要是天然气和煤重整制氢；化工企业的副产氢也是高经济性的氢源。

制氢的方法比较多，本章主要介绍其中几种。传统的、技术成熟的制氢技术主要有化石燃料制氢和电解水制氢两大类。工业上，化石燃料制氢主要是天然气重整制氢和煤气化制氢。而热化学制氢、光化学制氢和生物质制氢等是新兴的制氢方法，目前基本还没有实现大规模应用。

3.1 碳氢化合物制氢

碳氢化合物是工业制氢的主要来源，其中碳氢化合物包括煤、重油、轻质油、甲烷和生物质等。各种制氢技术路线的经济性差别很大。碳氢化合物的制氢主反应可以用“气化反应”过程来表示，这些工艺发明于100年前，已经相当成熟。总之，氢可以从任何碳氢化合物中分离出来。

3.1.1 化石燃料制氢的物理化学基础

由于制氢原料种类繁多，每种原料的气化过程有差异，因此其技术实现过程也有区别。化石燃料制氢的物理化学基础主要基于碳和碳氢化合物的四类气化反应过程，其中 ΔH 是指在标准状态下（0℃，0.1MPa）的反应焓。

（1）与氧气反应（即燃烧反应）

$$C+1/2O_2 \rightleftharpoons CO \qquad \Delta H=-111kJ/mol \tag{3-1}$$

$$CO+1/2O_2 \rightleftharpoons CO_2 \qquad \Delta H=-283kJ/mol \tag{3-2}$$

$$H_2+1/2O_2 \rightleftharpoons H_2O \qquad \Delta H=-242kJ/mol \tag{3-3}$$

碳氢化合物完全燃烧的反应通式为：

$$C_nH_m+(n+m/4)O_2 \rightleftharpoons nCO_2+m/2H_2O \tag{3-4}$$

例如，甲烷燃烧：

$$CH_4+2O_2 \rightleftharpoons CO_2+2H_2O \qquad \Delta H=-802kJ/mol \tag{3-5}$$

碳氢化合物不完全燃烧的反应通式为：

$$C_nH_m+(n/2+m/4)O_2 \rightleftharpoons nCO+m/2H_2O \tag{3-6}$$

其反应焓变可以从式（3-4）和式（3-2）计算得到：

$$\Delta H\text{［式（3-6）］}=\Delta H\text{［式（3-4）］}-n\ \Delta H\text{［式（3-2）］} \tag{3-7}$$

燃烧反应都是放热反应，反应过程会释放热量。任意种类的碳氢化合物完全燃烧，都可以氧化生成 CO_2 和 H_2O；如果碳氢化合物不完全燃烧，则生成 CO 和 H_2O。

（2）与水蒸气的反应

碳、CO、碳氢化合物与水蒸气反应可以制氢。碳和水蒸气的反应为吸热反应，CO 与水蒸气的反应则相反，为放热反应，见下式所示：

$$C+H_2O \rightleftharpoons CO+H_2 \qquad \Delta H=+131\text{kJ/mol} \tag{3-8}$$

$$CO+H_2O \rightleftharpoons CO_2+H_2 \qquad \Delta H=-41\text{kJ/mol} \tag{3-9}$$

碳氢化合物与水蒸气的反应也称为均相水煤气反应，或者水气变换反应，其通式为：

$$C_nH_m+nH_2O \rightleftharpoons nCO+(m/2+n)H_2 \tag{3-10}$$

以甲烷的水气变换反应为例：

$$CH_4+H_2O \rightleftharpoons CO+3H_2 \qquad \Delta H=+206\text{kJ/mol} \tag{3-11}$$

如果碳氢化合物与水的反应产物为 CO_2 和 H_2，其反应按下式进行：

$$C_nH_m+2nH_2O \rightleftharpoons nCO_2+(m/2+2n)H_2 \tag{3-12}$$

上式的反应焓变可以用下式计算得到：

$$\Delta H\text{［式（3-12）］}=\Delta H\text{［式（3-10）］}+n\Delta H\text{［式（3-9）］} \tag{3-13}$$

（3）和二氧化碳反应

$$C+CO_2 \rightleftharpoons 2CO \qquad \Delta H=+173\text{kJ/mol} \tag{3-14}$$

碳氢化合物与 CO_2 反应可以制氢，反应通式如下：

$$C_nH_m+nCO_2 \rightleftharpoons 2nCO+m/2H_2 \tag{3-15}$$

以甲烷和 CO_2 的反应为例：

$$CH_4+CO_2 \rightleftharpoons 2CO+2H_2 \qquad \Delta H=+247\text{kJ/mol} \tag{3-16}$$

式（3-15）的反应焓可以用式（3-12）和式（3-9）的反应焓计算得到：

$$\Delta H\text{［式（3-15）］}=\Delta H\text{［式（3-12）］}-n\Delta H\text{［式（3-9）］} \tag{3-17}$$

（4）碳氢化合物的分解反应

碳氢化合物在一定条件下可以分解为碳单质和氢气，反应通式如式（3-18）所示，是碳氢化合物气化反应的基础，可以视为碳与氢单质形成碳氢化合物的逆过程。这类反应是吸热反应，需要吸收足够的能量。

$$C_nH_m \rightleftharpoons nC+m/2H_2 \tag{3-18}$$

例如甲烷和乙烷的分解反应如下：

$$CH_4 \rightleftharpoons C+2H_2 \qquad \Delta H=+75\text{kJ/mol} \tag{3-19}$$

$$C_2H_6 \rightleftharpoons 2C+3H_2 \qquad \Delta H=+85\text{kJ/mol} \tag{3-20}$$

式（3-18）的反应生成焓可以用反应物的燃烧反应焓值计算得到，如下式所示：

$$\Delta H\text{［式（3-18）］}=\Delta H\text{［式（3-4）］}-n\Delta H\text{［式（3-1）］}-n\Delta H\text{［式（3-2）］}-m/2\Delta H\text{［式（3-3）］} \tag{3-21}$$

以上各气化反应不会沿反应式两边的方向停止，而是倾向于达到反应平衡，用平衡常数 K_p 来表征。如式（3-11）中，其平衡常数为：

$$K_p=\frac{p_{CO}p_{H_2}^3}{p_{CH_4}p_{H_2O}}=\frac{x_{CO}x_{H_2}^3}{x_{CH_4}x_{H_2O}}p^2=f(T) \tag{3-22}$$

式中，p_{CO}、p_{H_2}、p_{CH_4}、p_{H_2O} 分别表示 CO、H_2、CH_4 和 H_2O 的分压；x_{CO}、x_{H_2}、x_{CH_4} 和 x_{H_2O} 分别表示 CO、H_2、CH_4 和 H_2O 的摩尔分数；p 代表总压力；T 代表温度。

3.1.2 天然气重整制氢

以天然气和水蒸气为原材料，在高温催化条件下进行的制氢方法，称为天然气重整制氢，目前市场上大多数氢气产自这种方法。相比于煤和石油，天然气是一种高效、优质和清洁的能源，目前全球天然气消费量在一次性能源消费中占比约为 25%。天然气重整制氢技术自 1926 年应用以来，目前已成为国际上制取氢气的主要技术，其主要反应见式（3-11）所示，理论上 1mol 甲烷与 1mol 水蒸气反应将产生 3mol 氢气。

天然气重整制氢技术的简化工艺流程示意如图 3-1 所示，主要过程包括天然气-水蒸气重整转化、CO-水蒸气中温变换反应和气体的分离与提纯。

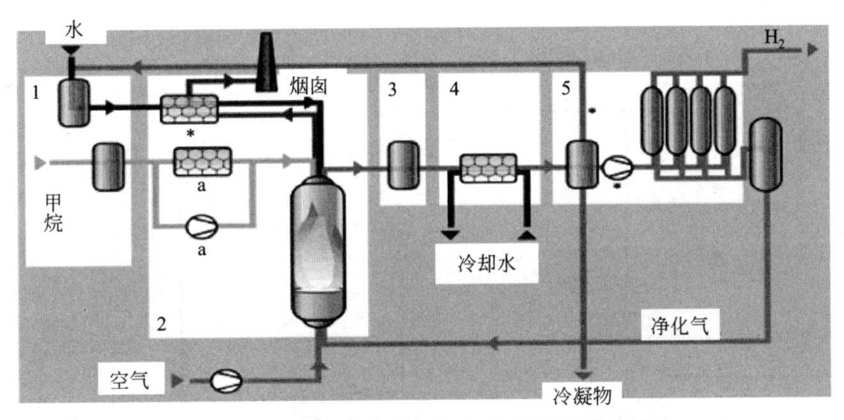

图 3-1　天然气重整制氢技术的工艺流程示意图

1—原料单元；2—天然气水蒸气重整单元；3—CO-水蒸气中温变换单元；4—冷却单元；5—纯化单元

工业上，天然气重整制氢的工艺分为 7 个流程，包括：①原料天然气压缩；②原料天然气脱硫；③原料天然气-水蒸气重整转化；④CO-水蒸气中温变换；⑤锅炉水流程；⑥燃料气流程；⑦助燃空气、烟气流程。具体如下：

流程一：原料天然气压缩流程。如图 3-2 所示，界区送入装置的原料气经过压力稳定后进入压缩机进口缓冲罐，经过缓冲后进入原料气压缩机，经压缩机压缩后进入压缩机出口缓冲罐，经出口缓冲、流量控制后进入转化炉对流段预热。原料气经压缩后温度升高，在回流气管路上设置水冷却器，使返回原料气温度降至常温。压缩机出口压力高于变压吸附（PSA）系统压力 0.3～0.35MPa。

流程二：原料天然气脱硫流程。经过压缩和流量控制后的原料气进入转化炉对流段，利用转化炉烟气余热对原料气进行加热。加热后的原料气进入钴钼加氢脱硫槽，如图 3-3 所示，

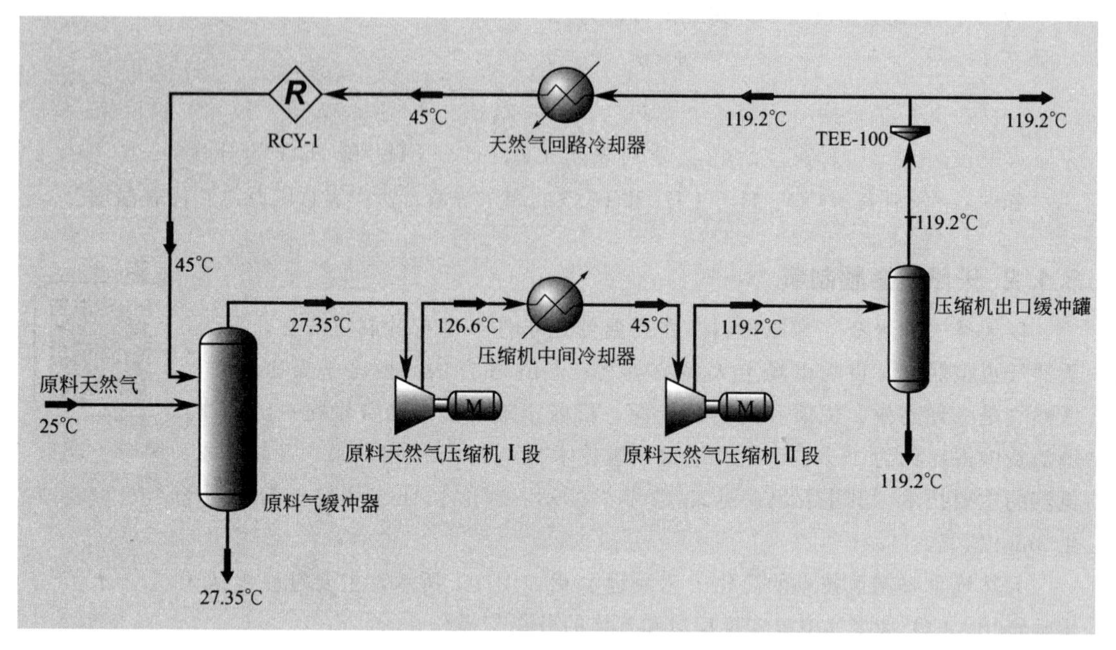

图 3-2　原料天然气压缩流程

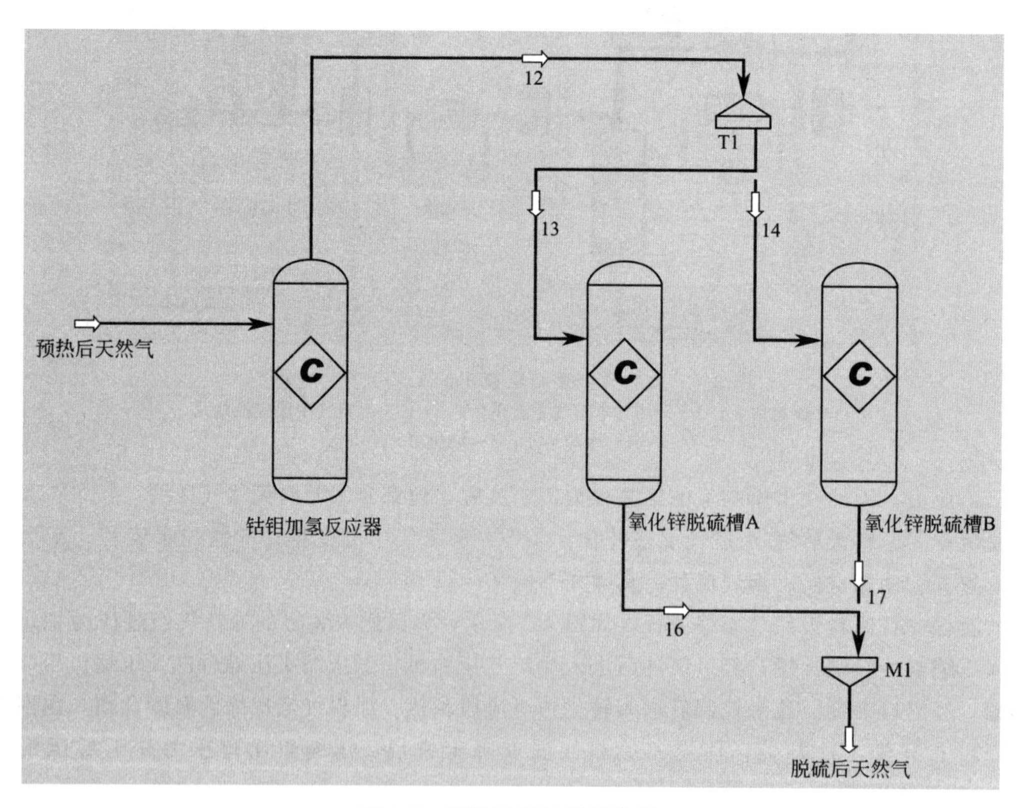

图 3-3　原料天然气脱硫流程

在催化剂的作用下将原料气中的有机硫加氢转化为硫化氢，见式（3-23）。经加氢反应后的原料气进入氧化锌脱硫槽，硫化氢使用氧化锌吸附脱除，见式（3-24），使原料气中的硫体积分数降至 $0.2\times10^{-4}\%$以下。钴钼温度控制在 320～350℃之间，氧化锌脱硫槽进气温度控制在 230～280℃。

$$RSH+H_2 \longrightarrow H_2S+RH \tag{3-23}$$

$$H_2S+ZnO \longrightarrow ZnS+H_2O \tag{3-24}$$

流程三：天然气-水蒸气重整转化和流程四：CO-水蒸气中温变换流程。如图 3-4 所示，脱硫原料气与水蒸气按 1∶3.5 的比例混合后进入转化炉对流段换热器，使混合气温度升至约 550℃后进入转化炉，在转化炉中催化剂的作用下进行反应，生成以氢气为主的转化气。该转化气通过转化炉温度调整，使 CH_4 残留量控制在 3%～4%范围，CO 体积分数<10%。出转化炉的转化气温度大约为 780～850℃，转化气经废热锅炉换热降温至 330℃左右，然后进入中温变换炉。在转化炉中，主要发生甲烷和水蒸气反应生成 CO 和氢气的吸热反应（式 3-11），发生转化反应所需的热量由转化炉燃烧器供热；在中温变换炉中，主要发生 CO 和水蒸气催化反应生成氢气和 CO_2 的放热反应（式 3-9），出中温变换炉的气体中 CO 体积分数<1%。总反应如下：

$$CH_4+2H_2O \rightleftharpoons CO_2+4H_2 \tag{3-25}$$

转化炉的结构分为辐射段和对流段。辐射段由烧嘴、转化管、炉体组成。对流段由混合器预热器、天然气预热器、烟气废气锅炉和空气预热器组成，如图 3-4 所示。

废热锅炉中的锅炉水被加热后上升至汽包，汽化为蒸汽，作为自产蒸汽与原料气进行混合。出中温变换炉的变换气进入中变后预热器、锅炉给水预热器、脱盐水预热器、水冷器、气液分离器，使变换气温度降至常温，气液分离后进入变压吸附气体分离装置进行气体分离和纯化。

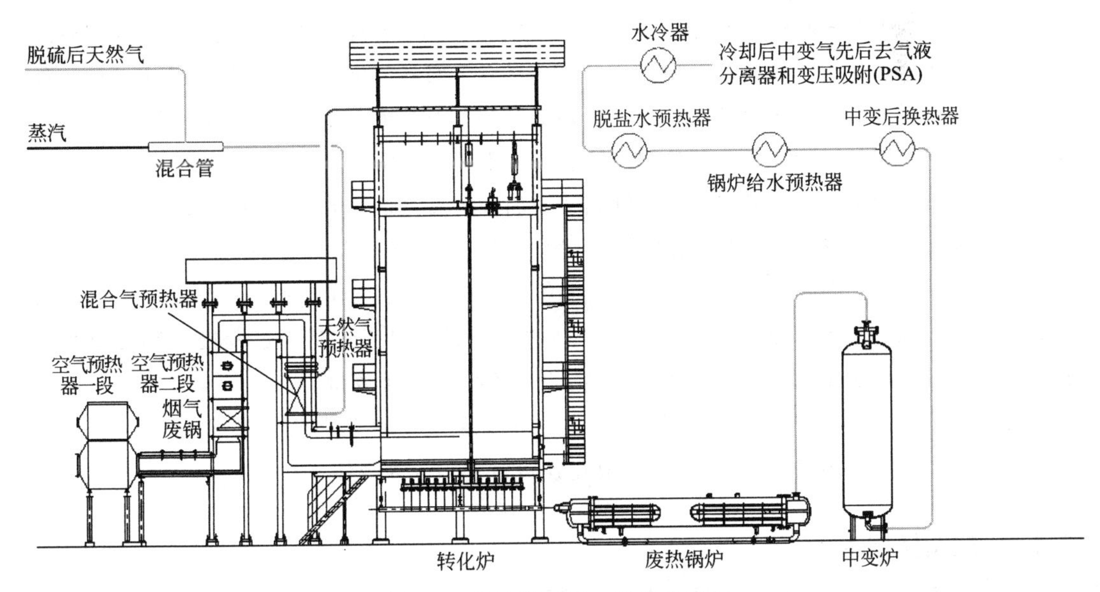

图 3-4 转化流程和中温变换流程

流程五：锅炉水流程。图 3-5 示意了锅炉水在各个部分的热交换路线。界区送入的脱盐水经液位调节阀后进入脱盐水预热器，与变换气换热后进入除氧器，在除氧器中使用蒸汽加热脱出溶解氧后进入除氧器水箱；除氧后的脱盐水经锅炉给水泵加压后进入锅炉给水预热器，与变换气换热后进入汽包；汽包中的锅炉水经锅炉水下降管进入转化气余热锅炉，在余热锅炉中锅炉水被转化气加热，加热后的锅炉水经锅炉水上升管进入汽包，在汽包中部分锅炉水汽化为蒸汽；汽包中的锅炉水经锅炉给水循环泵加压后分为两路，一路进入中变后换热器与变换气换热后进入汽包，另一路进入转化炉对流段烟气余热锅炉，经烟气加热后返回汽包；经变换气分离器分离出的工艺冷凝液经液位控制调节阀调节后进入除氧器，脱除工艺冷凝液中溶解的 CO_2，作为锅炉给水回收利用。

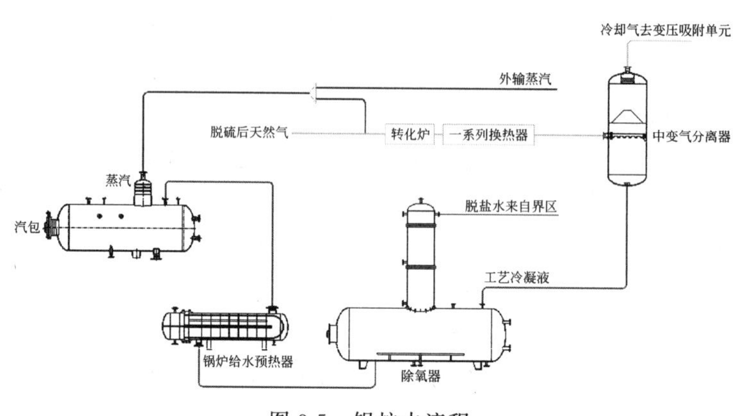

图 3-5 锅炉水流程

流程六：燃料流程。燃料天然气经压力控制后进入燃料气缓冲罐，经燃料量控制后进入燃烧器；PSA 尾气经流量控制后也进入燃烧器。燃料天然气压力控制在 0.1～0.15MPa，PSA 尾气压力控制在 20～30kPa。

流程七：助燃空气和烟气流程。空气由鼓风机送入转化炉对流管空气预热器，加热后的空气进入燃烧器，作为燃料气助燃剂，通过与燃料发生部分氧化反应提供热量给主反应，称为空风；燃烧后的烟气经转化炉底进入转化炉对流段，与原料混合器、原料天然气预热器、锅炉水烟气余热锅炉、助燃空气预热器换热后进入引风机，由引风机抽出后排入烟囱高点排放。调节鼓风机出口鼓风量调节阀，控制烟气中的残留氧体积分数至大约 5%。

除上述天然气-水蒸气重整制氢之外，天然气制氢技术还包括部分氧化重整制氢、自热重整制氢，以及催化裂解等。在各类天然气制氢技术中，水蒸气重整制氢的转化率最高，可达 94%以上。其缺点是耗能、耗气高，生产成本高，设备昂贵，制氢过程慢且制氢过程中有大量温室气体 CO_2 排放，需引入 CO_2 吸收环节降低 CO_2 排放量。

天然气重整制氢反应通常需要催化剂，主要有两种：一种是非贵金属催化剂（如 Ni）；另一种是贵金属催化剂（如 Pt），通常以氧化镁或氧化铝等为载体。

3.1.3 煤制氢技术

煤炭资源是最丰富的化石燃料，煤气化制氢曾经是工业上最主要的制氢方法。随着石油化工的兴起，天然气成为工业用氢的首要来源，煤制氢技术发展态势随之逐渐减缓。

煤和焦炭气化法制氢的化学反应如式（3-8）和式（3-9）。在式（3-8）中，碳单质和水蒸气反应生成CO和氢气，即生成水煤气，该反应为吸热反应。反应中产生的CO不能直接排空，式（3-9）为CO与水蒸气进一步反应，生成氢气和二氧化碳的过程，该反应是放热反应。两步反应的总反应如下：

$$C+2H_2O \rightleftharpoons CO_2+2H_2 \tag{3-26}$$

根据式（3-1）和式（3-2），碳和CO的燃烧都是放热反应。因此，气化炉内引入精确控制的少量空气或氧气，也就是“部分氧化”工艺，可以给煤制氢反应提供热量，确保式（3-8）反应的顺利进行。

煤是最便宜的化石燃料，因此煤制氢技术的优点首先是成本较低；其次，工艺非常成熟。它的缺点是在生产过程中伴随大量的CO_2排放，没有从本质上解决碳中和问题。

工业上，煤制氢技术又可以分为直接制氢和间接制氢技术。煤直接制氢包括煤的焦化和煤的气化两种。煤的焦化，也称为高温干馏，指煤在隔绝空气的条件下，在900～1000℃下制取焦炭，副产品为含氢的焦炉煤气。煤的气化是煤在高温常压或加压条件下，与气化剂反应，转化成富含氢气的气体产物，气化剂为水蒸气和氧气（或空气），如式（3-8）和式（3-26）。

图3-6为煤气化炉的装置示意图，主要部件有炉箅、带夹套的锅炉、保温层、冷却水和安全阀等。

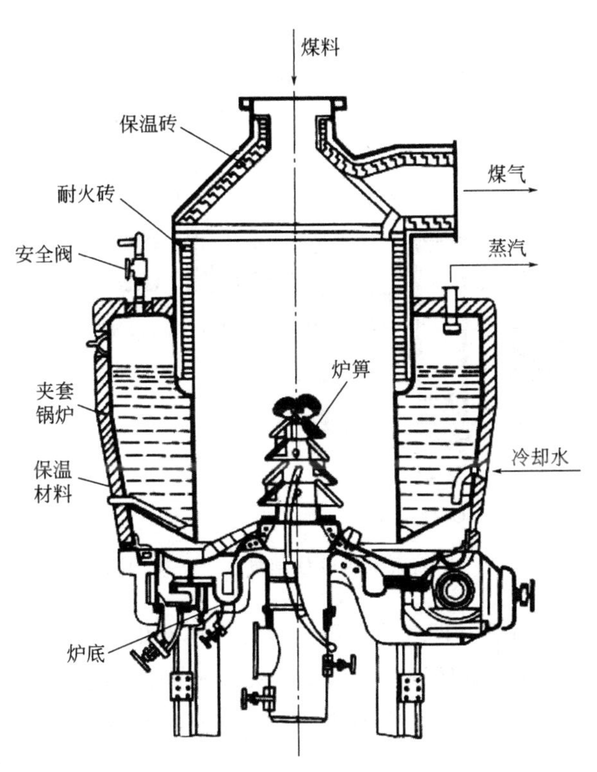

图3-6 美国联合气体改进公司（UGI）煤气化炉示意图

煤制氢的工艺流程为：首先，煤料进入气化炉体，经炉箅分散后，与经过空气分离设备（空分机）制得的氧气反应，产生部分热量。该工艺流程中，气化炉内引入的空气或氧气量需要精确控制，使少量燃料完全燃烧，提供热量，即“部分氧化”工艺。这部分热量提供给煤和水蒸气的气化反应制取煤气。煤气中含有 H_2、CO、CO_2 以及一些杂质气体；混合气体经过净化后，进入一氧化碳变换器与水蒸气继续反应，产生氢气和 CO_2；再经过 CO_2 脱除后，采用变压吸附技术将氢气纯度提高到99.9%以上。

由于气态氢的储存和运输是氢能发展的一个重要瓶颈，因此，发展了煤间接制氢工艺。例如，可以将煤转化成液态的、便于储运的甲醇，再由甲醇重整制氢。

3.1.4 生物质重整制氢技术

前已述及，煤、天然气、石油等化石燃料可以制氢，实际上，所有的碳氢化合物都可以用于制氢。碳氢化合物的气化反应原理也可以应用于生物质和有机废弃物的处理和回收，甚至可应用于所有含碳废弃物的制氢过程中。

生物质的自热重整反应，也称为气化反应，或者转化反应，见下式，常被用于生物质制氢。

$$C_6H_9O_4+5.5H_2O+1.25O_2 \longrightarrow 10H_2+6CO_2 \tag{3-27}$$

由于生物质是可再生的，因此采用生物质制氢被认为是一种近零碳且环保、无污染的制氢方法。生物质原料包括农业废弃物稻秆、秸秆、木屑、餐厨废弃物以及废纸等。

图 3-7 所示为生物质自热重整制氢的工艺流程。反应物是生物质、水蒸气和氧气，反应在高温（600～800℃）下的气化炉内进行，主要产物是 H_2 和 CO_2。此外，还有少量焦炭灰、油脂、硫和氨气，分别经过旋风分离器、除油器、脱硫器和脱氨器去除。最终的产物气体中除了氢和 CO_2 外，还有少量的 CO 和 CH_4，需要进一步净化提纯。

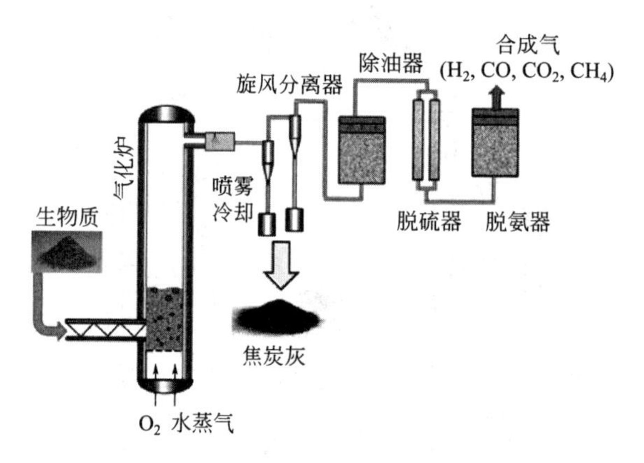

图 3-7 生物质自热重整制氢的工艺流程示意图

生物质制氢除了自热重整（即气化）制氢以外，还有生物质热裂解制氢（见 3.5 节），能耗相对更高。气化和热裂解的区别在于气化是在有氧条件下对生物质的部分氧化过程。首先，生物质颗粒部分氧化，该反应是放热过程，为重整反应提供热量；然后生物质与高温蒸汽发生气化反应，该反应是吸热过程。吸热和放热反应达到平衡，则可以不提供外部热量，即自热重整，反应焓 ΔH 为 0。

利用生物质制氢具有成本低廉和可再生的显著特点，因此备受关注。但是由于稳定、足量的原材料供给、原材料运输成本等问题，生物质制氢技术的商业化应用前景尚不明朗。工程技术上，生物质气化技术的最大问题在于焦油含量过高，不仅会导致产氢率下降，而且焦油还容易堵塞和粘住气化设备，严重影响气化系统的可靠性和安全性。

目前，降低焦油含量的方法主要有：选择适当的操作参数、选用催化剂加速焦油的分解、对气化炉进行改造等。

3.2 电解水制氢技术

3.2.1 电解水制氢原理

水是地球上最重要的资源之一，理论上，水是取之不尽，用之不竭的。

电解水制氢是在充满电解液或者固态电解质的电解槽中通入直流电，水分子在阴极上发生还原反应产生氢气，在阳极上发生氧化反应产生氧气的工艺，阴极和阳极的半反应分别见图 3-8 所示。电解水制氢是一种较为方便的制取氢气的方法。

电解水制氢有两种成熟的技术，包括碱性电解槽和固体聚合物电解槽（SPE）。另一种是正处于验证示范阶段的高效电解水制氢方法，称为固体氧化物电解池（SOEC）。

根据电解方法的不同，所采用的电解质分为液态电解质和固态电解质两类。液态的电解质可以是碱性介质，也可以是酸性介质；固态的电解质包括固态聚合物电解质和固体氧化物电解质。

以上几种电解水制氢技术的基本过程均相同，其基本工作原理如下。

如图 3-8 所示，将水供应给电解槽，当外电路提供足够高的电压水平（高于理论分解电压，即开路电压 E_0）时，水中的氢离子在阴极得到电子产生氢气，氧离子在阳极失去电子产生氧气，反应式如下：

$$H_2O \longrightarrow H_2 + 1/2O_2 \tag{3-28}$$

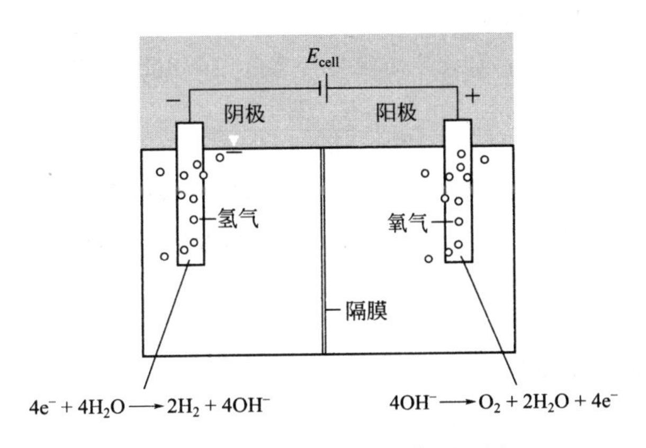

图 3-8 电解水制氢的工作原理图

电解槽的阴极和阳极被隔膜或固态电解质分隔开。离子通过电解质（或隔膜）传输，使两种气体分离。分解水所需的最小能量由反应的吉布斯自由能 ΔG_R 决定，见下式所示：

$$E_0 = \frac{\Delta G_R}{nF} \tag{3-29}$$

式中，n 是每摩尔水分解所转移的电子数；F 是法拉第常数（96485C/mol）。在标准状态（298.15K，101.3kPa）下，吉布斯自由能 ΔG_R 的值为 237.19kJ/mol。由此计算，在标准状态下，水分解为氢气和氧气的理论分解电压 E_0 为 1.23V。由于吉布斯自由能是温度的函数，如下式所示：

$$\Delta H_R = \Delta G_R + T\Delta S_R \tag{3-30}$$

可见，理论分解电压也与温度有关。实际上，E_0 会随着温度的升高而降低。因此，电解水反应所需的总能量可以由电和热联合提供，即通过在较高的温度下电解水，可以降低所需的电量。

实际运行时，电解水制氢的电能需求明显高于理论最小电能。电解槽工作时的总电压由电池中的电流和欧姆电阻引起的电压降，以及阳极和阴极的过电位决定，如下式所示：

$$E_{cell} = E_0 + iR + |E_{cath}^{ov}| + |E_{an}^{ov}| \tag{3-31}$$

式中，E_{cath}^{ov} 为阴极过电位；E_{an}^{ov} 为阳极过电位，代表“激活”反应和克服浓度梯度所必需的额外电能，可以衡量每个电极的反应动力学性能。iR 为欧姆电压降，是电解液和电极的电导率、电极之间的距离、隔膜或固态电解质的电导率与电流的函数，亦可理解为电池元件之间的接触电阻。

电解水制氢的效率主要有三种表征方式：电解制氢效率、电解效率和电流效率。

电解制氢效率通常被定义为单位时间产生的氢的热值与所需能量输入（包括电能和电解时吸入的热量）的比值，如下式所示：

$$\varepsilon = \frac{\Delta H_R \dot{n}_{H_2}}{P_{el} + \Delta Q} \tag{3-32}$$

式中，ΔH_R 是氢气的低热值；$\dot{n}_{H_2}$ 是生成氢气的物质的量；P_{el} 是输入的电能，需按照火电转换效率换算成热能；ΔQ 为电解过程中吸入的热量。对于常温下工作的碱性电解水和 SPE 电解水技术来说，ΔQ 为 0。据文献报道，碱性电解槽的总制氢效率约为 25%，SPE 电解槽约 35%，SOEC 可以达到 55%。

电解效率是电解槽工作时，理论电解电压与实际电解电压之比，如下式所示：

$$\varepsilon_{cell} = \frac{E_0(T_0, P_0)}{E(T, P)} \tag{3-33}$$

据文献报道，碱性电解槽的电解效率约为 56%，SPE 电解槽约 76%，SOEC 可以达到 90%。

电流效率，亦称为法拉第效率（$\varepsilon_{Faraday}$），是实际流经电解槽的电流产生的气体与产生的理论氢气量之比。法拉第效率通常可以达到 90%以上。

3.2.2 碱性电解水制氢技术

3.2.2.1 碱性电解水制氢槽的结构

碱性电解水制氢（alkaline electrolysis）是一项成熟的技术，应用广泛。碱性电解水制氢的典型工作温度为 80～100℃。碱性电解槽由直流电源、电解槽箱体、阴极、阳极、电解液和隔膜等组成，如图 3-9 所示。电解液是碱性溶液，多数电解槽使用 20%～40%的氢氧化钾水溶液作为电解液。

隔膜材料过去主要使用石棉制成，用于分隔阴极产生的氢气和阳极产生的氧气，同时允许氢氧根离子透过。由于石棉对人体有害，目前常被聚砜聚合物或氧化镍等材料所替代。

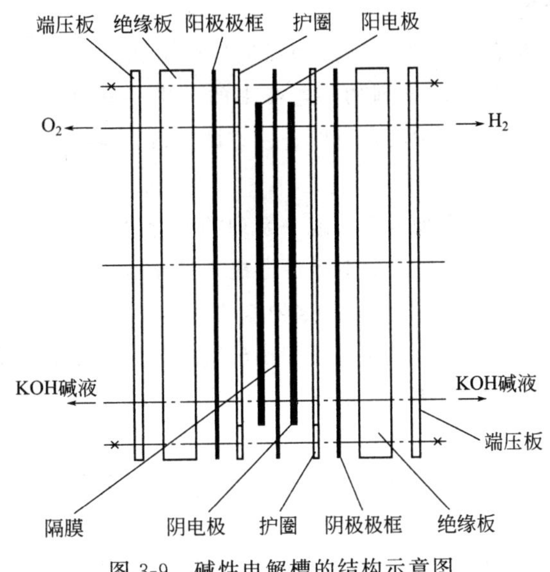

图 3-9　碱性电解槽的结构示意图

碱性电解水制氢存在严重的爬碱问题，渗出的强腐蚀性电解液 KOH 对环境会造成潜在的危害。碱性电解槽的阳极材料除需满足一般电极材料的基本需求（如导电性、催化活性、强度、加工性、来源、价格等）外，还需要在强阳极极化和较高温度的电解液中不溶解、不钝化，具有很高的稳定性。长期以来，石墨是使用最广泛的阳极材料。当以金属或合金作为阴极时，由于在比较负的电位下工作，往往可以起到阴极保护作用，腐蚀性小。大多数情况下阴极材料使用雷尼镍或镍钼合金。

为了获得大的产氢量，一般采取连接若干个单体电解池的形式制作碱性电解水装备。电解槽材料可选择钢材、水泥、陶瓷等。钢材耐碱，应用最广。对于腐蚀性强的电解液，钢槽内部用铅、合成树脂或橡胶等衬里以防腐。

3.2.2.2　碱性电解水制氢工作原理

碱性电解水制氢的工作原理如图 3-10 所示。在温度 70～100℃，气体压力 0.1～3MPa 下，H_2O 在阴极被分解成 H^+ 和 OH^-，其中，H^+ 得到电子形成氢原子，进一步生成氢气。OH^- 在两极电场的作用下穿过隔膜到达阳极，在阳极失去电子，生成氧气和 H_2O。

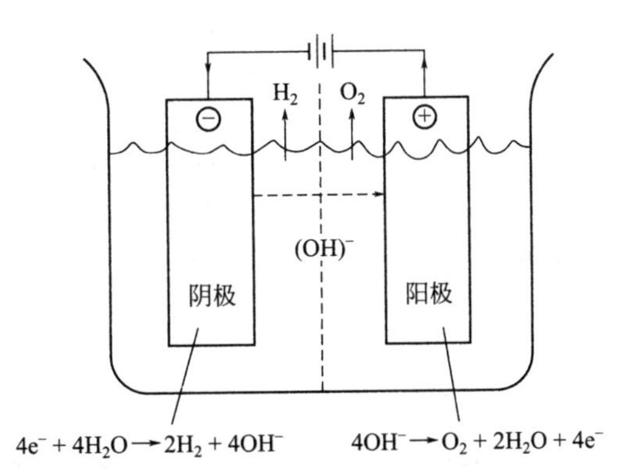

图 3-10　碱性电解水制氢的工作原理图

3.2.2.3 碱性电解槽的分类

目前碱性电解槽主要有单极性电解槽和双极性电解槽两类。在单极性电解槽（unique electrolysis cell）中，电极是并联排列的，电极中的一半并联电路与电路中的正母线连接，即阳极；另一半并联线路与电路中的负母线连接，即阴极，见图 3-11（a）。单极性电解槽在大电流、低电压下工作。

在电解槽阴阳极之间，若再加入一块或一系列的平行电极，则这些电极向着阳极面的显阴极性，向着阴极面的显阳极性，形成双极性电极。如此所构成的电解槽即为双极性电解槽（bipolar electrolysis cell），见图 3-11（b）。这种槽的功能相当于由多个单室槽串联的多室槽，但直流电只需从两端电极导入，可节省母线和在母线接头的电压降，从而达到节能效果。与单极性电解槽相反，双极性电解槽在高电压、低电流下操作。

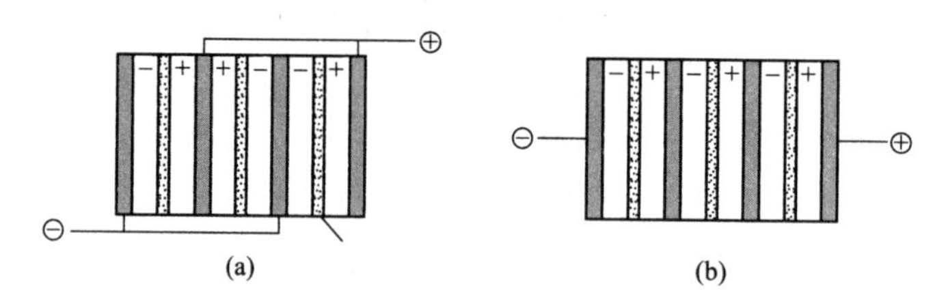

图 3-11 单极式（a）和双极式（b）碱性电解槽

双极性电解槽结构紧凑，由电解液电阻引起的能量损失小，从而有较高的电解效率。但是它设计复杂，提高了成本。目前只有少数制造商提供单极性电解槽，大多数工业电解槽都是双极性连接的。

3.2.2.4 碱性电解水制氢的成本与电解效率

图 3-12（a）所示为碱性电解槽的产氢能力与投资额之间的关系，可见投资额高度依赖于电解槽的尺寸大小。电解槽越小，产能越低，单位产能的投资额越高。当产能超过一定水平后，单位产能的投资额变化趋于平缓。图 3-12（b）所示为碱性电解槽的产氢能力与电解效率之间的关系。显然，电解效率不依赖于电解槽的尺寸大小，各种生产规模的电解效率基本相同，基本在 55%～75%之间。

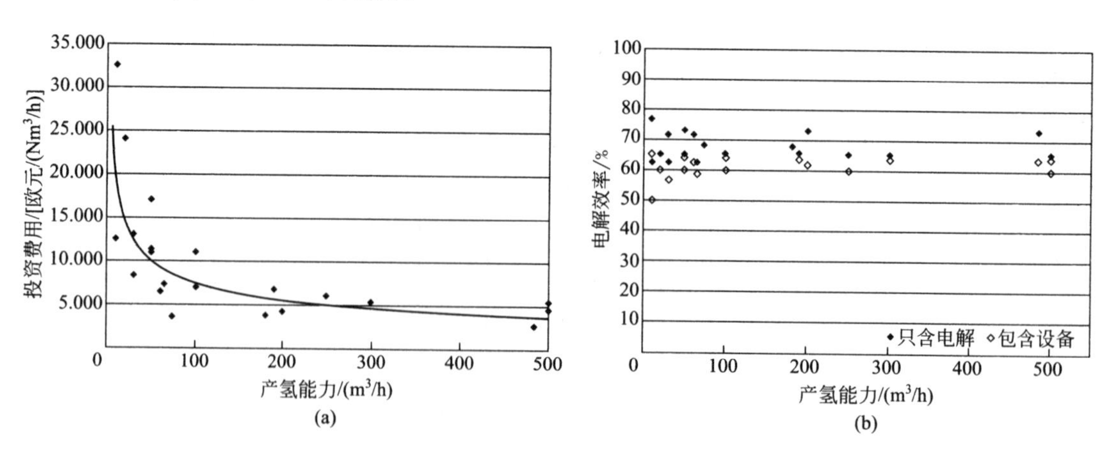

图 3-12 2002 年碱性电解槽的投资费用（a）和电解效率（b）

3.2.3 固体聚合物电解水制氢技术

与碱性电解水制氢技术不同，固体聚合物电解水制氢技术（solid polymer electrolysis，SPE）的结构中，碱性或酸性液体电解质被固体聚合物电解质（SPE 离子膜）取代，见图 3-13 中的电解槽。聚合物电解槽主要由两极和聚合物隔膜组成，其电解过程是质子交换膜燃料电池发电的逆过程。在阳极，水失去电子，并被分解为氧气和质子；而质子在电场作用下穿过聚合物膜，在阴极与电子结合生成氢气。

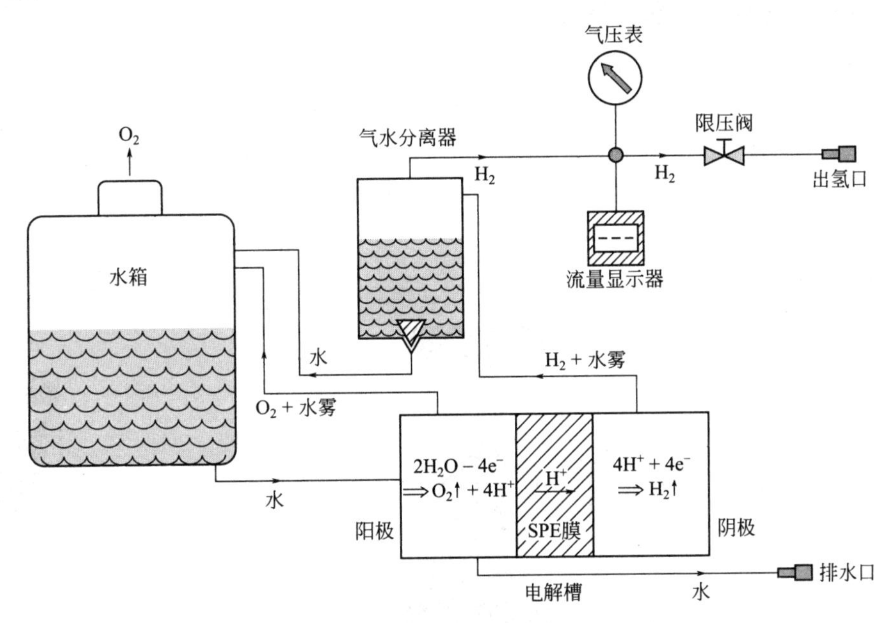

图 3-13　固体聚合物电解水制氢流程图

固体聚合物电解质是一种离子交换膜，起源于 1967 年美国通用电气公司为空间计划而开发的低温燃料电池。电催化剂颗粒直接附于膜上，形成 SPE 复合膜。SPE 是酸性环境，催化剂通常选用贵金属，如金属铂及其合金等。碱性电解槽允许使用价廉的过渡金属作催化剂，例如镍基合金、镍铁基复合材料等。因此，SPE 电解槽通常比碱性电解槽的原材料价格更高。

与碱性电解制氢技术相比，SPE 电解槽的优点如下：①由于使用固体聚合物做电解质，减小了使用碱性或者酸性溶液带来的腐蚀；②电解质的浓度能够保持恒定，而溶液电解质的浓度是变化的，需要维护；③能够同时使用电解质作为隔膜；④没有溶液电压降；⑤离子膜具有选择性分离作用，使 SPE 电解水制氢技术融反应与分离为一体，因此具有很高的能量效率；⑥气体质量更高，这是由于 SPE 避免了碱性液体带来的杂质；⑦产生的气体压力更大；⑧不存在碱性溶液的条件下，制氢系统可提供更好的密封性。此外，SPE 电解槽还具有良好的化学和机械稳定性，并且电极与隔膜之间的距离为零，欧姆损失小，提高了电解效率，是具有潜力的电解槽结构。

一般地，SPE 电解槽系统的生产能力比碱性电解槽低。例如，碱性电解水制氢的产氢量能够达到 $1000Nm^3/h$ 以上；SPE 的产氢量一般 $<500Nm^3/h$。这个差距随着技术的进步在缩小。

SPE 电解水制氢的应用领域主要是现场即时供氢和航空航天应用。然而，SPE 电解水制氢的电解效率比碱性电解水制氢高，据报道 SPE 电解水制氢的电解效率可以达到 85%～93%，而一般工程水平只能达到 76%左右。

总之，降低成本、提高电解效率、提升产能是聚合物电解水制氢技术的三大关键问题。国内某些企业已成功交付了国内首台单堆制氢量 300Nm^3/h 的聚合物纯水电解制氢设备。

3.2.4 固体氧化物电解水制氢技术

固体氧化物电解水制氢技术，其电解池称为固体氧化物电解池（solid oxide electrolysis cell，SOEC），是一种新兴的高效电解水制氢技术，其工作温度通常为 700～1000℃。

SOEC 工作原理如图 3-14 所示，如果向电池的燃料极（阴极）提供水并向电池提供电能，在阴极，水中的质子与电子将结合产生氢气，而氧离子则通过固体氧化物电解质到达阳极，失去电子变成氧气。

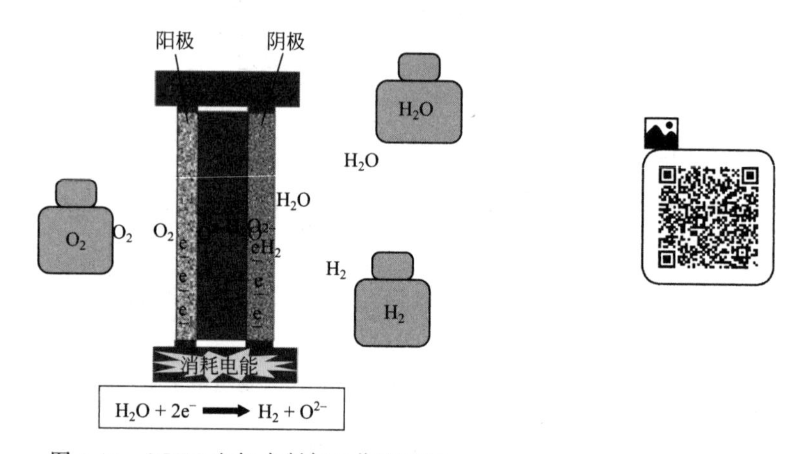

图 3-14　SOEC 电解水制氢工作原理图

固体氧化物电解水制氢过程实际上是固体氧化物燃料电池（见第 11 章）的逆过程。有趣的是，SOEC 不仅可以电解水制氢，还可以把 CO_2 电解成 CO 和氧气，而 CO 是一种化工原料，这为 CO_2 寻找到了一条可循环利用的途径。

碱性电解水制氢、固体聚合物电解水制氢（SPE）、固体氧化物电解水制氢（SOEC）系统的总制氢效率的对比如表 3-1 所列。

表 3-1　三种不同类型电解水制氢系统的效率对比

制氢系统类型	温度/℃	电解效率/%	总制氢效率/%
碱性	约 80	51～62	约 25
SPE	约 80	74～79	约 35
SOEC	约 850	90～100	约 55

3.2.5 利用可再生能源的电解水制氢

世界上大部分的氢气都是通过化石燃料重整得到的；通过电解水生产的氢仅约 3%，一般在电价较低或需要超高纯氢气的地方使用。

在理想的氢能社会中，首选电解水制氢来获得氢气，因为地球上的水资源极为丰富。氢能作为一种清洁能源，一种能量载体，实际上是连接可再生能源与电能的桥梁，三者结合可创造出清洁无污染的、有巨大前景的能源结构。利用太阳能、风能和水能等可再生能源发电，然后电解水制氢，把电能以化学能的形式储存起来；氢气再作为能源，依靠燃料电池或者氢内燃机发电生成水，完成一个能量循环。

利用可再生能源电解水制氢的应用领域主要有：①自给供电的小型电解槽系统。该系统既可以用于固定式发电，也可以用于移动式燃料电池电源设备。例如，住房、电信基站或铁路道口等所需的电源功率通常比较低，约100W到几十千瓦，但须随时可用，这是一个小众市场。②离网区域的大型可再生能源发电厂。一些偏远地区尚未覆盖电网，用电困难。例如，海上小岛或者远离电网的高山上，某些特殊情况下需要随时发电。在这些地区建风力或者太阳能发电厂，除正常供电外，富余电能可用于电解水制氢储能，当电能欠缺时，通过燃料电池或氢内燃机等将氢气用于发电，解决离网区域的用电问题。

以太阳能电解水制氢为例。首先将太阳能通过光伏电池转化为电能，再利用电能通过电解槽电解水产氢。现阶段工程化的光伏电池发电效率已达到20%，且有上升空间，光伏发电的上网价格快速下降，目前达到0.24～0.5元/kW·h，最低价格甚至降到0.15元/kW·h左右，已具备与常规能源电解水制氢技术相竞争的实力。

风力发电也是一种有潜力的可再生能源发电方式，国家发展和改革委员会2020年对陆上风力发电的指导价为0.5元/kW·h，对海上风力发电的指导价为0.8元/kW·h，与常规电价接近。如能进一步降低电价，则同样有望用于大规模电解水制氢。

3.2.6 总结与展望

最后，对电解水制氢技术的发展现状归纳总结如下。

① 电解水制氢是一种已经使用了一百多年的技术，原理和工艺上都已经成熟，其最大的瓶颈在于成本的控制，包括制氢电价、电极催化剂的成本等。

② 目前，大多数商用电解槽是碱性电解槽，其技术正在朝大容量、低能耗方向发展。

③ 碱性电解槽的电解效率约为51%～62%，SPE的电解效率约为74%～79%，SOEC的电解效率约为90%～100%。近室温的SPE和高温的SOEC是未来高效电解水制氢的发展方向。

④ 目前，全世界只有约3%的氢气是由电解水生产的，其余大部分是通过化石燃料重整制氢得到的。

⑤ 电解水制氢更适合在电价较低或需要超高纯气体的地方使用。

⑥ 利用富余的可再生能源电解水制氢储能，在能源短缺时利用氢气发电，有望成为能源供应的一种重要方式。

3.3 水的热化学制氢

水是一种相对稳定的化合物。水分解生成氢气和氧气的过程，是一个吉布斯自由能增加的过程（$\Delta G>0$），亦即从热力学角度考虑，水分解反应是一个非自发反应，必须有外加能量才能进行。从理论上讲，水可以通过加热获取足够的能量分解成氢气和氧气。然而，当只依靠加热分解水时，工程上需要4000℃以上的高温，且需要高压来维持液态水。在如此高温下，装置材料和分离氢氧的膜材料都无法正常工作。当温度降到2000℃左右的火焰温度时，氢气和氧气又会发生燃烧变成水。因此，仅利用高温直接分解水制氢，在生产中难以实现。

1966年，范客等人从热力学分析的结果提出用几个化学反应合起来完成水的热分解的方法，即在制氢时，在水中加入催化剂，让水分解的一步反应变为多步反应。这种多步骤的化学反应制氢就是水的热化学制氢。由于加入的催化剂可以反复使用，因此又被称为热化学循环制氢。热化学制氢是一个由一组相互关联的化学反应组成的系统。这种方法既可以大大降低反应的温度，使反应易于进行，也方便氢气的回收。

目前，学者们已经提出了100多种热化学循环制氢的方法，所采用的催化剂为卤族元素、金属及其化合物、碳以及一氧化碳等。利用热化学循环法可以使水在1000℃以下分解，制氢效率可达50%。

热化学反应制氢所需的热量通常来自核能或者太阳能，规模应用时有望控制成本。为了适应未来大规模工业制氢的需要，科学家们正在研究催化剂对环境的影响、新的耐腐蚀材料以及氢和重水等副产品的综合利用等课题。许多专家认为，热化学循环法制氢是最有发展前景的制氢方法之一。

3.3.1 热化学制氢的工作原理

多种热化学制氢方法均可归为两个基本反应步骤：①水和中间化合物X反应生成XH和氧气；②XH分解得到中间化合物X与氢气，如下式所示：

$$H_2O+2X \longrightarrow 2XH+1/2\ O_2 \tag{3-34}$$

$$2XH \longrightarrow 2X+H_2 \tag{3-35}$$

上述反应式是热化学制氢法中最简单的二级循环，即由两个主要反应构成的循环反应。其特点是化工单元操作过程较少，因此成本较低。但是除了少数二级循环以外，多数的二级循环反应温度较高，不易实现循环。要组成一个二级热化学循环体系，需要选择具备适宜的热化学性质的循环物质（即催化剂）。一般来说，碳、氮、硒、硫、氯、溴、碘等元素比较合适。

如果将反应式的数量增加到三个，叫做三级热化学循环制氢系统。通过增加级数，可以降低反应温度。当二级或三级循环制氢依然无法克服高温的难题时，各种更多级的热化学循环引起了众多学者的注意。例如，一种Fe-卤素-O-H的循环就是一个五级循环。热化学制氢循环的级数越多，各步反应温度越低，然而分离过程越复杂，热损失越大，产氢成本越高。

根据中间化合物X的性质和它在热化学制氢反应中的作用来区分，可以将催化剂分成几种不同的反应变体。人们已经研究了很多种反应变体，但是它们目前都处于实验室验证阶段。

第一种反应变体：氧化物系统

氧化物变体参与热化学制氢的反应通式如下：

$$3MeO + H_2O \longrightarrow Me_3O_4 + H_2 \tag{3-36}$$

$$Me_3O_4 \longrightarrow 3MeO + 1/2O_2 \tag{3-37}$$

这是一种二级循环反应。目前，学者们对 ZnO/Zn 系统和 CeO_2/Ce_2O_3 系统进行的研究较多，对 Cr_2O_3 也有相关报道，它们可将水的分解效率提升 20%以上。

第二种反应变体：卤化物系统

卤化物变体参与热化学制氢的反应步骤分为以下四步：

$$3MeX_2 + 4H_2O \longrightarrow Me_3O_4 + 6HX + H_2 \tag{3-38}$$

$$Me_3O_4 + 8HX \longrightarrow 3MeX_2 + 4H_2O + X_2 \tag{3-39}$$

$$MeO + X_2 \longrightarrow MeX_2 + 1/2O_2 \tag{3-40}$$

$$MeX_2 + H_2O \longrightarrow MeO + 2HX \tag{3-41}$$

这是一种四级循环。日本东京大学的龟山秀雄等人利用计算机模拟，先后提出了 UT-1，2，3 循环过程，其中最著名的是 UT-3。它是一个气-固两相反应的四级循环，已经实现了小型化生产。因为是气-固反应，所以生成物和产物分离简单，能耗少。它的热效率估计能够达到 35%～40%。其中，热效率的定义如下式所示：

$$\text{热效率} = \text{产生 } H_2 \text{ 的高热值}/(\text{循环中的吸热} - \text{循环中的放热}) \tag{3-42}$$

此外，这个循环所需的材料很便宜，且易获得，无需使用贵金属，因此是一种很有前景的技术。

第三种反应变体：碘系统

碘系统的循环亦被称为碘-硫循环，见图 3-15 所示。碘变体参与热化学制氢的反应步骤分为以下三步：

$$SO_2 + I_2 + 2H_2O \longrightarrow 2HI + H_2SO_4 \tag{3-43}$$

$$H_2SO_4 \longrightarrow H_2O + SO_2 + 1/2O_2 \tag{3-44}$$

$$2HI \longrightarrow H_2 + I_2 \tag{3-45}$$

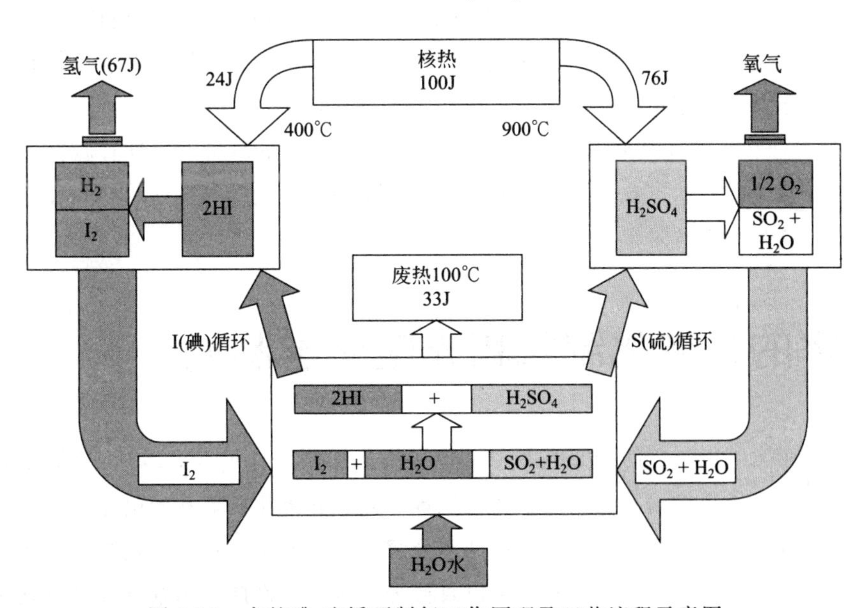

图 3-15 水的碘-硫循环制氢工作原理及工艺流程示意图

这是一个三级循环系统，是热化学制氢中最有名、也是研究最广泛的循环，其理论制氢效率可达52%，实际制氢效率已达31%。如果能够进一步提高分离工序的效率，它的实际效率能向理论效率进一步接近。现在美国GA公司、欧洲Ispra研究所和日本化学技术研究所等都在尝试实现中小规模水的碘-硫循环制氢的工业化生产。

第四种：混合系统

混合系统制氢的反应过程如下：

$$CH_4(g)+H_2O(g) \longrightarrow CO(g)+3H_2(g) \tag{3-46}$$

$$CO(g)+2H_2(g) \longrightarrow CH_3OH(g) \tag{3-47}$$

$$CH_3OH(g) \longrightarrow CH_4(g)+1/2O_2(g) \tag{3-48}$$

混合系统制氢是一个包含电解反应的化学反应循环。这个系统的循环在高温高压下进行，其效率能够达到33%～40%。混合系统制氢已经实现了工业化生产，在化工工业中有了一定的应用。

3.3.2 热化学制氢的优缺点

采用水的热化学制氢，它的优势主要有：

① 能量效率高，最高可达到约50%；

② 反应温度一般不超过1000℃，反应条件很温和；

③ 在热化学制氢中，产生氢气和氧气的过程是相互独立的，无需额外的设备对氢气和氧气进行分离；

④ 热化学制氢中的吸热反应可以利用清洁的太阳能和核能等长期战略能源作为稳定热源，在氢气生产中没有温室气体排放。

水的热化学制氢的劣势主要表现为：

① 实现工业化需要便宜的热源，因此需要找到更廉价和方便的工业余热等；

② 热化学循环涉及多步反应，反应过程难以控制，要求每一个反应单元都有高的反应速度、高的产率并且无副反应，存在技术瓶颈；

③ 对于工业化生产还需要解决材料问题。一些循环媒介和催化剂具有腐蚀性，需要相应地选择抗腐蚀工程材料；此外，还需要考虑循环媒介材料的回收问题，尽量让回收率达到99.9%以上，这是一个技术挑战。

3.4 水的光催化制氢和光电化学制氢

人们对利用太阳能制氢的研究有多种，包括热化学制氢（见3.3节）、光催化制氢、光电化学制氢、人工光合作用制氢以及生物制氢等。其中光催化制氢和光电化学制氢具有非常相似的工作原理，都是利用光子的能量推动水分解反应的发生，然后转化为化学能。具有高能量的超短紫外线（波长小于190nm）可以直接分解水，然而此类远紫外线难以到达地球表面，因此普通太阳光的照射难以实现水分解制氢。

3.4.1 光催化制氢

光催化制氢是利用一些半导体材料（如 TiO_2）的吸光特性，实现光解水反应的发生。半导体材料在受到光子的激发后，会产生具有较强还原能力的光生电子，可以将吸附在半导体表面的质子或水分子还原为氢气，从而实现光催化分解水制氢。这类半导体材料称为光催化剂。

光催化制氢的物理化学过程主要包括以下步骤，见图 3-16 所示：

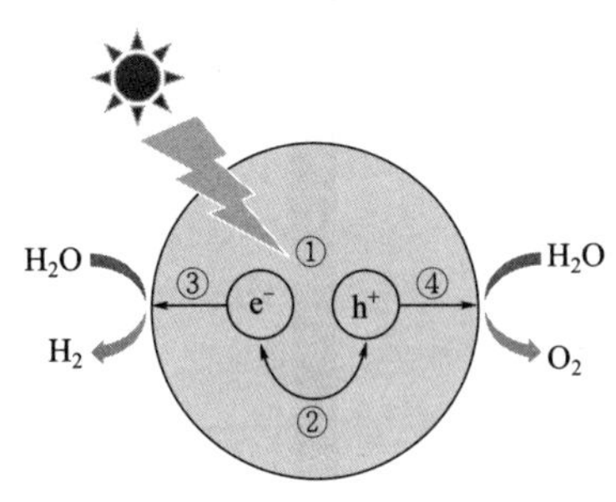

图 3-16 光催化分解水的基本过程示意图

① 光催化剂吸收一定能量的光子后产生电子和空穴对；

② 电子空穴对分离，向光催化剂表面移动；

③ 迁移到半导体表面的电子与水反应产生氢气；

④ 迁移到半导体表面的空穴与水反应产生氧气；

⑤ 部分电子和空穴复合，转化成对产氢无作用的热能或荧光。

光催化制氢的实质是水在受光激发的半导体材料表面，在光生电子和空穴的作用下发生电离，生成氢气和氧气。光生电子将 H^+ 还原成氢原子，而光生空穴将 OH^- 氧化成氧原子。上述过程可用以下方程式来表示（以 TiO_2 光催化剂为例）：

光催化剂：
$$TiO_2 + h\nu \longrightarrow e^- + h^+ \tag{3-49}$$

水分子解离：
$$H_2O \longrightarrow H^+ + OH^- \tag{3-50}$$

氧化还原反应：
$$2e^- + 2H^+ \longrightarrow H_2 \tag{3-51}$$

$$2h^+ + 2OH^- \longrightarrow H_2O + 1/2O_2 \tag{3-52}$$

总反应：
$$2H_2O + 4h\nu \xrightarrow{TiO_2} 2H_2 + O_2 \tag{3-53}$$

半导体光催化剂受光激发产生的光生电子和空穴容易在材料内部和表面复合，以光或者热能的形式释放能量，所以加速电子和空穴对的分离，减少二者的复合，是提高光催化分解水制氢效率的关键环节。

3.4.2 光电化学制氢

光电化学过程是通过光与电化学系统的相互作用将光能转化为其他形式的能。这一过程应用于水分解制氢，即光电化学制氢。典型的光电化学分解太阳池（PEC）由光阳极和阴极构成。其中，光阳极通常为光半导体材料，受光激发可以产生电子空穴对，光阳极和对电极（阴极）组成光电化学池。在电解质存在时，光阳极吸光后在半导体上产生的电子通过外电路流向阴极，水中的氢离子从阴极上接受电子产生氢气。

光电化学法制氢的基本过程如图 3-17 所示：

① 通过半导体光电极从光源中吸收光粒子；

② 半导体吸收光的能量后产生电子-空穴对，并完成电子-空穴对的分离与运输；

③ 表面反应，发生水分解的氧化还原反应。

在光电化学制氢中，半导体光阳极是影响制氢效率最关键的因素。其中研究最多的光阳极材料是 TiO_2，因其耐光腐蚀并且化学稳定性好。

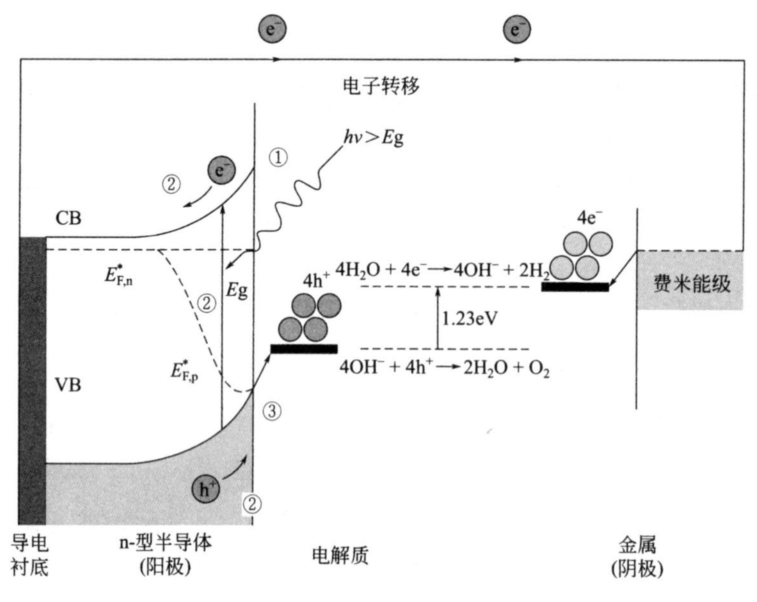

图 3-17 光电化学法制氢工作原理示意图

3.4.3 光催化制氢和光电化学制氢的区别

光催化制氢和光电化学制氢的基本工作原理类似，其不同点主要在于结构和气体的产生形式。光催化制氢是将半导体光催化剂微粒直接悬浮在水中，利用光子的能量催化分解水，从而产生氢气。光电化学制氢是通过光阳极吸收太阳能，并将光能转化为电能分解水制氢。与光催化制氢相比，光电化学法的最大优势是可以分别在两极得到氢气和氧气，而光催化法制氢得到的是氢和氧的混合气。因此，从这个角度看，光电化学制氢技术具有更好的发展前景。

3.4.4 光电化学制氢的优缺点

光电化学池采用低成本、高效的半导体作为阳极，具有良好的导电性，能够在半导体与液体电解质的界面快速转移电荷，并且具有良好的长期稳定性与光捕获性能，具有与水分解反应所需相匹配的能带位置。

此外，光电化学池的优势还体现在以下三个方面。

(1) 资源和环保优势

太阳能是地球上最丰富、最清洁的可再生能源之一。每年到达地球的太阳能约为 10^5 太瓦（TW），其中约 36000TW 到达了陆地。这意味着地球上只要用 1%的土地，用光电转换效率 20%的光电化学池覆盖，每年就可以产生相当于 72 TW 的电量，这足以满足预测的 2050 年全球年度能源消耗量。

(2) 成本优势

光电化学池需要的原料比碱性电解水等工艺更简单，更加节省空间结构，组件（含电线、电极、电抗器等）更少，成本更低，具有商业可行性。例如，光伏电解槽系统的成本至少为 8$/kg，但通过在光电化学池系统中集成光采集器和水分解光催化剂，成本可以降低到 3$/kg，有望达到美国能源部（DOE）设定的 2～4$/kg 的制氢价格目标。

（3）发展潜力巨大

目前，我国政府对可再生能源的积极态度极大地促进了光电化学水分解制氢方向的研发。毫无疑问，该研究方向对建立以丰富的太阳能为基础的可持续社会至关重要。利用地球上蕴藏丰富的半导体材料和第四周期过渡金属催化剂的低成本光电化学串联池，最有可能实现未来可持续社会所需的可再生能源供给。

另一方面，光电化学池也存在如下缺点。

（1）效率问题

据预测，当光电化学池产生氢气的太阳能转换效率超过 10%，且具有长期稳定性（超过 1000h），才可能实现与天然气的水蒸气重整制氢相比拟的氢气工业化生产。然而现有的光电极显示出的太阳能转换能力和效率还有相当距离。

影响太阳能氢气转换效率的主要因素包括半导体的光吸收性能、电解质以及催化剂。其中半导体的光吸收特性又受到半导体表面特性及其他效应的影响。

（2）材料本身的问题

宽带隙半导体（如 TiO_2）便宜且稳定，但对阳光吸收效果不佳。窄带隙半导体，如 CdS、Si 和Ⅲ～Ⅴ族化合物具有实现高效率的潜力，但长期使用不稳定。最近报道的 α-Fe_2O_3 和钒酸铋（$BiVO_4$）吸收光的波长范围宽，但是这些材料的光电流还达不到它们的理论最大值。总的来说，设计及生产低成本、高效率并稳定生产氧气和氢气的光电极有难度。

针对光电化学池存在的问题，研究者提出了以下的解决方案：

① 通过合成两种或两种以上的复合材料电极，综合其优势以提高光电化学池效率；

② 对半导体材料进行纳米结构的设计；

③ 对催化剂进行改性；

④ 表面保护层的沉积。

3.5 生物质能制氢

生物质主要由纤维素、半纤维素和木质素，以及少量的单宁酸、脂肪酸、树脂和无机盐组成，是一种复杂的材料。生物质是一种可再生材料，因此具有很大的发展和应用潜力，可用于发电和生产高附加值的化学品。生物质能源作为一种新型可再生能源用于制氢，是绿色氢气的重要来源之一。生物质制氢的主要途径有四类：①生物质发电，然后电解水制氢；②生物质发酵制氢；③用生物质化工热裂解制氢；④利用生物质制成乙醇，再进行乙醇重整制氢，见表 3-2 所示。

生物质发电，再使用电能电解水制氢的工艺流程与通常的电解水制氢相同，见 3.2 节。本节主要介绍生物质生化发酵制氢、生物质热化学转化制氢和生物质制乙醇＋乙醇重整制氢。

表 3-2 生物质制氢的方法

生物质制氢途径	产品	实现过程
生物质能发电制氢	电	电解水制氢
生物质生化发酵	沼气、氢气	提纯制氢
生物质化工热裂解	合成气	提纯制氢
生物质制乙醇＋乙醇制氢	乙醇、氢气	提纯制氢

3.5.1 生物质生化发酵制氢

根据所用的微生物、产氢底物及产氢机理，生物质生化发酵制氢可以分为三类：①绿藻和蓝细菌（也称为蓝藻或蓝绿藻）在光照、厌氧条件下，通过光合作用分解水产生氢气，常被称为光解水产氢或蓝、绿藻产氢；②光合细菌在光照、厌氧条件下分解有机物产生氢气，常被称为光解有机物产氢、光发酵产氢或光合细菌产氢；③细菌在黑暗、厌氧条件下分解有机物产生氢气，常被称为黑暗（暗）发酵产氢或发酵细菌产氢。简言之，生物质生化发酵制氢包括光驱动和厌氧发酵两条路线，前面两种属于光驱动路线，第三种属于厌氧发酵路线。

三类生物质生物发酵制氢的原理如下。

（1）光解水产氢（蓝、绿藻产氢）

蓝细菌和绿藻的光分解水产氢，其作用机理和绿色植物光合作用机理类似。该光合系统中，具有两个相互独立但协调作用的光合作用中心：其一为接收太阳能分解水产生 H^+、电子和 O_2 的光合系统Ⅱ（PSⅡ），其二为产生还原剂用来固定 CO_2 的光合系统Ⅰ（PSⅠ）。PSⅡ产生的电子被铁氧化还原蛋白（Fd）携带，经由 PSn 和 PSⅠ到达产氢酶，H^+ 在产氢酶的催化作用下，在一定的条件下形成 H_2。

产氢酶是所有生物产氢的关键因素。绿色植物不含产氢酶，因此不能产生氢气，这是藻类和绿色植物光合作用过程的重要区别点。因此除氢气的产生外，绿色植物的光合作用规律和研究结论均可以用于藻类新陈代谢过程分析。

（2）光合细菌产氢（光解有机物产氢、光发酵产氢）

光合细菌产氢和蓝、绿藻一样，都是太阳能驱动下光合作用的结果。不同的是，光合细菌只有一个光合作用中心（相当于蓝、绿藻的光合系统Ⅰ），由于缺少藻类中起光解水作用的光合系统Ⅱ，因此只进行以有机物作为电子供体的不产氧光合作用。光合细菌光分解有机物产生氢气的生化途径为：$(CH_2O)_n \rightarrow Fd \rightarrow$ 氢酶 $\rightarrow H_2$，见图 3-18 所示。

以乳酸为例，光合细菌产氢反应的自由能（ΔG）为 8.5kJ/mol，其化学方程式如下：

$$C_3H_6O_3 + 3H_2O \xrightarrow{\text{光照}} 6H_2 + 3CO_2 \tag{3-54}$$

此外，有研究发现光和细菌也能够利用 CO 产生氢气，反应式如下：

$$CO + H_2O \xrightarrow{\text{光照}} H_2 + CO_2 \tag{3-55}$$

(3) 发酵细菌产氢［黑暗（暗）发酵产氢］

有一类异养微生物群体，由于缺乏典型的细胞色素系统和氧化磷酸化途径，厌氧生长环境中的细胞面临着氧化反应造成电子积累的特殊问题。当细胞生理活动所需要的还原力仅依赖于一种有机物的相对大量分解时，电子积累的问题尤为严重，因此需要特殊的调控机制来调节新陈代谢中的电子流动。通过产生氢气消耗多余的电子就是其中一种调节机制。

大多数厌氧细菌产氢来自各种有机物分解所产生的丙酮酸的厌氧代谢，其中丙酮酸分解有甲酸裂解酶催化和丙酮酸铁氧还蛋白（黄素氧还蛋白）氧化还原酶两种途径。厌氧发酵产氢有两个途径：一是甲酸分解产氢途径；二是通过 NADH（烟酰胺腺嘌呤二核苷酸的还原态，还原型辅酶Ⅰ）的再氧化产氢，称为 NADH 途径。黑暗厌氧发酵产氢过程见图 3-19 所示。

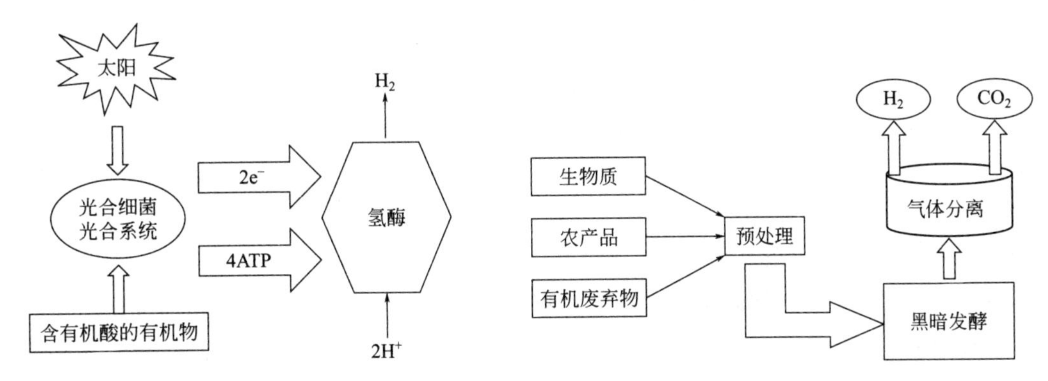

图 3-18 光合细菌产氢过程示意图　　图 3-19 黑暗厌氧发酵产氢过程示意图

(4) 生物质混合产氢

黑暗厌氧发酵细菌产氢和光合细菌产氢组合而成的产氢系统称为生物发酵混合产氢系统。图 3-20 给出了混合产氢系统中发酵细菌和光合细菌利用葡萄糖产氢的生物化学途径和各步反应的自由能变化。厌氧细菌可以将各种有机物分解成有机酸，获得它们维持自身生长所需的能量和还原力，为消除电子积累产生部分氢气。

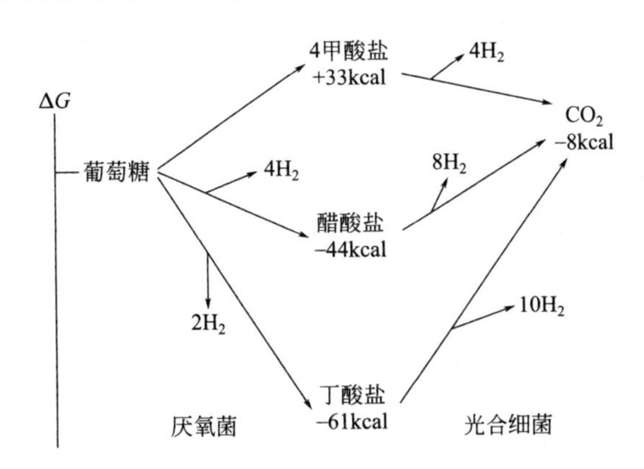

图 3-20 发酵细菌和光合细菌联合产氢生物化学途径

一方面，从图中所示自由能数据可知，由于反应只能向自由能降低的方向进行，在厌氧细菌分解有机物所得有机酸中，除甲酸可进一步分解出 H_2 和 CO_2 外，其他有机酸不能继续分解，这是发酵细菌产氢效率很低的本质原因。产氢效率低是发酵细菌产氢实际应用面临的主要障碍。然而光合细菌可以利用太阳能来克服有机酸进一步分解所面临的能垒，使有机酸可以彻底分解，释放出有机酸中所含的全部氢。另一方面，由于光合细菌不能直接利用淀粉和纤维素等复杂的有机物，只能利用葡萄糖和小分子有机酸，所以光合细菌直接利用废弃的有机资源产氢效率同样很低，甚至无法产氢。利用发酵细菌可以分解几乎所有的有机物为小分子有机酸的特点，将原料利用发酵细菌进行预处理，然后用光合细菌产氢，达到两者优势互补的效果。

相比光发酵产氢，暗发酵产氢有很多优点：①暗发酵产氢菌株的产氢速率高于光合产氢菌株，而且暗发酵产氢细菌的生长速率更快；②暗发酵产氢无需光源，不但可以实现持续稳定产氢，而且反应装置的设计、操作及管理方便简单；③暗发酵产氢设备的反应容积可达到足够大，可以从规模上提高单台设备的产氢量，可生物降解的工农业有机废料都可以成为暗发酵产氢的原料，来源广泛且成本低廉；④兼性（有氧或无氧）的发酵产氢细菌更易于保存和运输。因此，暗发酵法生物制氢技术比光合生物制氢技术发展更快，已实现规模化生产，并受到国内外广泛关注。

3.5.2 生物质热化学转化制氢

生物质热解制氢是处理固体生物质废弃物较好的工艺之一，温度一般在 300～1300℃，分为慢速热解、快速热解和闪速热解 3 种方式。其过程可分为物料的干燥、半纤维素热解、纤维素热解和木质素热解 4 个阶段。在生物质热解过程中，热量由外至内逐层地进行传递。热量首先到达颗粒表面，然后从表面传到颗粒内部，颗粒受热的部分迅速裂解成木炭和挥发组分，裂解后的产物在温度作用下可能继续发生裂解反应。实际应用的生物质热解工艺多为常压或近常压反应，热解产物主要由生物油、气体（H_2 和 CO）和固体炭组成。

生物质气化的基本原理是在燃烧不完全的条件下将生物质加热，使分子量较高的化合物裂解成 H_2、CO、小分子烃类和 CO_2 等分子量较低的混合物的过程。常使用空气或氧气、水蒸气、水蒸气和氧气的混合气等作为气化剂。气化的产物为合成气，经过费托合成(Fischer-Tropsch process) 或生物合成进一步转化为甲醇、乙醇等液体燃料，也可直接作为燃气电机的燃料使用。

3.5.2.1 生物质热化学转化制氢工艺

生物质热化学转化制氢工艺归纳为表 3-3。

表 3-3 生物质热化学转化制氢工艺

工艺名称	工艺条件	主要产品	优缺点
热解制氢	低温热解（＜500℃）	焦炭	常用工艺，需进一步提高产氢率
	中温热解（500～800℃）	焦油	
	高温热解（＞800℃）	合成气（H_2、CO 和 CO_2 等）	

续表

工艺名称	工艺条件	主要产品	优缺点
超临界水气化制氢	超临界水（$T_c \geqslant 374℃$，$p_c \geqslant 22.1MPa$）	产生 H_2、CO、CO_2、CH_4 和 C_2-C_4 烷烃等可燃性混合气体，液体产物中含有少量的焦油和残炭	高能耗、难以规模化且应用范围较窄
熔融金属气化制氢	反应温度达到1300℃	能得到非常纯净的合成气：合成气中的 H_2 体积分数约为13.8%，接近于热力学平衡条件下的 H_2 体积分数	
等离子体热解气化制氢		产物为固体残渣和气体，没有焦油存在	

实际生产中生物质热解工艺又可以分为单床工艺和双床工艺。单床工艺采用流化床或固定床作为气化炉，运行过程中催化剂与物料一起加入反应炉。生物质通过单床工艺进行热解气化反应可得到体积分数为40%～60%的富氢气体。单床工艺系统较简单，但气体产物在反应炉内停留时间较短，易导致焦油裂解不完全，从而增加了气体产物的净化处理费用。

双床工艺采用两个气化炉。生物质在一级气化炉气化后，产生的气化气携带焦油颗粒通过二级气化炉，使焦油进一步裂解，或者 CH_4 和 CO 等气体催化重整，提高富氢气体产量。生物质通过双床工艺热解气化所得 H_2 的体积分数一般比单床工艺提高24%以上。但是，双床工艺较单床工艺复杂，因此运行成本较高。

3.5.2.2 生物质热解气化制氢的影响因素

生物质在热解和气化过程中发生一系列物理化学反应，产生气、液、固三相产物。影响三相产物产率以及产物组分的因素较多，除了所选择的工艺和反应器外，还包括物料特性、热源类型、反应条件、气化剂及催化剂等。

3.5.3 生物质制乙醇+乙醇制氢

随着一些国家燃油车的售卖进入倒计时和燃料电池技术的发展，燃料电池汽车已成当今热点，对氢的需求也逐渐增大。但目前常用的制氢方法以化石燃料重整和电解水为主。从能源可持续发展的角度考虑，人们已开始选择可再生原料，如生物乙醇等低碳醇，因其可再生、含氢量高、廉价、易储存、运输方便、来源广泛等特点，成为制氢路线的重要研究对象。在乙醇制氢的工艺中，以乙醇水蒸气重整制氢为主，其显著优点是可以用乙醇体积分数为12%左右的水溶液为原料，直接从乙醇发酵液中蒸馏得到，无需精馏提纯，因此成本低廉、安全、方便。

乙醇重整制氢反应所需的具有高活性、高选择性、高稳定性的催化剂和能满足供应、经济性高的乙醇原料是实现其商业化应用的两大核心因素。

3.5.3.1 乙醇制氢的反应途径

前已述及，煤制氢、天然气水蒸气重整制氢、碱性和固体聚合物电解水制氢等是成熟的制氢工艺。此外，近年来还开发出碳氢化合物的水蒸气重整和部分氧化、汽油及碳氢化合物的自热重整、甲醇重整和乙醇重整等新的制氢方式。

理论上，乙醇可以通过直接裂解、水蒸气重整、部分氧化和氧化重整等方式转化为氢气，各转化反应如下式所示：

① 乙醇水蒸气重整

$$CH_3CH_2OH+H_2O \longrightarrow 4H_2+2CO \qquad \Delta H^{\ominus}=256.8kJ/mol \tag{3-56}$$

$$CH_3CH_2OH+3H_2O \longrightarrow 6H_2+2CO_2 \qquad \Delta H^{\ominus}=174.2kJ/mol \tag{3-57}$$

② 乙醇部分氧化

$$CH_3CH_2OH+\frac{1}{2}O_2 \longrightarrow 3H_2+2CO \qquad \Delta H^{\ominus}=14.1kJ/mol \tag{3-58}$$

$$CH_3CH_2OH+\frac{3}{2}O_2 \longrightarrow 3H_2+2CO_2 \qquad \Delta H^{\ominus}=-554.0kJ/mol \tag{3-59}$$

③ 乙醇氧化重整

$$CH_3CH_2OH+2H_2O+\frac{1}{2}O_2 \longrightarrow 5H_2+2CO_2 \qquad \Delta H^{\ominus}=-68.5kJ/mol \tag{3-60}$$

$$CH_3CH_2OH+H_2O+O_2 \longrightarrow 4H_2+2CO_2 \qquad \Delta H^{\ominus}=-311.3kJ/mol \tag{3-61}$$

④ 乙醇裂解

$$CH_3CH_2OH \longrightarrow CO+CH_4+H_2 \qquad \Delta H^{\ominus}=49.8kJ/mol \tag{3-62}$$

$$CH_3CH_2OH \longrightarrow CO+C+3H_2 \qquad \Delta H^{\ominus}=124.6kJ/mol \tag{3-63}$$

从热力学上讲，提高反应温度和水与乙醇的比例有利于氢的生成，不同金属可以催化以上不同的化学反应，因此选择适合的催化剂是提高氢转化率和选择性的关键。

3.5.3.2 乙醇制氢的优势

与燃料电池的其他燃料相比，乙醇具有独特的优点：①原料量大、易得。乙醇可以从自然界中获取，如通过谷物和糖类的发酵制取，或以秸秆类木质纤维素为原料经预处理、糖化和发酵而得，是当前生产规模最大、替代石油最多的可再生燃料，并且生产技术成熟。②安全性高。乙醇在常温常压下为液态，也可处理成固态，存储和运输安全、便捷；乙醇毒性低，在处理和使用上安全性高。③乙醇在催化剂上具有热扩散性，在高活性的催化剂上，乙醇重整能在低温范围发生，降低了成本。④乙醇的能量密度明显高于甲醇和氢气，便于在车上携带。⑤以乙醇水溶液为原料制氢可以利用现有的加油站设施，而不必像插电式电动车、氢燃料电池汽车一样要重新建立基础设施，更具现实性和可行性。

我国是农业大国，各种用于发酵或降解制备乙醇的生物质原料（如秸秆、麦麸等）较为充足，特别是利用盐碱地和重金属污染耕地种植甜高粱生产乙醇，可有“一举多得”的效果，有望满足乙醇市场需求；同时，我国稀土储量丰富，乙醇重整催化剂的原料供应也比较充足。因此，乙醇重整燃料电池在我国具有很大的发展潜力，用46%乙醇水溶液作为汽车燃料有望成为现实。

3.6 本章结语

制氢的工艺技术种类繁多，除了天然气重整制氢、电解水制氢等已经成熟，并实现工程化的技术以外，人们正在研发一系列新的制氢技术以突破化石能源的束缚、提高制氢效率和降低制氢成本。目前，从经济性考虑，人们仍然多采用天然气重整制氢、煤重整制氢等化石能源制氢，电解水制氢比例较小。然而，化石能源储量有限，为了实现可持续性发展，采用可再生能源（如水力发电、太阳能、风能等）分解水制氢和生物质制氢的形式是实现氢经济非常重要的发展方向。

习题

一、选择题

二、简答题

1. 请用流程图描述碱性电解水制氢的原理和过程。

2. 碘-硫循环的优势有哪些？如何提高其实际效率？

三、讨论题

请查阅资料，解释天然气部分氧化重整制氢、自热重整制氢和催化裂解制氢的工作原理，并与传统天然气水蒸气重整制氢技术进行对比，说明各自的优缺点。

参考文献

[1] Zuttel A, Borgschulte A, Schlapbach L. Hydrogen as a future energy carrier [M]. Weinheim: Wiley-VCH Verlag GmbH&Co kGaA, 2008.

[2] 毛宗强，毛志明，余皓，等. 制氢工艺与技术 [M]. 北京：化学工业出版社，2018.

第 4 章

储氢技术

氢的密度极小，在标准状态下，1kg 氢的体积大约为 11.2m^3。为了增加储氢系统的储氢密度，必须采取适当措施压缩氢气，这些措施包括将温度降低到临界温度以下液化，或者通过氢与其他物质的相互作用降低气体分子间的排斥力等。因此，储氢系统的第一个设计准则是降低庞大的氢气体积。储氢系统的第二个设计准则是氢的吸收和释放具有可逆性。

根据这两个储氢系统的设计准则，学者和工业界开展了大量的研究和开发工作，在储氢技术方面取得了一系列具有应用价值或发展前景的成果，包括至少 6 大类体积储氢密度和质量储氢密度达到或者接近实用化的可逆储氢方法，见表 4-1。本章将主要介绍这几类储氢技术。

表 4-1 已开发的可逆储氢方法

储存媒介	体积储氢密度/(kg/m^3)	质量储氢密度/%	压力/bar	温度/K	方法
气态氢	最大 36	13	800	298	复合材料高压气罐
液态氢	71	20～40	1	21	液氢罐
金属/合金	150	2～3	1	298	金属氢化物
吸附剂	20	4	70	65	物理吸附
复杂氢化物	150	18.5	1	＞553	离子/共价复合氢化物
水解制氢剂	＞100	14	1	298	碱性物质＋H_2O

4.1 分子态储氢技术

与天然气相似，氢气也可以通过管道运输。全球范围内氢气的输送管道已经超过 4600 公里，其中最多的国家是美国，总里程已达 2700 公里，最高运行压力达到

10.3MPa。最古老的总长208km的输氢管道位于德国鲁尔地区，迄今已经安全运行了80多年。这些管道的典型直径为0.15～0.30m之间，采用传统钢管制造，工作压力为1～2MPa。我国纯氢管道建设处于起步阶段，规模较小，现有氢气输送管道总里程约400km。

如图4-1所示，经过天然气重整或者电解水等方法集中制氢后，氢气进入输氢主管道，继而进入环形配氢管网，最终输送到加氢站或其他客户端。氢气在制氢设备端的出口压力大约3MPa，为了实现管线运输需加压到7MPa左右，进入配氢主管时降到3.5MPa左右，这是由于氢气在输运过程中有摩擦损耗。

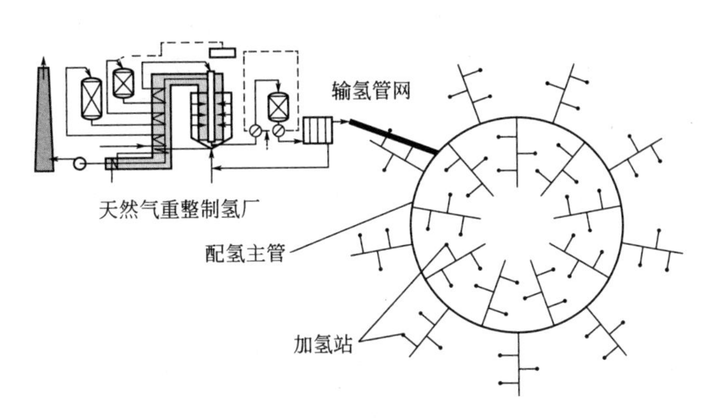

图4-1　天然气重整集中制氢后经管网输运和分配的示意图

通过管道泵送气体所需的最小功率 P 见下式：

$$P=8\pi l v^2 \eta \tag{4-1}$$

式中，l 为管道长度；v 为输氢速率；η 为气体动态黏度。氢气在运输过程中的能量损失约占总能量的4%。

氢气与天然气管道输送的区别在于：在相同压力下，氢气的体积能量密度仅为天然气的36%。为了输送等量的能量，氢气的通量需为天然气通量的2.8倍。然而，氢气的黏度（8.92×10^{-6}Pa·s）明显小于天然气（11.2×10^{-6}Pa·s）。综合来看，传输相同能量的氢气，其泵送功率是天然气的2.2倍。

第2.1节中已经介绍了氢的三种同位素：氕、氘和氚。氘和氚在自然界里的含量极少，在大约7000个普通氢原子中有一个氘原子。氚原子也存在，但比例比氘还要小很多。氢的三种同位素一起反应，由于各原子中都存在单电子，因此分别形成共价分子，比如 H_2、HD、D_2 和 T_2 等。氢及其同位素与其他元素的相互作用会表现出矛盾的化学特性，它可以和其他元素反应形成阴离子（H^-）或阳离子（H^+）的离子化合物，可以与其他元素（例如碳）共享电子形成共价化合物，甚至可以表现出金属特性，在环境温度下形成金属氢化物。第2.3节介绍了氢的平衡相图，见图2-7所示。氢分子 H_2 可以在不同的温度和压力条件下显示出不同的状态，如在－259.2℃的超低温下，氢的结构为密排六方晶体，密度为86kg/m^3；在0℃和1bar压力下是气体，密度为0.089886kg/m^3；在固相线以下，从三相点开始并在临界点结束的小区域内是液氢，在－252℃和1bar压力下密度为70.8kg/m^3。氢气的储存技术也是基于氢的这些物理和化学性质发展起来的。

4.1.1 高压气瓶储氢

常见的高压气态储氢罐有15MPa、20MPa、35MPa、70MPa和80MPa等规格。

高压储氢罐分为四类：分别称为Ⅰ型、Ⅱ型、Ⅲ型和Ⅳ型瓶。Ⅰ型瓶是全金属瓶，例如15MPa实验室用钢瓶和20MPa长管拖车用瓶；为了减轻全金属瓶的重量，Ⅱ型瓶采用金属做内衬，外部用玻璃增强纤维（GFRP）缠绕瓶身直筒部分；Ⅲ型瓶仍采用金属内衬，采用碳纤维（CFRP）缠绕包括直筒和端盖的整个瓶身；Ⅳ型瓶最轻，采用塑料做内衬，碳纤维缠绕整个瓶身，这也是目前技术水平最高的高压储氢技术，被成功应用于丰田燃料电池汽车Mirai的储氢系统。

图4-2示意了四种类型的储氢瓶及其壁厚的演变。Ⅳ型瓶的容器壁厚降低至Ⅰ型瓶壁厚的1/4左右，且采用的材料质量大大降低，达到了储氢瓶减重的目的。

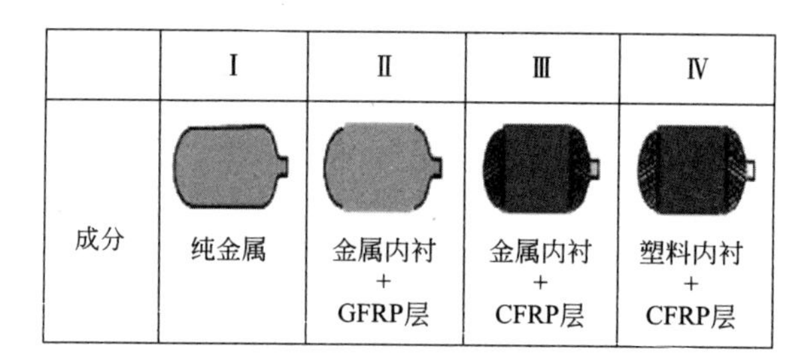

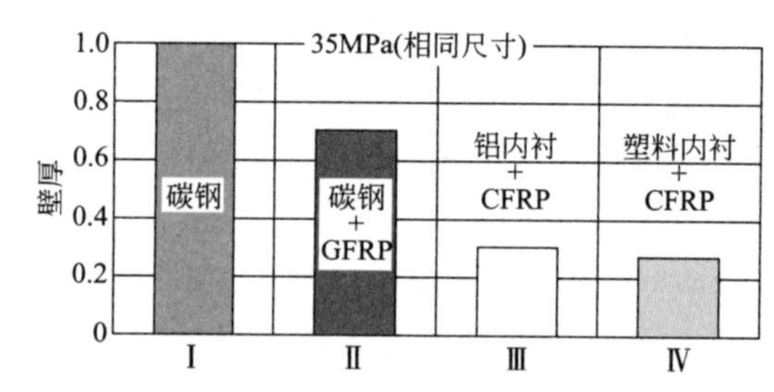

图4-2　四类高压储氢罐组成及其相对壁厚（以碳钢储氢罐的壁厚为基准）

氢气在高温低压时可看做理想气体，可以通过理想气体状态方程来计算不同温度和压力下气体的量，见式(2-1)。因此，理想氢气的体积密度与压力呈正比，如图4-3中的虚线所示。然而，由于实际分子是有体积的，且分子间存在相互作用力，随着温度的降低或压力升高，氢气逐渐偏离理想气体的性质，式(2-1)不再适用，真实气体的状态方程修正为式(2-2)。图4-3中的上实线为真实氢气的体积储氢密度与压力的关系，明显地，氢气的体积储氢密度随压力的增加而非线性升高。高压储氢罐所选取材料的抗拉强度从50MPa（优质铝）到1100MPa（优质钢）不等。未来，新型复合材料的开发有望将储氢瓶的抗拉强度提升到高于钢的抗拉强度，同时材料密度小于钢的一半。

目前20MPa及以下氢气瓶使用奥氏体不锈钢（如AISI316、304、316L和304L，在300℃以上避免了碳颗粒边界分离），也可选铜或铝合金，这些材料在环境温度下基本上不受氢的影响。其他许多材料在氢气氛中有氢脆的问题，例如合金钢或高强钢（包括铁素体、马氏体和贝氏体钢）、钛及其合金和一些镍基合金。

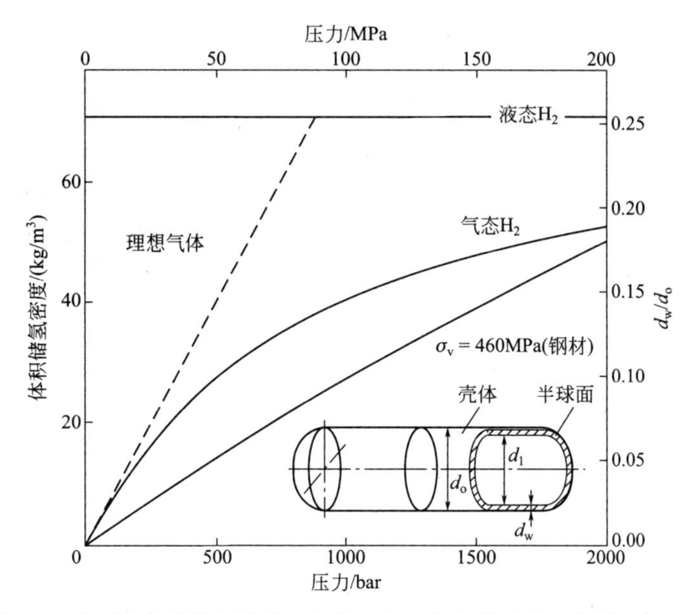

图 4-3　高压氢气的体积密度（左纵坐标）和容器壁厚（右纵坐标）与压力的函数关系（钢的抗拉强度为 460MPa）

新型轻质复合材料氢气瓶（Ⅳ型瓶）已经成功应用，如表 4-1 中，80MPa 的复合材料高压氢气瓶的体积储氢密度可达 38kg/m³。图 4-3 中可见，随压力的增大，高压气瓶壁的厚度线性增加，壁厚的增加会导致质量储氢密度减小。这在图 4-4 中可以进一步证实，在相对压力为零时，不同材质压力容器的质量储氢密度都达到最大值。

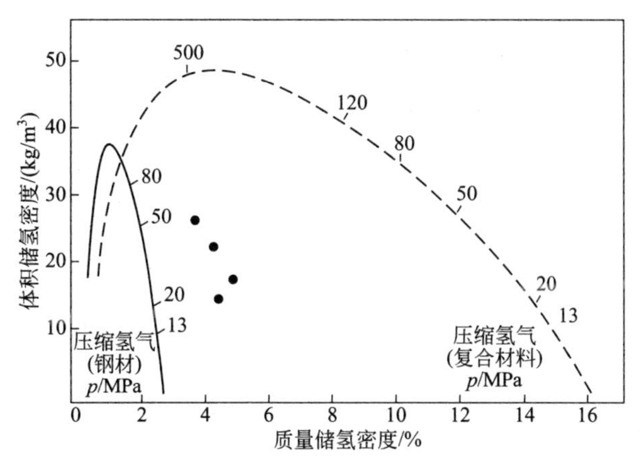

图 4-4　高压气罐的体积储氢密度和质量储氢密度的关系

钢材的抗拉强度 σ_v=460MPa，密度 6500kg/m³；设想的复合材料 σ_v=1500MPa，密度 3000kg/m³；图中黑色圆点显示了 Dynetek 公司的高压储氢容器数据，左曲线表示钢制储氢罐，右曲线表示轻质复合材料储氢罐，压力条件标注于曲线上

从图 4-4 中可以看到，随着气体压力升高，体积储氢密度先增高后降低。钢瓶在 100MPa 左右达到最高体积储氢密度（约 36kg/m³），而轻质复合材料瓶在 400MPa 左右达到最高体积储氢密度（约 48kg/m³）。然而明显地，随着储氢压力的升高，质量储氢密度是单调递减的。换言之，压力升高虽然有益于体积储氢密度的升高，却是以牺牲质量储氢密度为代价的。

轻量化是高压储氢容器的主要发展趋势，这对于氢气运输和移动式储氢尤为关键。未来的高压储氢容器由三层组成：内层是聚合物内衬，外覆承载应力的碳纤维复合材料，外层是能够承受机械和腐蚀损伤的芳纶材料。高压储氢容器行业设定的目标是采用耐受70MPa的圆柱型容器，质量储氢密度≥6%（质量分数），体积储氢密度≥30kg/m^3。以丰田Mirai车载高压储氢容器为例（如图4-5），其内层是密封氢气的塑料内衬，中层是确保耐压强度的碳纤维强化树脂层，表层是保护表面的玻璃纤维强化树脂层。据报道，Mirai车载高压储氢容器的质量储氢密度达到了5.7%（质量分数），体积储氢密度约40.8kg/m^3。

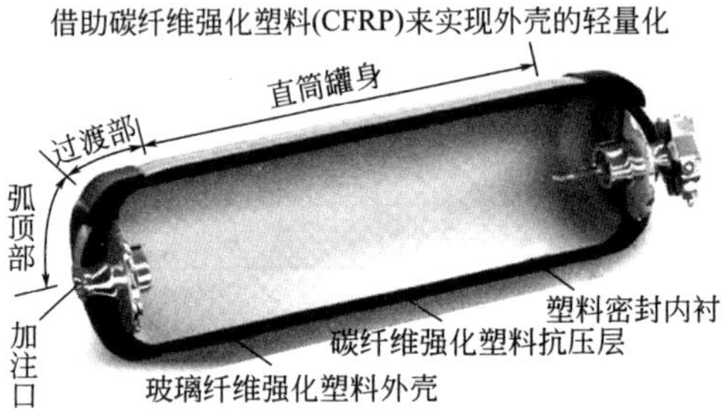

图4-5　丰田Mirai的70MPa储氢罐

4.1.2 氢气压缩

氢经济的真正实现是氢在交通领域的大规模应用。加氢站的氢气供应一般采用20MPa长管拖车从制氢工厂通过公路运输到加氢站，然后在加氢站加压至约85MPa，给70MPa车载储氢罐加注氢气。这就需要把氢气通过专用的氢气压缩机进行压缩。由于氢气分子小，具有很强的扩散能力，因此不能直接采用天然气压缩机来压缩氢气。

真实气体与理想气体的偏差在热力学上可用压缩因子Z表示，定义为下式：

$$Z = pV/nRT \tag{4-2}$$

当Z小于1时，气体容易压缩；当Z大于1时，气体难于压缩。图4-6中列举了几种气体在0℃时压缩因子随压力变化的关系（称为Z-p曲线），可见氢气的压缩因子在不同压力下都大于1，且随压力的增加而线性增大，这暗示了压力越高，氢气越难以压缩。而甲烷、乙烯、氨气在一定压力范围内，其压缩系数Z均小于1，在此范围内，这些气体都是容易压缩的。

高压氢气一般采用氢气压缩机获得。压缩机可以视为一种真空泵，它将系统低压侧的压力降低，并将系统高压侧的压力提高，从而使氢气从低压侧向高压侧流动。工程上，氢气的压缩有两种方式：一是直接用压缩机将氢气压缩至储氢容器所需的压力后存储在体积较大的储氢容器中；二是先将氢气压缩至相对低的压力（如20MPa）存储起来，需加注时，先引入一部分气体充压，然后启动氢压缩机以增压，使储氢容器达到所需的压力。目前运营的加氢站多采用第二种方法。高压氢气的压缩方式有多种，从而开发出不同种类的氢压缩机，这里我们介绍常用的三种。

第一种称为往复式压缩机（也称为容积式压缩机，见图4-7），是利用汽缸内的活塞来压缩氢气，其工作原理是曲轴的回转运动转变为活塞的往复运动。往复式压缩机流量大，但单级压缩比较小，一般为 3∶1～4∶1。一般地，压力在 30MPa 以下的压缩机通常选用往复式。经验证明，往复式压缩机运转可靠程度较高，并可单独组成一台多级压缩机。

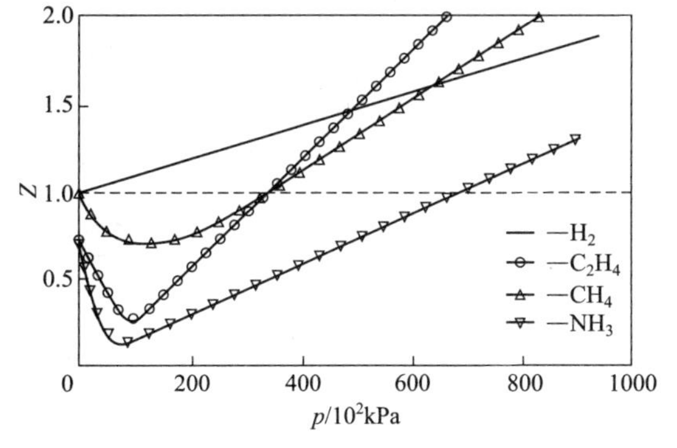

图 4-6　几种气体在 0℃时的 Z-p 曲线

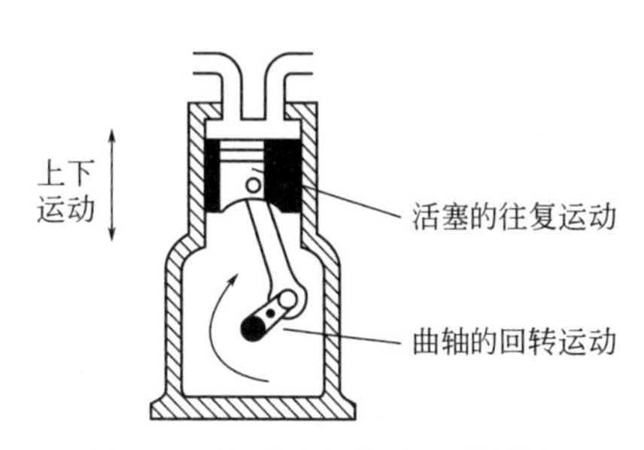

图 4-7　往复式压缩机工作原理

第二种称为膜式压缩机（见图 4-8），是靠隔膜在气缸中作往复运动来压缩和输送气体的往复压缩机。隔膜沿周边由两个限制板夹紧并组成气缸，隔膜由液压驱动在气缸内往复运动，从而实现对气体的压缩和输送。膜式压缩机压缩比高，可以达到 20∶1，压力范围广、密封性好、无污染、氢气纯度高，但是流量小。一般地，压力在 30MPa 以上、容积流量较小时，可选择用膜式压缩机。目前多数高压加氢站采用此类压缩机。

第三种称为回转式压缩机，也是一种容积式压缩机（图 4-9），它采用旋转的盘状活塞将氢气挤压出排气口。这种压缩机只有一个运动方向，没有回程。与同容量的往复式压缩机相比，其体积要小得多，主要用于小型设备系列。这种压缩机的效率极高，几乎没有运动机构。

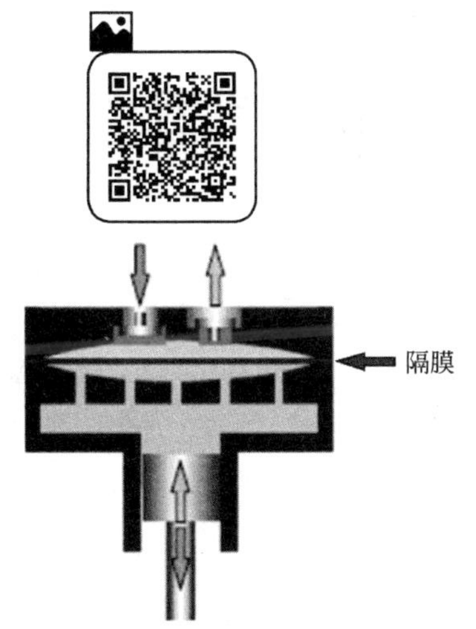

图 4-8　膜式压缩机工作原理

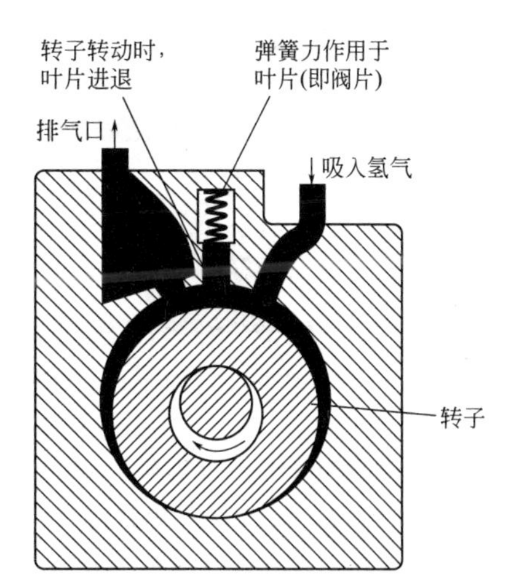

图 4-9　回转式压缩机的工作原理

此外，还有离心式压缩机和螺杆式压缩机，这两种压缩机都是大型氢气压缩机。而金属氢化物压缩机则采用吸放氢可逆的两种金属氢化物制作，结构紧凑、无噪声、无需动密封，仅需少量维护，可长期无人值守运行，但仅适用于小型压缩机。

4.1.3 液态氢储存

液态氢储存在常压下 21K（−252℃）的低温储罐中。由于液态氢向气态氢转变的临界温度极低（33K），液态氢只能在开放系统中储存以保证安全性。因为在临界温度以上不存在液相，在室温下，由于液态氢汽化，密闭液态氢储罐的压力可提高到约 10MPa。在常压、21K 时，液态氢的体积密度为 70.8kg/m³。液态氢储存技术所面临的挑战主要是高效的液化过程和低温储存容器的热调节，以减少氢的蒸发。

4.1.3.1 氢气液化流程

氢气最简单的液化循环是焦耳-汤姆孙循环，也称为林德循环。氢气液化工艺流程中主要设备包括氢压缩机、热交换器、涡轮膨胀机和节流阀。图 4-10 示意了采用焦耳-汤姆孙循环液化氢气的工艺流程。首先氢气被预压缩至 15MPa，然后在热交换器中预冷却至液氮温度（77K），预冷氢气一部分通过气体膨胀涡轮机制冷，另一部分利用返流的、未液化的超低温氢气制冷，进一步实现正氢—仲氢转换。两部分二次预冷的氢气汇合在节流阀（焦耳-汤姆孙阀）处，在节流阀中进行等焓焦耳-汤姆孙膨胀，产生一些液态氢。未液化的超低温氢气从液体中分离，通过热交换器返回压缩机，进入下一个焦耳-汤姆孙循环。

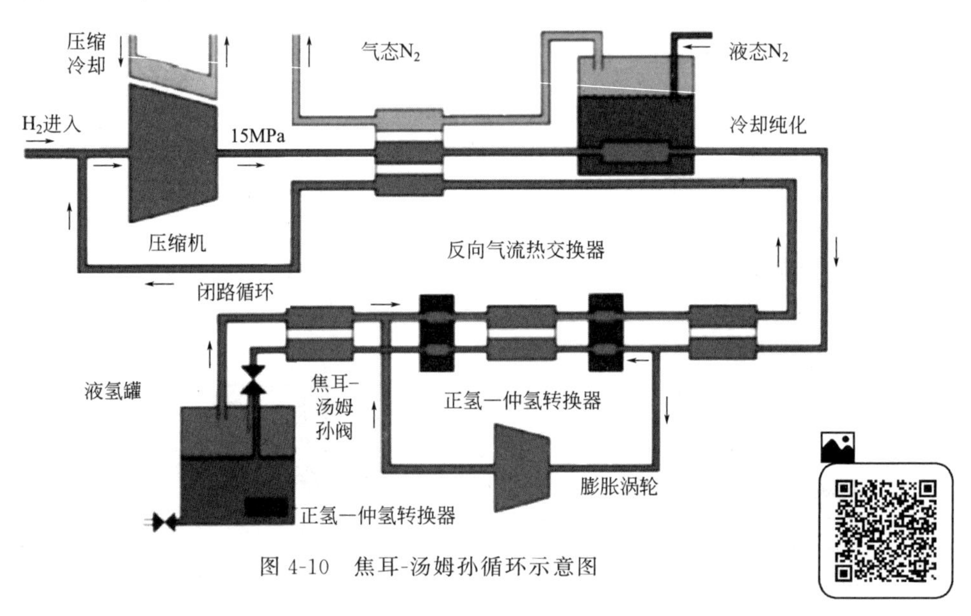

图 4-10 焦耳-汤姆孙循环示意图

焦耳-汤姆孙循环适用于转化温度高于室温的气体（如氮气）。然而，氢气在室温下膨胀时温度反而升高。为了使氢气在膨胀时冷却，它的温度必须低于它的转化温度（204K），温度低于 80K 进行节流才有较明显的制冷效应。因此，氢气通常在第一个膨胀步骤发生之前使用液氮进行预冷。氢气液化的能量损耗估算如下：300K 的气态氢与 20K 的液态氢之间的自由焓变为 11640kJ/kg。氢气从室温开始液化所需要的理论能量为 3.23kW·h/kg，实际能耗约 15.2kW·h/kg，几乎是氢气燃烧所产生的热值 39.4kW·h/kg 的 40%左右。能耗过高也是液态氢的主要技术瓶颈之一。

理论证明：在绝热条件下，压缩气体经涡轮机膨胀对外做功，可以获得更大的制冷量。

这一操作的优点是无需考虑氢气的转化温度（即无需预冷），可以一直保持制冷过程。缺点是在实际使用中只能对气流实现制冷，但不能进行冷凝过程，否则形成的液体会损坏叶片。尽管如此，氢气液化工艺流程中加入涡轮式膨胀机后，效率仍高于仅使用节流阀来制液氢的简易林德循环过程，液态氢产量可增加 1 倍以上。

采用图 4-10 中的工艺液化氢气所需动力小、经济性突出，因此被用于大规模的液态氢生产中。采用这种方法制液态氢，由于氢本身作为制冷剂，所以在循环中氢的保有量大，而且还需要提供较高的氢气压力，因此应充分考虑安全问题。

4.1.3.2 液氢储罐

氢气液化以后，需要一个特殊的容器把液态氢储存起来。由于热泄漏，液态氢储存容器中氢的蒸发速率与容器的形状、尺寸和隔热性能有关。液态氢通常用液氢储罐来存储，其外形一般为球形或圆柱形。从理论上讲，液氢储罐最理想的形状是一个球体，因为球体具有最小的表面体积比（即表面积和容积的比值，用 S/V 表示），而且它的应力和应变是均匀分布的。由于蒸发损失量与 S/V 值成正比，因此储罐的容积越大，液态氢的蒸发损失就越小，故而最佳的储罐形状为球形。以双层绝热真空球形储罐为例，当容积为 $270m^3$ 时，蒸发损失约为 0.3%；当容积为 $3800m^3$ 时，蒸发损失<0.03%。

图 4-11 所示为美国 NASA 路易斯（Lewis）研究中心的球形液氢储罐，其缺点是加工困难、造价太高。

图 4-11　Lewis 研究中心的球形液氢储罐

实际应用中，目前常用的液氢储罐为圆柱形容器，其常见的结构如图 4-12。液氢储罐分内层和外层，两层之间是真空绝热层。罐体底部是液态氢，上部是气态氢。液氢储罐必须有一个安全装置，当氢气压力超过安全值时，应该自动泄压。

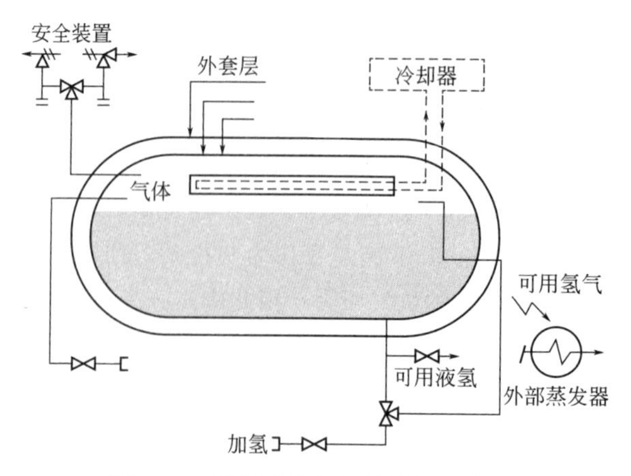

图 4-12　圆柱形液氢储罐结构示意图

此外，绝热对液氢储罐也是关键技术之一。对于公路运输来说，圆柱形储罐的直径一般不超过 2.44m，与球形储罐相比，S/V 比值仅增大了 10%。

由于储罐各部位的温度差异，液态氢储罐中会出现“层化”现象。由于对流作用，温度高的液态氢集中于储罐上部，温度低的沉到下部。于是储罐上部的蒸气压随之增大，下部则几乎无变化，导致罐体所承受的压力不均匀。因此在液氢存储过程中必须将这部分氢气排出储罐以保证安全。一些公司很早就开始开发液氢储罐技术，代表性示例如图 4-13 所示。

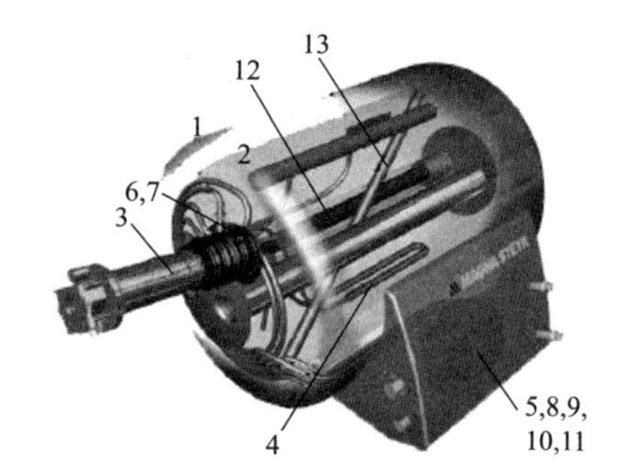

图 4-13　Linde 公司放在德国 Autovision 博物馆的液氢储罐样品（左）和麦格纳斯太尔和宝马公司开发的车载液氢罐系统（右）

1—外箱；2—内罐；3—连轴器（Johnston-Cox）；4—加热器；5—热交换器；6—低温灌装阀；7—低温回流阀；8—压力调节阀；9—关闭阀；10—蒸发阀；11—安全减压阀；12—支柱；13—液位传感器

传统的液氢容器材料选用金属，包括奥氏体不锈钢（如 AISI 316L 和 304L），或铝及铝合金（5000 系列）。例如欧洲航天局使用的压力为 40MPa、容积为 12m^3 的高压液氢容器，其内容器为总壁厚 250mm 的不锈钢绕板结构；中国也研发了压力为 10MPa、容积为 4m^3 的高压液氢容器，其内容器为总壁厚 60mm 的不锈钢单层卷焊结构。

为了适应液氢储罐在车载储氢等领域的应用，在保持容器强度的同时减小容器的重量，即容器的轻量化，以及提高储氢质量效率，是液氢储罐设计的基本原则。此外，减小容器内层的热容量非常利于抑制灌氢时的液体蒸发和损失。

为了实现液氢容器的轻量化，与高压气态储氢类似，传统的金属材料逐步被低密度、高强度复合材料所取代。典型的复合材料常采用玻璃纤维增强塑料（GFRP）和碳纤维增强塑料（CFRP）。其中，液氢储罐的内衬材料可以使用聚四氟乙烯（PTFE，亦称为特氟龙）和2-氯-1,1,2-三氟乙烯（Kel-F）。

表4-2列出了用于储氢容器的复合材料和金属材料的主要性能参数。复合材料的低密度、高强度、低热导系数、低比热容等性质都能很好地满足液氢储存容器的轻量化以及减小灌氢时的液体损失等要求，但是复合材料的气密性和均匀性不如金属材料，易产生空气或氢气透过复合材料进入真空绝热层。此外，纤维和塑料的热膨胀系数在不同温度下差异大，导致冷却时产生宏观裂纹的可能性增高。因此，研发低温环境下阻止气体透过的材料具有很大的工程意义。

表4-2　几种储氢容器材料的主要性能参数

材料	密度 $\rho/(g/cm^3)$	强度 σ/MPa	热导系数 $\lambda/[W/(m \cdot K)]$	比热容 $/[J/(kg \cdot K)]$	性能比（$\sigma/\rho\lambda$）
GFRP	1.9	1000	1	1（环氧树脂）	526
CFRP	1.6	1200	10	1（环氧树脂）	75
不锈钢	7.9	600	12	400	6.3
铝合金	2.7	300	120	900	0.93

4.1.4 高压储氢与液氢储存对比

图4-14中显示了分子氢在不同条件及状态下的密度。可见，固态氢的密度最高，且与压力无关，温度为13.8K时氢密度大约为$86kg/m^3$。液态氢的密度次之，也与压力无关，在20.3K的密度大约为$71kg/m^3$。在相同压力下，气态氢的密度随温度升高而减小，气态氢的密度遵循真实气体状态方程。

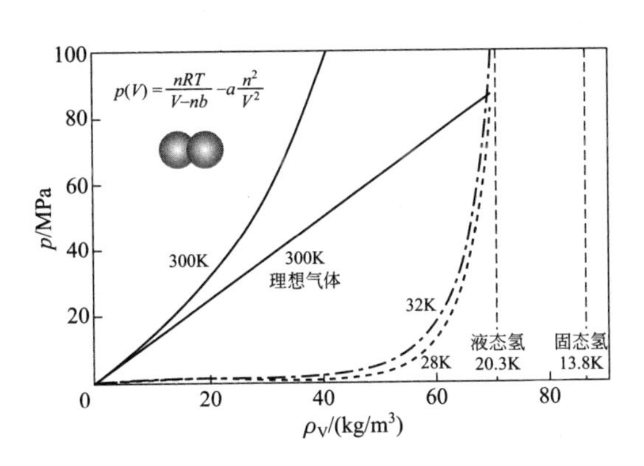

图4-14　高压氢、液态氢和固态氢的密度

氢气液化所需要的能量约占高热值的40%，因此液态氢不是一种高效的储氢方式。此外，液态氢存在连续蒸发的问题，故而液氢储存系统的应用领域只适用于氢在相当短的时间内用完的场景中，例如航空、航天以及输运氢等领域。

4.2 吸附储氢技术

可以进行氢吸附的材料通常都具有很高的比表面积，典型的吸附材料有碳、沸石、金属有机框架材料等。氢吸附又分为物理吸附和化学吸附。

4.2.1 吸附现象

图 4-15 所示为固体表面发生物理吸附和化学吸附的几种情况。当氢分子到达固体表面时，首先由于范德瓦耳斯力产生物理吸附；随后，其中一些发生物理吸附的氢分子与基材原子可产生键合，发生表面化学吸附；或者在催化剂原子的作用下解离成氢原子，这些氢原子极易扩散，一部分将直接进入材料内部。由于物理吸附先于化学吸附发生，因此发生化学吸附的原子数量可以由发生物理吸附的分子数量来决定。

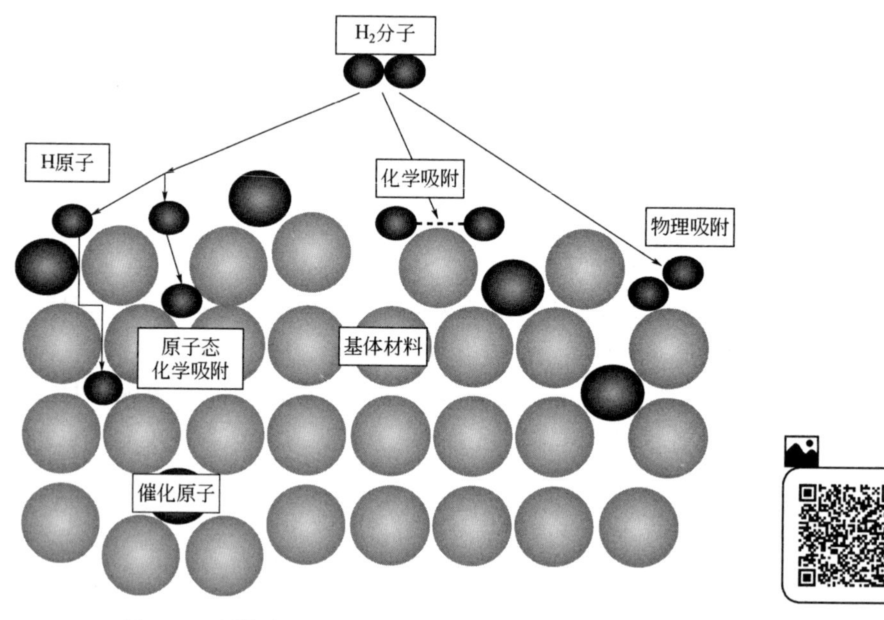

图 4-15　固体表面的物理吸附和化学吸附示意图

绿球—基体材料；红球—催化剂原子；蓝球—氢原子

图 4-16 所示为材料物理吸附的等温线形状，横坐标代表气体压力，纵坐标代表气体覆盖度。不同类型吸附材料的物理吸附等温线形状特征是不同的，根据国际纯粹与应用化学联合会（IUPAC）的分类，主要有 6 类物理吸附等温线。

由于微孔吸附剂的孔尺寸有限，即使在接近气体液化温度的条件下，气体分子也趋于在固体表面上形成简单的单层吸附。这种现象可以用朗缪尔等温线定性描述，在国际纯粹与应用化学联合会的分类中也称为Ⅰ型等温线，可由下式表示：

$$\theta=\frac{Kp}{1+Kp} \tag{4-3}$$

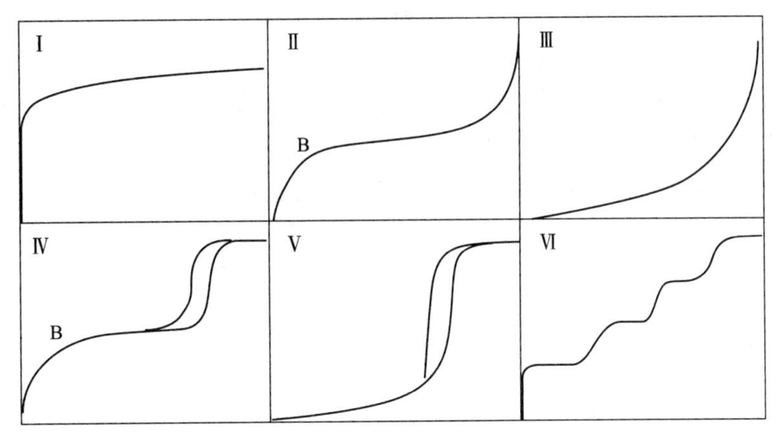

图 4-16 不同类型的物理吸附等温线（IUPAC 分类）

Ⅰ—典型的微孔固体表面单层可逆吸附；Ⅱ—非多孔固体表面单一多层可逆吸附；Ⅲ—疏水性非多孔材料表面的水蒸气吸附；Ⅳ—吸附质发生毛细管凝聚，有脱附滞后现象；Ⅴ—微孔材料的水蒸气吸附；Ⅵ（很少出现）—阶梯状等温线来源于均匀非孔表面的依次多层吸附

其中，K 为平衡常数；p 为气体压力；θ 为盖度，定义为被吸附物占有位点的数量与可用于吸附的位点数量之比。在低压下，等温线符合亨利定律，其中盖度与压力成正比。当压力超过一定数值范围，盖度不再增加（图 4-17）。等温线上的平台区域代表了固体表面上所有吸附位点的饱和度（$\theta=1$）。

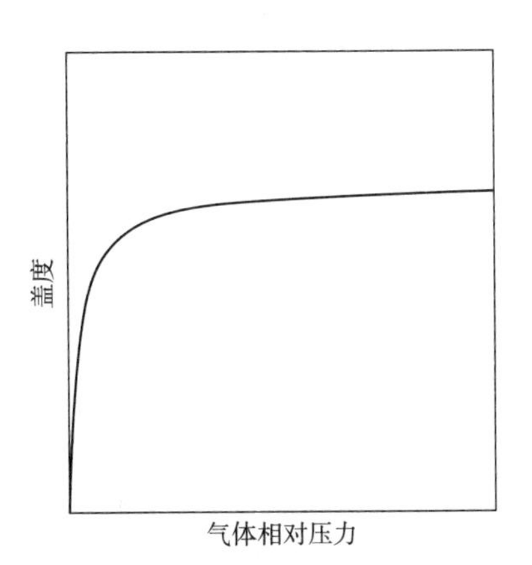

图 4-17 朗缪尔吸附等温线

朗缪尔吸附等温线的假设条件如下：①固体表面均匀，每个吸附位点与其他位点均等效；②当所有吸附位点都被占据且形成单层吸附时，基体表面饱和，吸附的颗粒之间无相互作用。工程上物理吸附的适用温度范围是液氮温度（77K）到室温。在一个有限的表面上物理吸附的最高体积储氢密度取决于液氢的密度，因为从微观角度考虑，被吸附的单层氢分子之间最小间距是由液氢的分子间距决定的。

如果氢在基材上的吸附具有物理吸附特征，其相互作用是非特征性的（即没有选择性），依靠的是分子间作用力，则储氢量主要取决于两大因素：①吸附剂的比表面积。比表面积越大，储氢量越高。具有高比表面积的材料，例如石墨烯、碳纳米管一类的多孔碳材料，是有希望用于储氢的材料。②工作条件（包含氢气压力和温度）。储氢量与氢气压力和温度强相关。总的来说，当氢源系统的冷却不成问题时，具有高比表面积的材料非常有希望用于储氢。

4.2.2 物理吸附

气体在固体表面上的物理吸附是由吸附物和吸附剂之间较弱的范德瓦耳斯力引起的，由此产生的气-固相互作用由引力和斥力组成，见图 4-18。由于物理吸附过程中产生的焓变很小，不足以引起 H—H 键断裂，因此气体以分子形式被吸附。因为吸附物与吸附剂之间的相互作用力非常弱，所以物理吸附通常只发生在低温下。

范德瓦耳斯力的物理学原理是中性原子或分子之间的相互极化作用。如图 4-19 所示，当氢分子因为某种原因发生偶然的电荷分离，成为不稳定的偶极子，遇到第二个分子时，会诱导第二个分子也发生电荷分离，这时两个带电荷的分子之间正负极相互吸引，产生弱的范德瓦耳斯力。通常，没有能量屏障来防止接近表面的分子进入物理吸附的微孔，因此这个过程无需活化，且吸附速率快，亦即动力学性能好是物理吸附的一个基本特征。

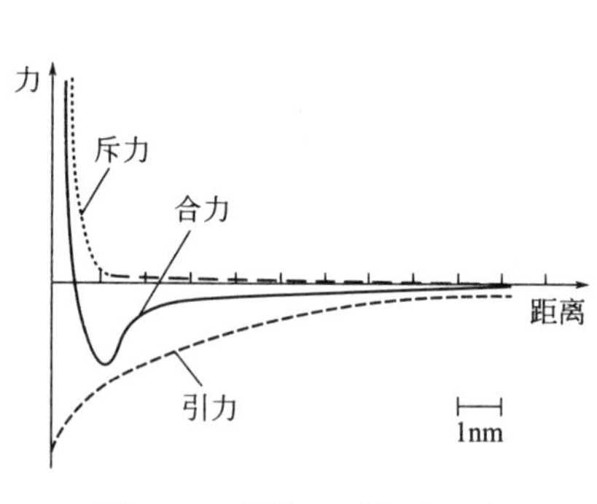

图 4-18　范德瓦耳斯力曲线

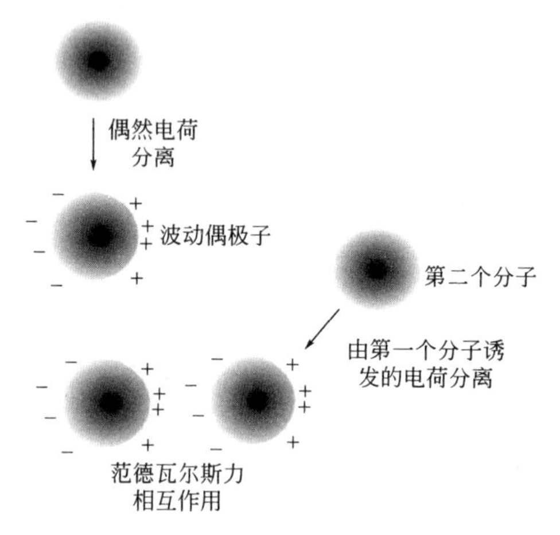

图 4-19　范德瓦耳斯力的物理学原理

4.2.3 化学吸附

前已述及，当氢分子与固体表面接触时，首先发生物理吸附，接下来可能发生化学吸附。与物理吸附无选择性不同，化学吸附具有选择性，其吸附原理是气体颗粒与吸附剂的表面原子相互作用形成化学键，通常具有共价特性。

化学吸附的主要特性有：①活化过程需要比物理吸附更高的温度；②化学吸附速率比物理吸附慢。物理吸附和化学吸附所需的势能差异见图 4-20 所示，明显地，两条曲线上分别出现了能量极小值：物理吸附的势能极小值出现在距离吸附剂表面较远处，一般势能较低，约为－5～－10kJ/mol；化学吸附的势能极小值出现在距离吸附剂表面较近的位置，一般势能较高，约为－50～－500kJ/mol。

因为化学吸附总是发生在物理吸附之后，所以化学吸附的原子数量是由物理吸附的分子数量决定的。由于化学吸附首先会使氢分子的共价键断开，或者当氢分子接近表面时使已存在的键重新排列，因此化学吸附需要足够的能量，这些能量可以通过高温或气体分子的活化来提供。化学吸附作用的方程式（亦称为朗缪尔等温方程）见下式：

$$\theta=\frac{(Kp)^{1/2}}{1+(Kp)^{1/2}} \tag{4-4}$$

式中，K 为平衡常数；p 为气体压力；θ 为盖度。

化学吸附因为是气体粒子与吸附剂的表面原子相互作用形成化学键，所以氢的释放需

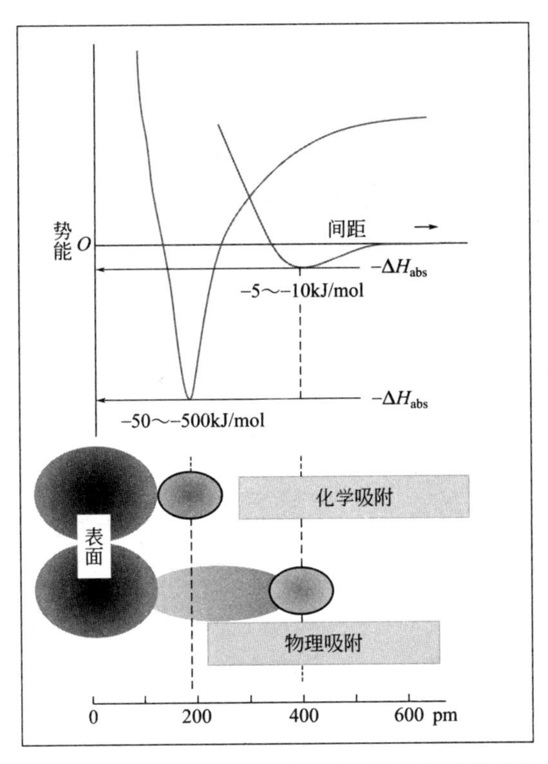

图 4-20　吸附势能与吸附剂表面的距离之间的关系曲线

要很高的能量来破坏表面原子与气体原子之间形成的共价键。即使化学过程被激活，要想快速地放氢，通常也要在高温条件下进行。

化学吸附与物理吸附的主要区别如下（表 4-3）：①化学吸附依靠较强的化学键，具有吸附选择性；物理吸附依靠较弱的范德瓦耳斯力，没有吸附选择性。②化学吸附由于气体分子或原子必须和基体直接接触并成键，因此只能是单层吸附；物理吸附可以是多层吸附。③化学吸附由于化学键较强，难以断键，因此一般不可逆；而物理吸附是可逆的。④化学吸附的脱氢过程需要比物理吸附更高的温度，因为化学吸附脱氢需要吸收高焓值的反应热，而物理吸附需要吸收低焓值的液化热。⑤化学吸附因为被成键过程所限，所以吸附速率比物理吸附慢。

表 4-3　化学吸附与物理吸附的主要区别

吸附类型	化学吸附	物理吸附
吸附原理	化学键	范德瓦耳斯力
层数	单层	多层
可逆性	不可逆	可逆
吸附温度	高（反应热）	低（液化热）
吸附速率	慢	快
吸附物选择性	存在	不存在

4.2.4 吸附储氢材料

4.2.4.1 碳材料

碳原子核外有 6 个电子，核外电子排布为 $1s^2 2s^2 2p^2$。在各种碳纳米材料中，碳呈现六圆环结构，碳原子为 sp^2 杂化，并且每个碳原子有一个垂直于 C—C 键的未杂化的 p 电子，p 电子共轭会形成大 π 键。由于延伸的 π 电子云的存在，碳纳米材料具有多面特性，因此也被称为 π 电子材料。碳材料具有很长的研究历史，并且在实际应用中其制作成本也比较低廉，在吸附领域有着广泛的应用。碳有多种同素异形体，包括金刚石、石墨、六方碳、富勒烯、无定形碳、碳纳米管和石墨烯等（图 4-21）。其中，活性炭、碳纤维、碳纳米管和石墨烯等由于具有高的比表面积，因此被尝试用于储氢。

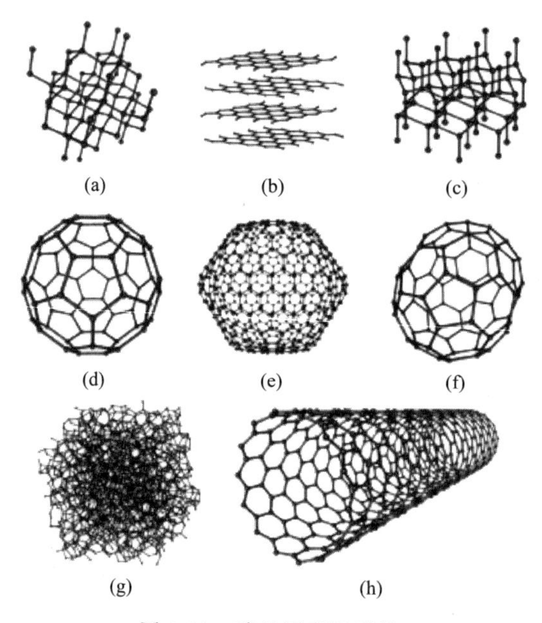

图 4-21　碳的同素异形体

（a）金刚石；（b）石墨；（c）六方碳；（d～f）富勒烯（C60，C540，C70）；（g）无定形碳；（h）碳纳米管

碳材料作为吸附材料，它的主要优点是：①质量小；②具有高比表面积；③具有微孔结构；④吸附能力很强。以单层石墨烯为例，它是一种非常薄，接近透明的薄片状纯碳，几乎只有一个原子厚。它的重量轻，但是比表面积和强度都大，此外还具有高的传热和导电性能。为了进一步提高储氢能力，碳纳米管、石墨烯等具有高比表面积的碳材料还可以通过改进合成方法、元素掺杂和修饰等方法改变化学组成、比表面积、表面结构和孔径大小等措施来实现。

科学家对碳材料的研究始于活性炭，发展到 20 世纪 90 年代，学者们发现了碳纳米管，近年来又发现了石墨烯，而且发现石墨烯的科学家也因此获得了诺贝尔奖。由石墨烯片通过不同方式组装可以获得不同碳纳米结构（图 4-22）。

（1）室温吸附碳材料

多年来，有关碳材料在室温下吸氢量的报道结果实际上存在不少分歧，不同研究人员得到的实验结果曾出现巨大的差异。这是因为碳材料的吸氢量很难准确测量，它容易受测试方

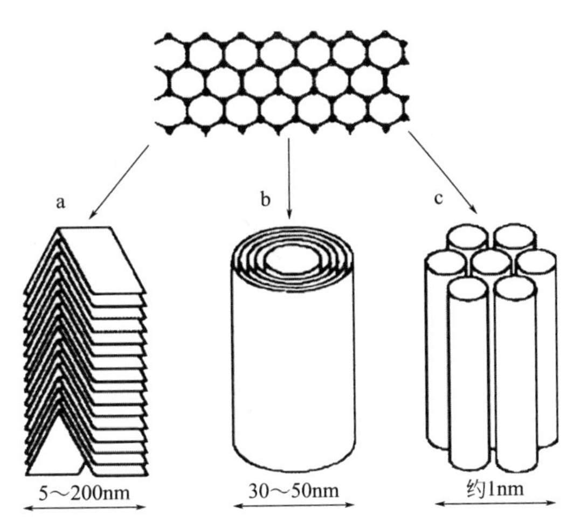

图 4-22 由石墨烯片组装获得的不同碳纳米结构

a—碳纳米纤维；b—多壁碳纳米管；c—单壁碳纳米管

法和环境波动的影响；此外，不同原材料、不同制备方法、不同条件下制备的样品之间品质区别明显，主要表现在孔隙率、比表面积等参数差别非常大，最终导致报道的数据出现了明显差异。在 298K 下，所有可重复的实验结果显示：纯碳材料的最大储氢量大约是 1%（质量分数），远低于实际应用所需的储氢量。一些 VA 族元素掺杂、金属元素（如 Pd 等）修饰的石墨烯材料在室温下则能够储存约 4%（质量分数）的氢，具备一定的工程应用潜力。

（2）低温吸附碳材料

决定材料氢吸附量的主要因素是氢气的化学势和氢的吸附势能。环境条件（主要是温度和压力）决定了被吸附氢气化学势的大小，而孔结构、比表面积和材料组成则决定了氢吸附势能的大小。因此，可以通过降低温度来改变氢气的化学势，并以此来提高储氢量。研究人员围绕液氮温度（约 77K）开展了许多关于氢吸附的研究和实验验证。

碳材料在低温下可逆吸附氢属于物理吸附，其吸氢量与比表面积的关系见图 4-23，明显地，两者呈线性关系，数据拟合后吸氢量的计算公式如下：

$$m_{ads}/S_{spec}=2.27\times10^{-3}\%/(m^2\cdot g) \tag{4-5}$$

式中，m_{ads} 为氢吸附量；S_{spec} 为材料的比表面积，%（质量分数）。

通过上式可以从理论上估计碳基底上每单位比表面积的吸氢量，准确的数据还需要实验来获取。从图 4-23 还可以获悉：吸氢量与碳纳米材料的结构无关，只与比表面积或者孔体积有关，孔体积越大，比表面积越大，吸氢量也越大。

（3）高温吸附碳材料

碳材料在低温和室温下吸氢多为物理吸附，或者物理、化学混合吸附。对于碳材料在高温下的吸附氢，由于氢键断裂的活化能垒降低，H_2 分子容易在碳材料的表面上解离成原子并与碳形成共价 C—H 键。

从储氢技术的应用前景来看，碳材料的高温吸附氢很难被应用到工程中。一方面是因为释放氢需要高温，这不仅造成能源浪费，还需要配套辅助加热装备，会造成系统储氢量的进一步降低和成本的增高；另一方面是高温下氢和碳材料会发生化学反应，形成高稳定性的 C—H 键，导致碳材料储氢的不可逆性增强。

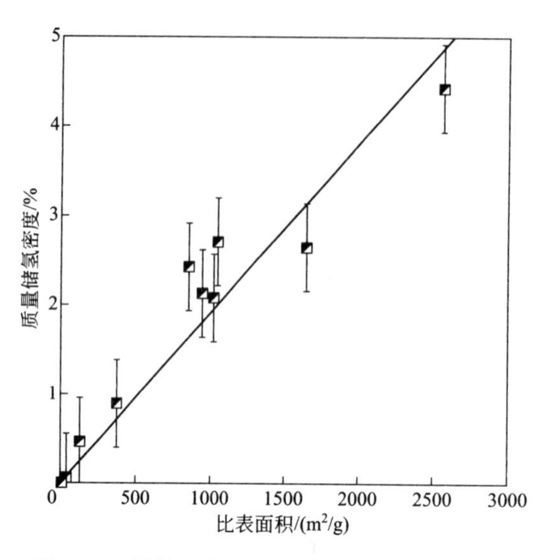

图 4-23 材料比表面积和质量储氢密度的关系

4.2.4.2 沸石

沸石（zeolite）是一种矿石，最早被发现于1756年。瑞典的矿物学家克朗斯提发现有一类天然硅铝酸盐矿石在灼烧时会产生沸腾现象，故而命名为“沸石”。沸石有多种结构，例如A型沸石（代号LTA）是应用最广的人造硅酸盐沸石，孔穴数量巨大，属于立方晶系，具有面心立方晶胞。A型沸石具有吸附水分子的良好性能，干燥性能高、易再生、可反复使用。由于其具有多孔性，也被考虑用作储氢介质。

图4-24是几类典型的沸石结构示意图，可见沸石的晶体结构是由硅（铝）氧四面体连成的三维格架，格架中有各种大小不一的孔穴和通道。实际上，沸石内部充满了细微的孔穴和通道，比蜂房还要复杂得多，$1\mu m^3$ 具有约100万个孔穴。沸石独特的结构导致其内部表面积很大，可高达 $355 \sim 1000 m^2/g$。

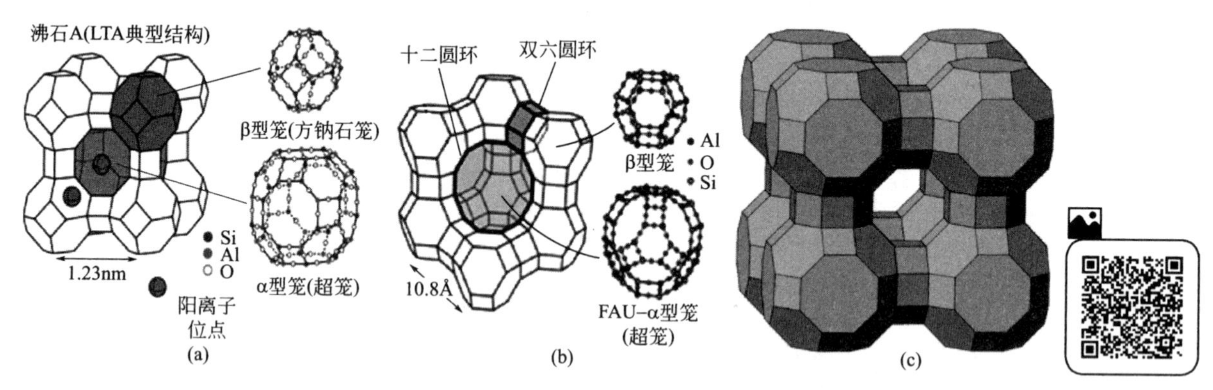

图 4-24 A型沸石（a）、X型沸石（b）以及RHO型沸石（c）的骨架结构

拐角代表Al或Si原子，每条线的正中是桥接两个相邻的Si或Al原子的氧原子

除了沸石特殊的通道结构有利于储氢之外，沸石孔内还存在着强静电力，由额外的金属离子产生，并且随着电荷的增加和孔尺寸的减小，静电力会随之增强。由于沸石具有高的比

表面积、微孔率和静电力，氢分子可以停留在沸石内部的自由空间中，因此从理论上讲，沸石可以吸附大量的氢。但是实际上沸石的氢吸附量并没有预期中高。

4.2.4.3 金属有机框架结构

金属有机框架材料（metal organic frameworks，MOFs）是一类新的多孔聚合物材料，是指过渡金属离子与有机配体通过自组装形成的具有周期性网络结构的晶体多孔材料。它具有高孔隙率、低密度、大比表面积、规则孔道和可调孔径等优点。

MOF-5 是最早发现的 MOFs 材料［图 4-25（a）］，指以 Zn^{2+} 和 2-氨基对苯二甲酸分别为中心金属离子和有机配体，它们之间通过八面体形式连接而成的具有微孔结构的三维立体框架。近年来人们对 MOFs 的研究不断取得新的突破，合成了各种新的 MOFs 材料，如 MOF-6 和 MOF-8［图 4-25（b）和（c）］等。

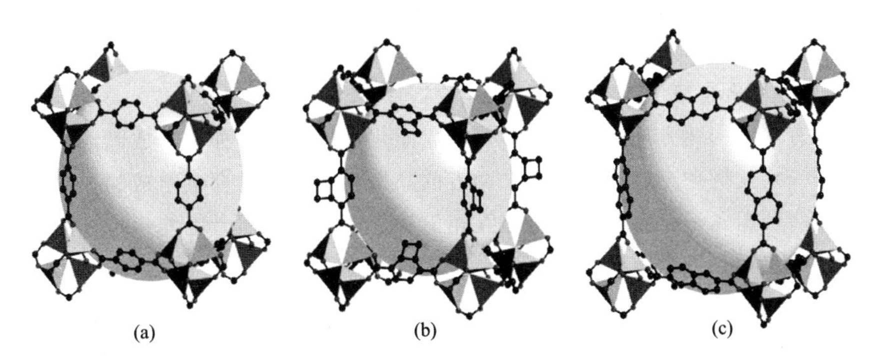

图 4-25　MOF-5（a）、MOF-6（b）和 MOF-8（c）

通过非弹性中子散射的检测手段，我们可以观察到 MOF-5 结构中有两种不同的氢吸附位点。其中一个吸附位点与 Zn 相关，另一个吸附位点又分成四个略有差异的位点，与 BDC（苯二甲酸根）相关。

由于 MOFs 材料中的金属中心及有机配体都是可变的，因此其结构与功能具有多样性。MOFs 材料金属中心的选择几乎覆盖了所有金属种类，包括主族金属元素、过渡金属元素、镧系金属元素等，其中应用较多的有 Zn、Cu 和 Fe 等。不同金属的价态、配位能力差异也导致了不同 MOFs 材料的出现。对于有机配体的选择，从最早易坍塌的含氮杂环类配体过渡到了稳定性好的羧酸类配体，不同官能团的组合大大拓宽了 MOFs 材料的应用范围。因此，我们通过改变有机配体和金属离子种类，就有可能得到具有可控孔体积和比表面积的新 MOFs 结构。

4.2.5 小结

低温至室温下可用于吸附氢的材料有碳材料、沸石、MOFs 材料等，其吸附原理多属于物理吸附。物理吸附的优点主要有：①具有可逆性；②吸附过程很快；③不需要很高的氢气压力。物理吸附的缺点主要有：①吸附通常需要低温，常温下吸附能力有限；②物理吸附材料的高比表面积意味着体积储氢密度低；③物理吸附没有选择性，除了吸附氢气以外，还可能吸附杂质气体。这些都是限制物理吸附储氢材料工程化应用的主要障碍。

4.3 金属氢化物储氢技术

金属氢化物是指单金属或者合金与氢反应生成的化合物。储氢合金是指在一定的温度和压力条件下，具有大量、可逆吸放氢特性的合金。储氢合金经过吸氢后就变成了金属氢化物。

4.3.1 储氢合金的组成

在第2章中，图2-12所示的元素周期表中列出了用不同颜色表示的四类氢化物，其中红色区域中的金属元素与氢可直接结合为二元氢化物。例如金属La和氢可形成LaH_2和LaH_3；金属V和氢可形成VH和VH_2。在红色区域中，一些元素与氢形成稳定的氢化物，如TiH_2；另一些元素与氢形成不稳定的氢化物，如CrH、CrH_2等。

储氢合金有两种构建方式：一种是形成金属间化合物；另一种是形成固溶体合金。两种金属的原子按一定比例化合，形成与原来两者的晶格都不相同的合金组成物，称为金属间化合物。两种或多种金属不仅在熔融时能够互相溶解，而且在凝固时也能保持互溶状态，凝固后形成的合金组成物称为固溶体合金。

金属间化合物储氢合金的通式为AB_n（$n=0.5$，1，2或5，及其他比例），其中A侧元素是指室温下高稳定氢化物的形成元素，包括稀土元素（如La）、碱土金属元素（如Mg）、元素周期表中靠前的过渡金属元素（如Ti、Zr和V）等。B侧元素是指在室温下形成不稳定氢化物或者不形成氢化物的元素，如元素周期表中靠后的过渡金属元素，如Fe、Ni和Cu等。由此，科学家们开发出了一系列的储氢合金，表4-4列出了7种典型的金属间化合物类型。

表4-4 典型的金属间化合物/氢化物种类

金属间化合物类型	典型化学组成	氢化物	相结构	理论储氢量/%
AB_5	$LaNi_5$	$LaNi_5H_6$	Haucke相，六方晶体	1.4
AB_2	ZrV_2，$ZrMn_2$ $TiMn_2$	$ZrV_2H_{5.5}$	拉夫斯相，六方或立方晶体	2.8
AB_3	$CeNi_3$，YFe_3	$CeNi_3H_4$	六方晶体，$PuNi_3$-型	1.3
A_2B_7	Y_2Ni_7，Th_2Fe_7	$Y_2Ni_7H_3$	六方晶体，Ce_2Ni_7-型	0.51
A_6B_{23}	Y_6Fe_{23}	$Ho_6Fe_{23}H_{12}$	立方晶体，Th_6Mn_{23}-型	0.53
AB	TiFe，TiNi	$TiFeH_2$	立方晶体，CsCl-或CrB-型	1.9
A_2B	Mg_2Ni，Ti_2Ni	Mg_2NiH_4	立方晶体，$MoSi_2$-或Ti_2Ni-型	3.6

注：A侧元素与氢的亲和力高，B侧元素与氢的亲和力低。

典型的固溶体储氢合金以钒钛合金为例，金属钒和钛在很宽的温度区域内可以形成无限固溶体；除此之外，钒和钛的固溶能力都很高，能与多种元素形成固溶体。金属钒具有体心立方结构，具有高达3.8%（质量分数）的质量储氢密度，完全氢化后VH和VH_2两相共存。其中VH热力学稳定性高，需要在较高的温度下才能释放氢，不利于实际使用。为了降低其热力学稳定性，通常采用合金化的方法，设计出各种系列的钒基储氢合金。例如，V-M（M=Cr，Fe）二元储氢合金，V-Ti-N（N=Cr，Fe，Mn）三元储氢合金，以及V-Ti-Cr-R（R=Fe，Mn，Ni）四元储氢合金等。其中，M、N、R等添加元素所起的作用除了降低金属氢化物的热力学稳定性外，主要是调节合金的晶体结构，从而改善其储氢性能。以四川大学开发的V-Ti-Cr-Fe四元合金为例，在40℃、3MPa下充氢，6min可以达到吸氢饱和；在3℃吸氢、60℃放氢，有效放氢量可达3.1%（质量分数），是已报道的近室温条件下合金类储氢材料的最高容量之一。

常见的AB_5、AB_2、AB型金属间化合物和钒钛基固溶体储氢合金都是在近室温、低压下工作的，使用便捷，尽管质量储氢密度有限，但由于具有高体积储氢密度和高安全性，是低压固态储氢路线的核心材料。AB_5和AB_2型合金也被成功应用于镍氢电池负极材料。以Mg_2Ni为代表的A_2B型储氢合金的储氢量高达3.8%（质量分数），然而热力学稳定性高导致放氢温度过高，降低了其使用便捷性。图4-26比较了气态、液态和固态储氢的体积储氢密度。充装相同质量的氢，固态储氢具有最小的体积，液态氢次之。

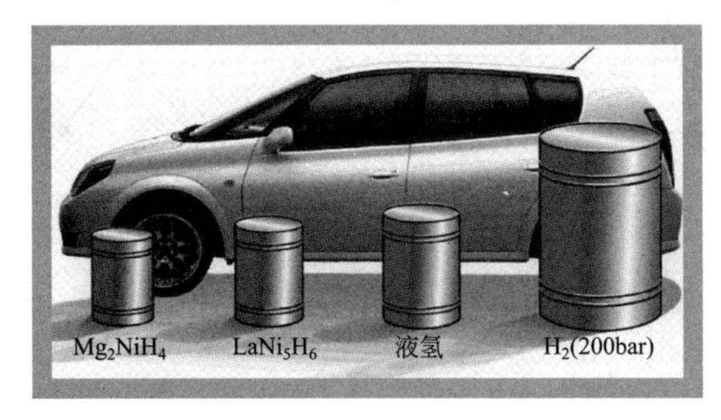

图4-26 充装4kg氢的气态、液态和固态储氢罐的体积

4.3.2 储氢合金的储氢原理

以六方晶系的$LaNi_5$储氢合金为例，在它的晶体结构中存在由镧和镍原子组成的四面体或者八面体晶格间隙（图4-27），氢以原子态存在于这些晶格间隙中。故而储氢合金的储氢方式是原子态的氢占据了储氢合金的晶格间隙位。一般条件下，只有当压力下降，或者温度升高的时候，氢原子才会从这些间隙位释放出去并结合成氢分子，从而对外部供氢。其他条件下（例如撞击），只要容器没有破损造成容器内压力下降，氢原子都不会从晶格间隙中释放出来。因此，储氢合金具有比高压气态和液态氢高得多的安全性，储氢合金罐甚至可以通过枪击实验而不发生爆炸。

储氢合金在吸氢过程中会发生粉化现象，其实质是合金吸氢时发生了大幅度的晶格膨胀。一般地，储氢合金发生粉化后，其粒径大约为10～100μm。

当氢气被储氢合金表面吸附后，氢分子被解离成氢原子。随后，氢原子通过扩散进入金属晶格内部，并储存在晶格间隙中，储氢合金转换成金属氢化物。一般认为，具有实用性的金属氢化物的生成焓在－50～－29kJ/mol范围。当需要供氢时，通过降低压力或者升高温度释放氢原子。高活性的氢原子极易结合成氢分子，可以给燃料电池、氢内燃机等供氢。

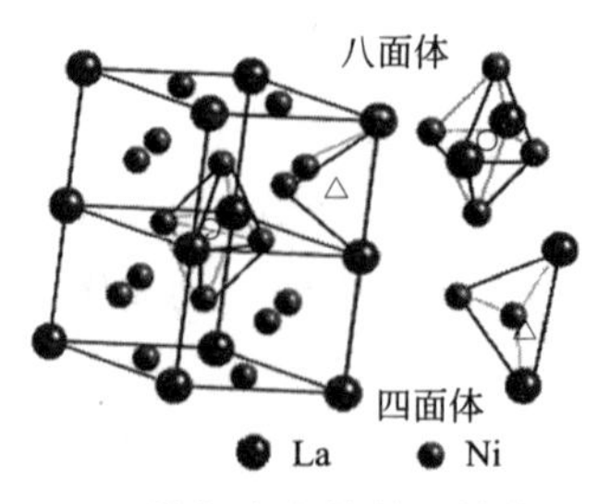

图 4-27　$LaNi_5$ 储氢合金的晶格结构及晶格间隙

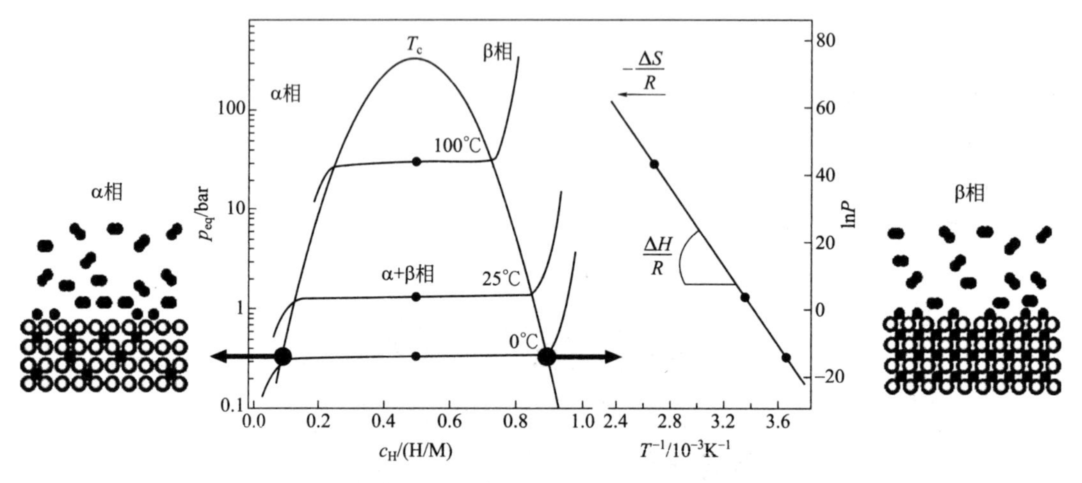

图 4-28　储氢合金的 PCT 曲线（左）和范特霍夫曲线（右）

表征储氢合金吸氢能力的曲线主要有 PCI（pressure composition isotherm）或者 PCT（pressure composition temperature）曲线和范特霍夫（van't Hoff）曲线（图 4-28）。PCT 曲线表示等温条件下的压力-组成关系曲线。PCT 曲线的横坐标代表吸氢量，定义为吸收的氢原子与金属原子的数量比 H/M，或者吸氢的质量与储氢合金的质量之比（单位：%）。纵坐标代表平衡压力（单位：bar）。典型的 PCT 曲线分为三段，两边分别为一段斜线，中间段基本与横坐标平行，称为平台。在此平台上，当改变吸氢量时，吸氢压力不发生变化，该压力称为平台压力。图中还可见，随着温度的升高，平台压力随之升高，且平台长度缩短。平台长度代表该温度下储氢合金的有效吸氢量，显然地，有效吸氢量随着温度的升高而降低。换言之，当升高温度时，储存在晶格内部的氢原子将被释放。

范特霍夫曲线是根据范特霍夫方程［式（4-6）］绘制的，表征了平台压力和温度的关系。该曲线为一条直线，根据这条直线的斜率和截距可以分别算出热焓 ΔH 与熵值 ΔS。

$$\ln p=\frac{\Delta H}{RT}-\frac{\Delta S}{R} \tag{4-6}$$

PCT 曲线实际上表征了储氢合金在吸放氢过程中的相变。当少量的氢进入金属晶格中时，通常 H 与 M 的比值（H/M）<0.1，氢溶于基体中形成固溶体（α 相），同时放出热量。在此阶段，氢气的压力 p_{H_2} 与氢原子浓度（H/M）的关系满足下式：

$$p_{H_2}{}^{1/2}\propto(\mathrm{H/M}) \tag{4-7}$$

当氢达到固溶饱和后，在基体金属中将储存更高浓度的氢，此时 β 相开始形核和长大，发生的反应见下式：

$$\frac{2}{(y-x)}MH_x + H_2 \longrightarrow \frac{2}{(y-x)}MH_y + Q \tag{4-8}$$

吸氢的过程是一个放热的过程，在 PCT 曲线上的平台区是 α+β 双相区，此后，升高压力对增加有效吸氢量的作用非常有限。对于有双吸氢平台的储氢合金（如钒基储氢合金），当达到 β 相的最大吸氢量后，将再次发生相变，β 相继续转变为 γ 相，两个平台分别代表 α+β 双相区和 β+γ 双相区。

4.3.3 小结

储氢合金包括金属间化合物和固溶体储氢合金两类，它们形成氢化物储氢的原理是氢以原子态储存在金属晶格间隙位，只有升高温度或者降低压力才能释放氢。因此，金属氢化物储氢的优势主要体现在三个方面：①金属氢化物具有高的体积储氢密度，能够达到 100～120kg/m^3，高于高压气态和液态氢。②金属氢化物具有高的安全性。③金属氢化物体积小，可以设计结构紧凑的储氢系统。为了确保氢的安全使用，采用金属氢化物为代表的固态储氢技术将是解决目前高压氢各种难题的可选择方案之一。

金属氢化物的劣势主要是质量储氢密度低，这限制了其在许多领域中的应用，特别是一些高能量密度的移动设备上的使用。如果应用市场是固定式储能，那么质量储氢密度就成为一个次要问题。

总之，金属氢化物有自己适合的应用场景，有望应用于可再生能源的大规模储能；一些在常温常压附近吸放氢，质量储氢密度超过 2.4%（质量分数）的金属氢化物也可以考虑使用在汽车、高铁、舰艇等移动场景中，质量储氢密度较小的金属氢化物也可以在燃料电池自行车等小型移动设备中使用。

4.4 过渡金属配位氢化物

储氢合金形成的氢化物中有一类过渡金属配位氢化物，与 4.3 节介绍的具有金属特性的间隙类金属氢化物不同，这类氢化物中的过渡金属元素（如 Fe、Co、Ni 等）与氢形成配位阴离子，然后配位阴离子与金属阳离子成键（图 4-29）。

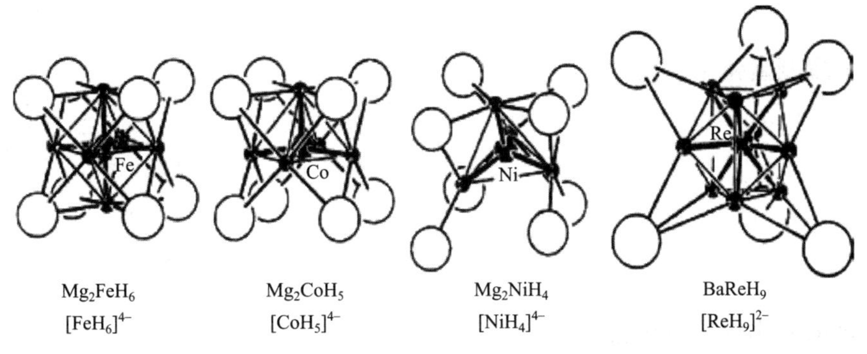

图 4-29 过渡金属配位氢化物中的过渡金属-氢配位阴离子和阳离子的环绕结构

小实心球—氢原子；大空心球—Mg^{2+} 或 Ba^{2+}

以 Mg_2FeH_6 为例，它是铁和氢形成配位阴离子 $[FeH_6]^{4-}$，继而和镁阳离子 Mg^{2+} 结合形成，其质量储氢密度为 5.6%（质量分数），体积储氢密度高达 150kg/m^3。

过渡金属配位氢化物分为两类：一类称为单核过渡金属配位氢化物；另一类称为多核过渡金属配位氢化物。其中单核过渡金属配位氢化物中，氢原子只是末端配体，过渡金属间形成 T—T 键；而多核过渡金属配位氢化物中，氢不仅是末端配体，还成为桥连配体，过渡金属和氢之间形成 T-H-T 桥（图 4-30）。

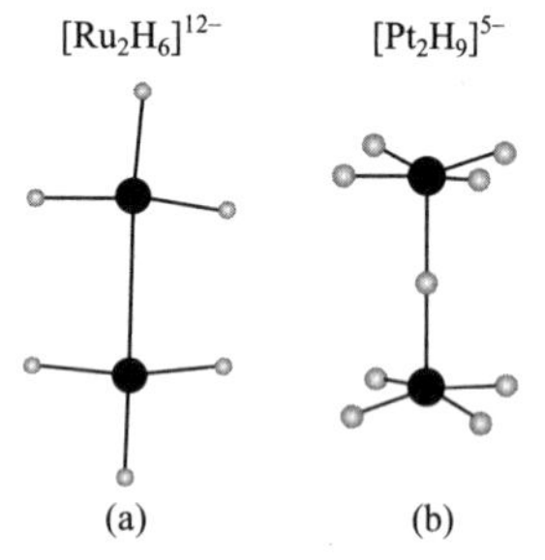

图 4-30　单核（a）和多核（b）过渡金属配位氢化物

与“间隙”类金属间化合物相反，过渡金属配位氢化物通常是非金属性质的。它们通常有颜色，有时甚至透明。例如，Mg_2Ni、Mg_3Ir、$LaMg_2Ni$ 和 La_2MgNi_2 合金呈金属色或灰色，氢化后从金属转变成非金属，颜色也相应地变为棕红色（Mg_2NiH_4）、红色（$Mg_6Ir_2H_{11}$）以及深灰色（$LaMg_2NiH_7$ 和 $La_2MgNi_2H_8$）。利用材料光学特性可切换的特征可以制作一些特殊的器件，如 Mg_2Ni-H 材料系统可制成氢传感器、监测器和报警器等。

过渡金属配位氢化物最大的优点是具有极高的体积储氢密度，质量储氢密度也相对较高。但是也有明显的缺点：①热稳定性高，需要加热放氢；②释放氢是分步进行的，降低了其吸放氢的可逆性。

4.5　非过渡金属配位氢化物

除了过渡金属配位氢化物之外，还有一类配位氢化物，称为非过渡金属配位氢化物，后者也通常被称为复杂氢化物。复杂氢化物中的金属一般是碱金属或碱土金属，非过渡金属是指ⅢA 族（硼族）元素。我们知道，ⅢA 族的元素形成的稳定氢化物是聚合态 $(MH_3)_x$（polymeric hydrides），因此非过渡金属配位氢化物也被称为 p 元素复杂氢化物。最典型的代表是金属硼氢化物和金属铝氢化物。

p 元素形成的单体 MH_3 是强路易斯酸，比如硼烷（BH_3），它是不稳定的。两个硼烷分子通过共价键聚合实现电子饱和，形成稳定的乙硼烷（B_2H_6）。硼族的其他氢化物也是类似的原理，通过聚合获得闭合电子壳层。

4.5.1　金属硼氢化物的结构

金属硼氢化物也被称为四氢硼酸盐。以 $LiBH_4$ 为例，其理论储氢量高达 18.5%（质量分数），远超过美国 DOE 提出的轻型车载储氢材料的储氢密度要求，其晶体结构如图 4-31。可见，$LiBH_4$ 在低温 20℃ 和高温 135℃ 时具有不同的晶体结构。

4.5.2　复杂氢化物的稳定性

复杂氢化物的化学稳定性决定着释放氢气的难易程度。图 4-32 所示为 $MAlH_4$ 和 MBH_4

正交晶系
空间群：Pnma(#62)
$a=7.17858(4)$Å
$b=4.43686(2)$Å
$c=6.80321(4)$Å
晶胞体积：216.685Å^3
$Z=4$

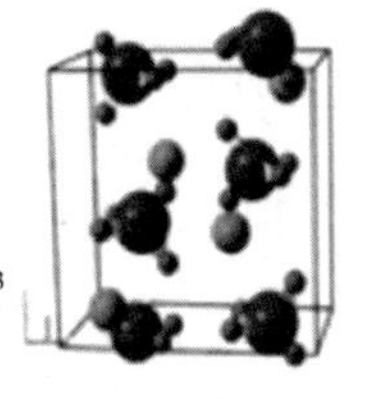

原子	x	y	z
Li	0.1568	0.250	0.1015
B	0.3040	0.250	0.4305
H①	0.900	0.250	0.956
H②	0.404	0.250	0.280
H③	0.172	0.054	0.428

六方晶系
空间群：P6$_3$mc(#186)
$a=4.27631(5)$Å
$b=a$
$c=6.94844(8)$Å
晶胞体积：110.041Å^3
$Z=2$

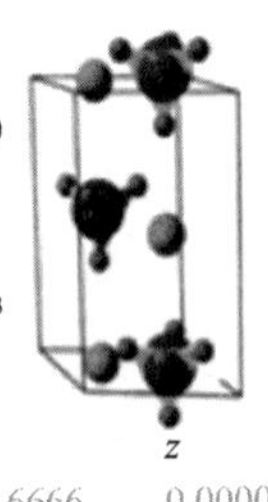

原子	x	y	z
Li	0.3333	0.6666	0.0000
B	0.3333	0.6666	0.5530
H①	0.3333	0.6666	0.3700
H②	0.1720	0.3440	0.6240

图 4-31 低温（20℃）和高温（135℃）下 $LiBH_4$ 的晶体结构

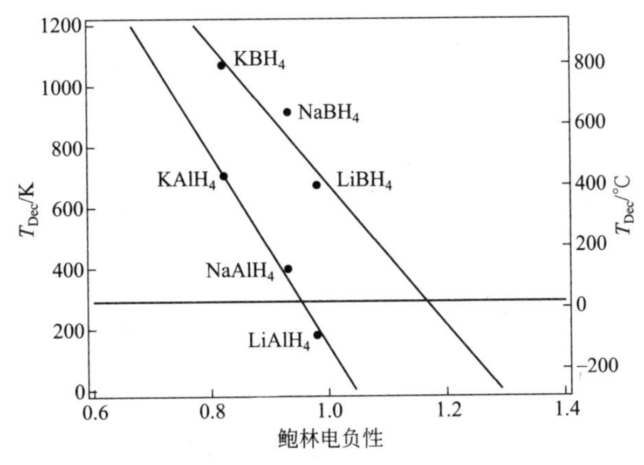

图 4-32 金属铝氢化物和金属硼氢化物的分解温度与金属原子电负性的关系

（M＝Li，Na，K）的分解温度与金属原子电负性之间的关系。可见，当阳离子相同时，$MAlH_4$ 的分解温度比 MBH_4 更低。此外，我们还可以推测出两个重要信息：①阳离子的部分替换会导致配位阴离子稳定性发生变化，阳离子的电负性越大，分解温度越低，配位阴离子就越不稳定。②$MAlH_4$ 比 MBH_4 的稳定性差，这是因为 B 原子和 Al 原子的电负性不同，B 原子的电负性是 2.04，铝原子的电负性是 1.61。

关于复杂氢化物的稳定性还需要考虑其他因素：①复杂氢化物的稳定性与化合物的生成热有关；②复杂氢化物的稳定性与化合物分解成不同中间产物的分解焓有关；③配位阴离子中的硼（铝）与阳离子金属之间的化学键稳定性不等同于硼（铝）氢键的稳定性。

4.5.3 金属硼氢化物的脱氢机理

金属硼氢化物的脱氢过程是一个多步反应过程。以 $LiBH_4$ 为例（图 4-33）可见，其脱氢过程分为四步。在 220℃附近，$LiBH_4$ 转变为 $LiBH_{3.6}$；温度继续上升到约 280℃，分解为 $LiBH_3$；再升温到约 320℃，转变为 $LiBH_2$；当温度升高到约 500℃，生成 LiH。LiH 中的氢需要更高的温度才能完全脱除。上述过程是在最低加热速率 0.5K/min 时的测试结果上进行分析的。实际上，在不同加热速率下，脱氢反应的过程有区别。加热速率越大，脱氢越不完全。

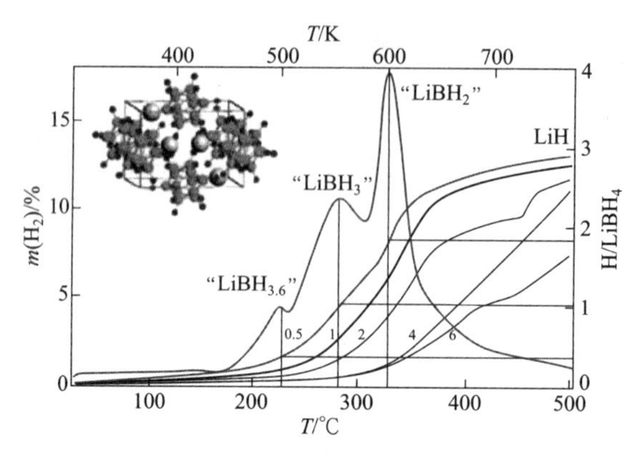

图 4-33　在不同加热速率下（0.5～6K/min）测量的 $LiBH_4$ 的综合热解吸谱

各峰值处标识为推测成分，插图为中间相的结构

图 4-34 显示了 $LiBH_4$ 在升温过程中的相变和各反应阶段的焓变。室温下，$LiBH_4$ 为正交晶体结构，空间群为 Pnma；当升温至 118℃时，转变为六方晶体，空间群为 $P6_3mc$，焓变为 4.18kJ/mol；升温至 280℃时熔化为液体，溶解热为 7.56kJ/mol。继续升温，会发生脱氢反应，前已述及，经过多步脱氢反应后生成氢化锂和固态硼，反应热是 91.68kJ/mol。

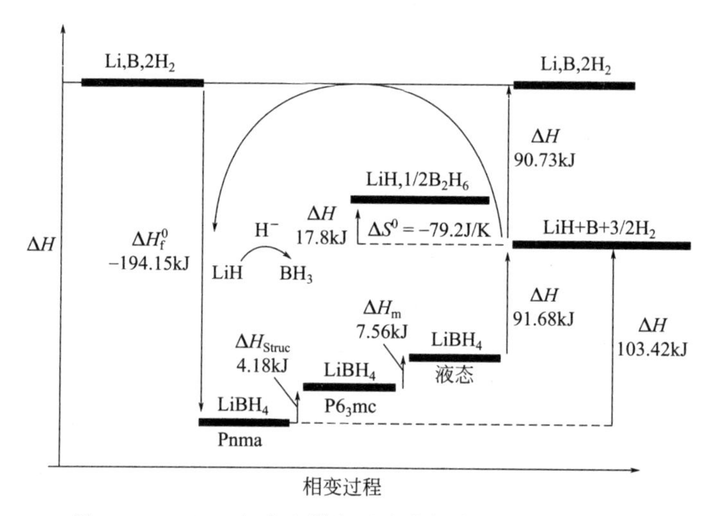

图 4-34　$LiBH_4$ 相变和脱氢反应中间产物的焓变示意图

氢化锂非常稳定，其生成热高达−90.73kJ/mol，要继续分解释放氢，需要超过 1000K 的高温，在工程上并不适用。碱金属四氢硼酸盐通常可以用化学方法合成，比如 $LiBH_4$ 可以用氢化锂和乙硼烷在四氢呋喃溶液里面合成，也可以直接用金属锂、硼和氢气为原料合成。$LiBH_4$ 的脱氢反应也是可逆的，在 690℃和 200bar 的条件下，终产物氢化锂与硼发生氢化反应可以重生 $LiBH_4$，但是时间超过 12h，而且反应可能不完全。

4.5.4 金属铝氢化物的脱氢过程

非过渡金属配位氢化物中，金属铝氢化物也具有类似的特征，脱氢反应均分多步进行。例如 $LiAlH_4$ 从 150℃开始放氢，分三步进行［式（4-9）～式（4-11）］，放氢量依次为

5.3%（质量分数）、2.6%（质量分数）和 2.6%（质量分数），总放氢量为 10.5%（质量分数）。

$$LiAlH_4 \longrightarrow 1/3Li_3AlH_6 + 2/3Al + H_2 \quad (T=150\sim175℃) \tag{4-9}$$

$$Li_3AlH_6 \longrightarrow 3LiH + Al + 3/2H_2 \quad (T=180\sim220℃) \tag{4-10}$$

$$LiH + Al \longrightarrow LiAl + 1/2H_2 \quad (T=400\sim420℃) \tag{4-11}$$

$NaAlH_4$ 则为两步反应［式（4-12）～式（4-13）］，放氢量依次为 3.7%（质量分数）和 1.9%（质量分数），总放氢量为 5.6%（质量分数），通常需要添加催化剂，其吸放氢 PCI 曲线见图 4-35。

$$NaAlH_4 \longrightarrow 1/3Na_3AlH_6 + 2/3Al + H_2 \tag{4-12}$$

$$1/3Na_3AlH_6 + 2/3Al \longrightarrow NaH + Al + 1/2H_2 \tag{4-13}$$

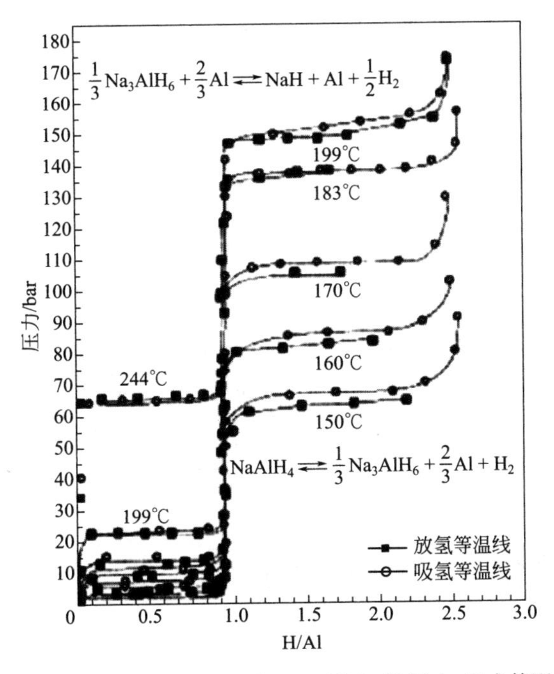

图 4-35　Ti 掺杂 $NaAlH_4$ 和 Na_3AlH_6 的压力-组成等温线

又如同属斜方晶系的 $KAlH_4$ 和 $Mg(AlH_4)_2$，其中 $KAlH_4$ 的放氢过程分为以下三步：

$$3KAlH_4 \longrightarrow K_3AlH_6 + 2Al + 3H_2 \quad (270\sim317℃) \tag{4-14}$$

$$K_3AlH_6 \longrightarrow 3KH + Al + 1.5H_2 \quad (324\sim360℃) \tag{4-15}$$

$$3KH \longrightarrow 3K + 1.5H_2 \quad (418\sim438℃) \tag{4-16}$$

于是，$KAlH_4$ 在完全反应后，其最终产物是 Al、K 和 H_2，总放氢量是 5.7%（质量分数）。$Mg(AlH_4)_2$ 的分解反应过程分两步，其最终产物是 Al_3Mg_2、Al 和 H_2，总放氢量是 9.3%（质量分数）。

$$Mg(AlH_4)_2 \longrightarrow MgH_2 + 2Al + 3H_2 \quad (115℃) \tag{4-17}$$

$$2MgH_2 + 4Al \longrightarrow Al_3Mg_2 + Al + 2H_2 \quad (240℃) \tag{4-18}$$

4.5.5 小结

与过渡金属配位氢化物相似，非过渡金属配位氢化物作为储氢材料的优点是体积储氢密度和质量储氢密度都较高，可以达到美国 DOE 关于轻量车载储氢系统对储能密度的要求。但是配位氢化物的缺点也很明显：①通常在高温下分解放氢，需要额外的能量输入；②脱氢反应是分步进行的，中间产物稳定；③多数配位氢化物的吸放氢可逆性较差，投入到实际应用中有困难。

学者们针对这些问题展开了大量的研究，包括采用催化剂降低反应温度，提高动力学性能，控制材料尺度以控制反应过程等。实际上，$NaAlH_4$ 已被证明具有良好的可逆吸放氢特性，但是实现大规模工程化应用还有一定的距离。

可逆储氢材料既可望用于移动式储氢，也可考虑用于固定式储能，其基本要求总结如表 4-5：

表 4-5　可逆储氢材料的性能及要求

性能	目标
质量储氢密度	移动设备>6.5%（质量分数），对固定设备不做要求
体积储氢密度	移动设备>110kg/m^3，但对固定设备不做要求
吸放氢动力学	脱氢<3h，吸氢<5min
平衡压力	室温下大约 1bar
热效应	尽可能低
安全性	尽可能高，暴露在空气或水中时不会点燃
循环稳定性	循环周次>500 次（移动设备），>10000 次（固定设备）
记忆效应	理想情况下无记忆效应
价格	尽可能低（低于 100 €/kg_{H_2}）

4.6 制氢-储氢一体化技术

制氢-储氢一体化技术也被称为可控化学制氢技术。所谓化学制氢是指一类通过在线不可逆放氢的材料同时实现储氢和制氢功能的方式。化学制氢体系按照材料特性的不同而采取多样化的放氢方式，比如水解、热解、醇解、醚解等。与可逆储氢体系相比，其典型特征为材料体系的放氢产物无法通过在线材料与氢气反应，而必须借助下线集中式化工过程完成材料的再生。用于水解制氢的化学制氢材料主要有 $NaBH_4$、金属镁及其合金、MgH_2 及镁合金氢化物、金属铝等。本节以最典型的硼氢化钠（$NaBH_4$）水解制氢为代表介绍制氢-储氢一体化技术。

4.6.1 硼氢化钠的研发历史

关于 $NaBH_4$ 的研发历史见图 4-36。早在 20 世纪 40 年代 $NaBH_4$ 就作为储氢材料被发现，然而在很长一段时间被人们忽视，直到 21 世纪初，各种储氢技术百花齐放，科学家们又对它产生了新的兴趣，进入了一轮新的研发热潮。

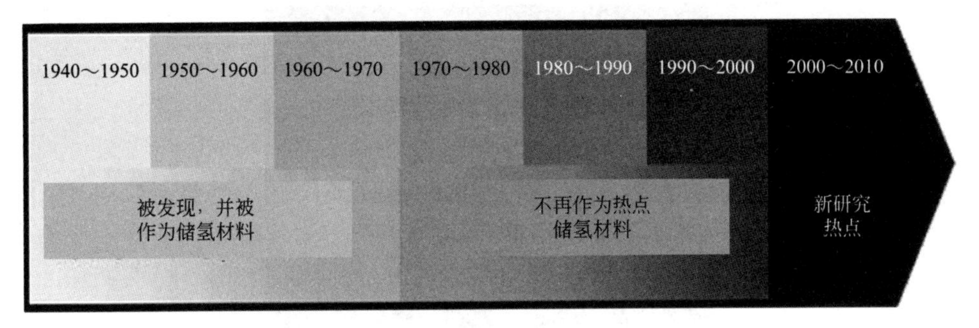

图 4-36　$NaBH_4$ 的研发历史

4.6.2 硼氢化钠的水解制氢原理

硼氢化钠（$NaBH_4$）具有高的储氢容量，水解制氢的产氢量达到 10.9%（质量分数），其反应式如下：

$$NaBH_4 + 2H_2O \longrightarrow 4H_2 + NaBO_2 \tag{4-19}$$

上述反应通常在氢氧化钠（NaOH）溶液中进行。

4.6.3 硼氢化钠水解制氢-储氢一体化装置

$NaBH_4$ 水解制氢系统与氢燃料电池结合，就可以组成氢发电系统（电源）。目前，国内外已经有一些公司开始售卖小批量产品。图 4-37 是用于 PEM 燃料电池的 $NaBH_4$ 制氢-储氢一体化装置的结构示意图。图 4-38 是与 1kW PEM 燃料电池配套的 $NaBH_4$ 制氢-储氢一体化实验装置照片。燃料 $NaBH_4$ 溶液被泵送至放置有催化剂的反应器中，发生式（4-19）的制氢反应，产生的氢气中主要的杂质是水蒸气，通过简单的冷却、干燥及纯化过程，可以直接进入 PEM 燃料电池发电。

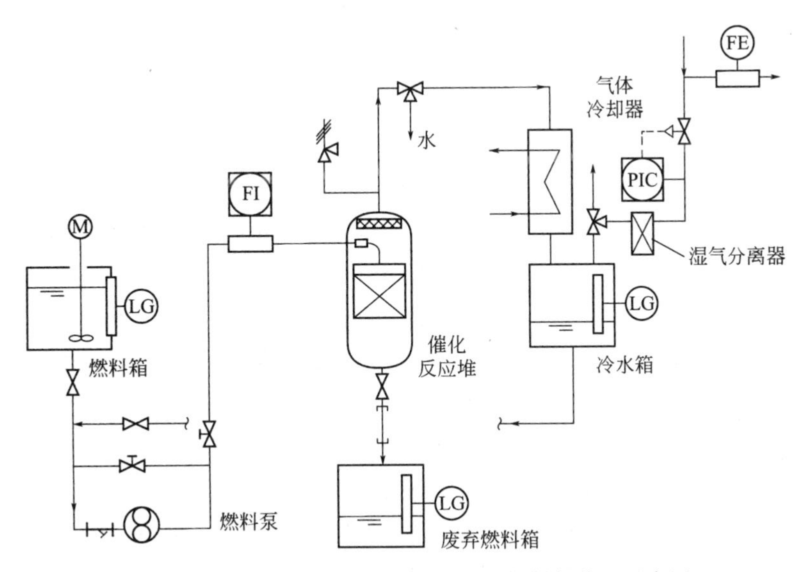

图 4-37　用于 PEMFC 的硼氢化钠水解制氢装置示意图
M—马达；LG—液面高度测量计；FI—燃料入口；FE—氢气出口

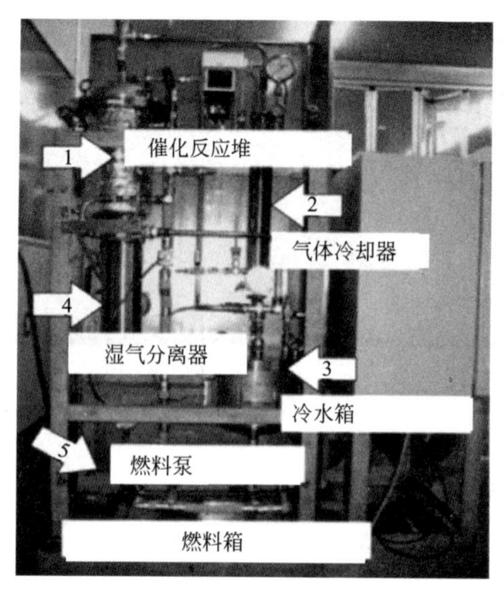

图 4-38 用于 1kW 质子交换膜燃料电池的硼氢化钠水解制氢实验装置

上述制氢-储氢一体化装置的作业条件是：温度在室温到 100℃之间变化，甚至还可以低于 $NaBH_4$ 溶液的冰点（通常低于－20℃）。反应通过燃料与催化剂相接触或者脱离来控制，从而达到可控制氢的目的。常用廉价的雷尼镍或氟化的 Mg_2NiH_4 做催化剂。

4.6.4 $NaBH_4$ 的生产和再生

目前，$NaBH_4$ 的价格还很高，市场价格约 12 万元/t。因此，开发低成本的 $NaBH_4$ 大批量生产工艺是 $NaBH_4$ 作为储氢材料应用的一个关键问题。目前，工业上有两类可用的工艺，一类是常规工艺；另一类是新工艺。常规工艺又有两种，分别是罗门哈斯法［Rohm & Haas process，式（4-20）］和拜耳法［Bayer process，式（4-21）］。

$$4NaH + B(OCH_3)_3 \longrightarrow NaBH_4 + 3NaOCH_3$$

$$\Delta G^0(298K) = -129.5kJ/mol_{NaBH_4} \tag{4-20}$$

$$4Na + 2H_2 + 1/4Na_2B_4O_7 + 7/4SiO_2 \longrightarrow NaBH_4 + 7/4Na_2SiO_3$$

$$\Delta G^0(298K) = -411.3kJ/mol_{NaBH_4} \tag{4-21}$$

这两种工艺的原材料成本较低，但是只有 22%～25%的 Na 用于生产 1mol 的 $NaBH_4$，且分离 $NaBH_4$ 的纯化工艺相当复杂，导致 $NaBH_4$ 的市场价格昂贵，无法大规模应用于储氢市场。

$NaBH_4$ 的生产和再生新工艺也有两种，包括机械-化学法（mechano-chemical process）和动态氢化/脱氢法（dynamic hydriding/dehydriding process）。MgH_2 在机械-化学法中起着重要的作用，被同时用作 H^- 供体和 O^{2-} 受体。将 MgH_2 与偏硼酸钠（$NaBO_2$）在常温常压下用高能球磨机球磨，使机械能转化为化学能，从而制备 $NaBH_4$，见下式：

$$NaBO_2 + 2MgH_2 \longrightarrow NaBH_4 + 2MgO$$

$$\Delta G^0(298K) = -270kJ/mol_{NaBH_4} \tag{4-22}$$

在动态氢化/脱氢法中，利用氢化与脱氢之间的过渡状态，在氢气氛下，热被迅速传到 $NaBO_2$ 和 Mg 的混合物中，产生非常活泼的氢负离子，并与 Mg 结合为过渡态的 Mg·2（H^-），最后生成 $NaBH_4$ 和 MgO，总反应式如下：

$$NaBO_2 + 2H_2 + 2Mg \longrightarrow NaBH_4 + 2MgO$$

$$\Delta G^0(298K) = -342kJ/mol_{NaBH_4} \qquad (4\text{-}23)$$

上述反应起始于 $NaBO_2$ 和 Mg 粒子的外表面，图 4-39 是氢负离子与氧离子（O^{2-}）的界面转变机理。在低温条件下，氢首先在 Mg 的外表面被转化为氢负离子。在较高的温度条件下，氢负离子与 $NaBO_2$ 反应生成 $NaBH_4$，$NaBO_2$ 释放出的 O^{2-} 转移到 Mg 表面形成 MgO。

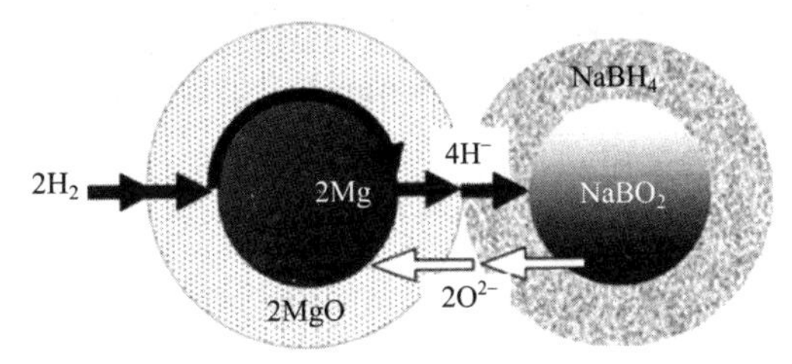

图 4-39 $NaBH_4$ 合成工艺中氢负离子与氧离子的界面反应示意图

Mg 颗粒的氧化从表面向颗粒中心扩展，如图 4-40 所示，Mg 颗粒表面的氧化层 MgO 沿着径向生长。氧化速率在很大程度上取决于 MgO 层的深度、厚度和镁的粒径大小。镁粒径越小，比表面积越大，反应速率和 $NaBH_4$ 的产率越高。

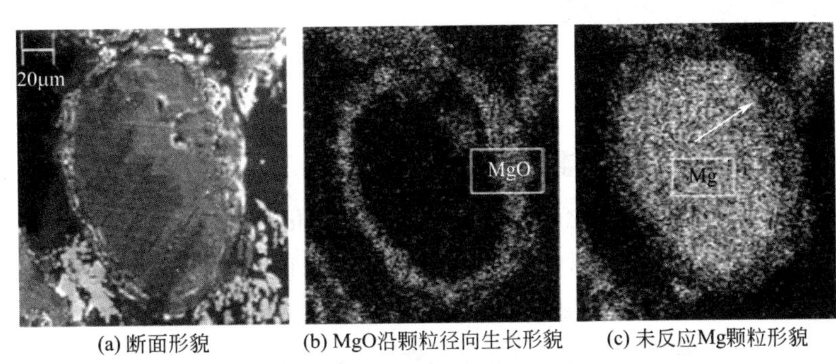

(a) 断面形貌　(b) MgO沿颗粒径向生长形貌　(c) 未反应Mg颗粒形貌

图 4-40 大尺寸近球形 Mg 颗粒截面及 MgO 沿颗粒径向生长的 SEM 图

机械-化学法的转化率，即 $NaBO_2$ 的回收率接近 100%；但是动态加氢/脱氢法最大的转化率只有 70%。当然，通过减小 Mg 颗粒的尺寸，可以大幅提高其转化率。

$NaBH_4$ 是在线不可逆的储氢材料，水解副产物需回收和再生以提高其经济性，理想情况下应再生成 $NaBH_4$。图 4-41 中路线 1 是 $NaBH_4$ 通过水解制氢，产生的副产物 $NaBO_2$ 经

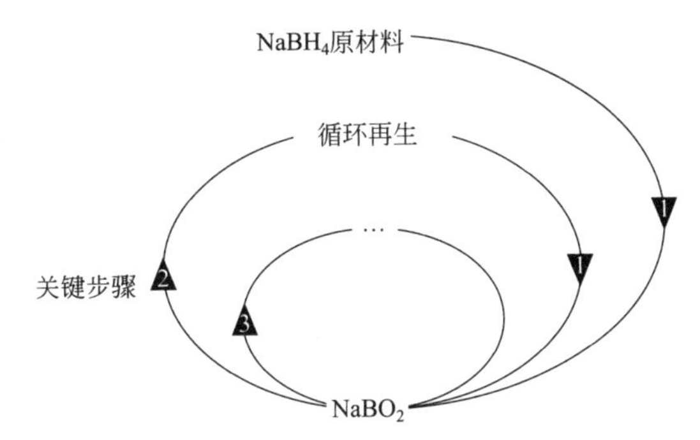

图 4-41 用于储氢/水解制氢的 $NaBH_4$—$NaBO_2$ 循环再生示意图

1—水解制氢（理想状态下转化率 100%）；2—循环再生（目标产率：60%）；3—残余 $NaBO_2$ 及其他副产物的再生

过关键步骤 2 进行循环再生，未再生的 $NaBO_2$ 或其他循环产物经过反应 3 再次循环再生，甚至需要经过更多次循环再生。从应用的角度来看，可循环再生是 $NaBH_4$ 的一个基本适用准则，其循环再生效率的目标设定为 60%。

4.6.5 $NaBH_4$ 水解制氢应用中的几个问题

$NaBH_4$ 虽然具有高的水解制氢量，但是仍然存在一些问题需要重点关注，主要来自 $NaBH_4$ 和 $NaBO_2$ 在碱性溶液中共存的物理化学特性。①$NaBH_4$ 和 $NaBO_2$ 在碱性溶液中的黏度均较高，导致与水的接触受阻，抑制了反应制氢过程；②$NaBH_4$ 的溶解度有限，降低了实际反应物的量；③为了降低黏度和提高溶解度，通常采用过量的水，降低了体系的产氢量；④催化剂的催化效率和寿命问题，以及催化剂形态的优选（如粉体或者块体）以更方便控制反应进行；⑤副产物 $NaBO_2$ 的水合作用会导致管道中晶体的形成，阻碍传质过程；⑥成本问题（目前 $NaBH_4$ 价格高昂）。以上问题是 $NaBH_4$ 水解制氢体系作为氢源实际应用中的主要障碍，部分问题现在已有解决措施，但是离大规模应用仍有技术和经济瓶颈。

4.7 其他储氢技术

4.7.1 金属 N-H 体系储氢材料

在复杂氢化物中，除了硼氢化物和铝氢化物等配位化合物以外，金属 N-H 体系储氢材料也是一类高容量、可逆储氢的材料体系。该体系是中国科学院大连化学物理研究所（简称大连化物所）陈萍团队首次发现的。

氮化锂（Li_3N）加氢反应可以生成亚氨基锂（Li_2NH）：

$$Li_3N + 2H_2 \rightleftharpoons Li_2NH + LiH + H_2 \tag{4-24}$$

亚氨基锂和氢气继续反应，可以生成氨基锂（$LiNH_2$）：

$$Li_2NH + H_2 \rightleftharpoons LiNH_2 + LiH \tag{4-25}$$

以上两个反应均为可逆反应，其连续反应如下式所示：

$$Li_3N + 2H_2 \rightleftharpoons Li_2NH + LiH + H_2 \rightleftharpoons LiNH_2 + 2LiH \tag{4-26}$$

氢通过上述两步反应储存在氨基锂中，储氢量高达 10.4%（质量分数）。亚氨基锂可以直接加氢反应生成氨基锂，储氢量达到了 6.7%（质量分数）。因此，金属 N-H 体系成为一类可选择的可逆储氢材料。

4.7.2 有机液态储氢

氢可以与不饱和的碳氢化合物结合，通常选取具有较高储氢能力的碳氢化合物（例如环乙烷、甲基环己烷、十氢化萘、吲哚、咔唑等）在中等温度下可逆地发生吸放氢反应，从而实现储氢，称为有机液态储氢。以十氢化萘为例，其吸放氢反应如下：

$$\text{十氢化萘} \rightleftharpoons \text{萘} + 5H_2 \tag{4-27}$$

中国地质大学使用一种芳烃物质作为氢的吸附介质，利用不饱和芳香族化合物催化加氢的方法，实现了氢能液态常温常压运输，而且克服了传统高压氢气运输高成本、高风险的弊病。储氢介质熔点可低至－20℃，能在150℃左右实现高效催化加氢；催化脱氢温度低于200℃，脱氢过程产生的氢纯度可高达99.99%，并且不产生CO、NH_3 等杂质气体；储氢材料循环寿命高（＞2000 次）、可逆性强；质量储氢密度大于5.5%，体积储氢密度大于 $50kg/m^3$。所用的催化剂可重复使用。

有机液态储氢技术更适合输氢环节或可再生能源规模储氢储能。

4.7.3 氨和氨基化合物储氢

氨和氨基化合物也可作为储氢介质。由于氮的原子量较低，因此 NH_3 的质量储氢密度较高 [17.8%（质量分数）]。在环境条件下（室温和 1bar）氨是气态，因此必须冷凝以获得更大的体积密度。液氨的体积密度为 $617kg/m^3$，比液态氢的体积密度高约8倍。氨很容易发生分解反应，见下式：

$$2NH_3 \rightleftharpoons N_2 + 3H_2 \tag{4-28}$$

上述反应的热焓 $\Delta H = +91.86kJ/mol$。氨可以采用管道或者车船运输的方式实现规模输运。

金属氨络合物可以实现氨的储存，最终实现储氢。大多数金属氨络合物 $M(NH_3)_nX_m$ 是固体，其中M代表金属阳离子（如 Mg^{2+}、Ca^{2+}、Cr^{3+}、Ni^{2+} 或 Zn^{2+}），X代表阴离子（如 Cl^-）。氨络合物在高温下分解并释放氨。通过将金属氨络合物与氨分解催化剂结合降低分解温度，就可以得到一种用途非常广泛的氢源。科学家已经证明，在中等温度下氨的吸附和解吸动力学是可逆和快速的。解吸氨可直接用作固体氧化物燃料电池的燃料，无需进一步分解成氢。

以 $Mg(NH_3)_6Cl_2$ 络合物为例，其含氢量高达9.2%（质量分数）。图4-42示意了氢气先转化为氨，继而氨气储存在固态 $Mg(NH_3)_6Cl_2$ 中，从而实现储氢的工艺流程图。由于 $Mg(NH_3)_6Cl_2$ 是固体，可以安全运输，在需要时氨再被释放并分解成分子氢和氮，给燃料电池等应用场景供氢。图中可见，两步分解反应所需的总焓变是 H_2 的热值（$242kJ/mol_{H_2}$）的约30%。

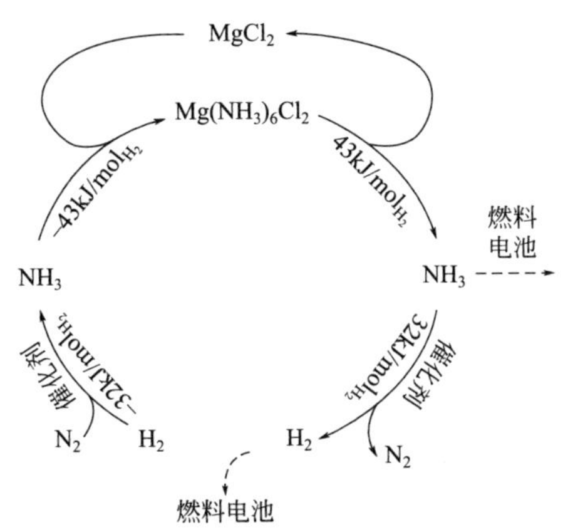

图 4-42 $Mg(NH_3)_6Cl_2$ 中氢-氨互相转化的过程示意图

4.8 材料储氢性能的分析测试技术

表征材料吸放氢能力的性能参数主要有：在一定的压力和温度条件下，材料的吸放氢量、吸放氢速率（动力学特性）和吸放氢平台特性等。典型的分析测试技术有如下四种。

4.8.1 体积法/西韦特法（Sievert's）

体积法的测试设备称为PCT测试仪。PCT测试仪的主要工作原理是利用理想气体状态方程 $PV=nRT$ 来计算氢气的变化量。描绘氢气的变化量和时间的关系，可以得到吸放氢动力学曲线；描绘一定温度下氢气的变化量和压力的关系，可以得到PCT曲线，从而获得平台特性。

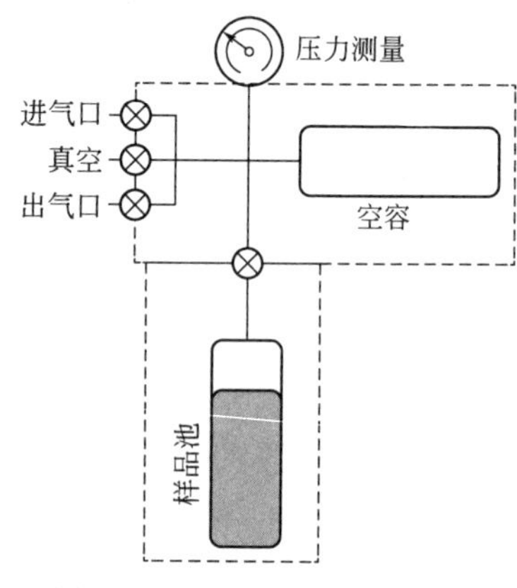

图 4-43　西韦特法的测试原理

西韦特法的优点是装置简单，如图 4-43 所示，主要包括两个已标定体积的容器：一个是装样品的反应器（样品池）；另一个是气体储存器（空容），两个容器都和进出气口以及压力表相连。

体积法的缺点主要有：①由于气体膨胀或者外部环境因素的波动引起温度变化，会导致测试结果的偏离，对于高比表面积的小质量样品，这个问题尤其突出；②这种装置容易出现高压泄漏的问题，会导致测量结果的不准确；③体积法测试的气体吸附是没有选择性的吸附，因此要求氢气的纯度相当高，以免遭受杂质气体的干扰。

4.8.2 热脱附谱法

热脱附谱法（TDS）也是测量材料吸放氢特性的一种方法，其基本测试过程是：样品在受控压力和温度条件下充氢，在真空中通过程序控制升温加热材料，释放出气体，再用质谱分析仪去定性与定量分析释放出的气体组成。

热脱附谱法的优点是可以分析小样本，对于一些很难通过西韦特法准确测定气体吸附量的高比表面积等小质量样品更适用。

4.8.3 热重法

热重分析（TG）是指在程序控制的温度下测量待测样品的质量与温度变化关系的一种热分析技术，用来研究材料的热稳定性，也可用于研究材料吸附氢的量。其基本工作原理是：样品质量变化所引起的天平位移量转化成电量，这个微小的电量经过放大器放大后，送入记录仪记录；而电量的大小正比于样品的质量变化量。当被测物质在加热过程中有升华、汽化、气体分解或失去结晶水时，被测的物质质量就会减小。

热重分析测量方法一般是把样品置于保护气氛下，设定好测试温度范围、加热样品，然后通过微天平检测和记录样品的质量变化。进行热重分析的仪器为热重分析仪，它包括天平、加热炉、程序控温系统、记录系统等几个功能区。整个实验装置的关键部件是真空压力容器中高敏感度的微天平，它非常灵敏，可以捕捉到微量的质量变化。整个真空压力容器置于加热炉中。

热重法分析的优点是可以测试由压力梯度引起的热分子流动引起的二次效应。缺点主要有：①没有选择性，气体脱附量除了氢，还包含了杂质气体；②因为装置设计的原因，只能测量极少量的样品。

4.8.4 电化学法

以上三种方法均属于直接测试法，此外还有一种间接测试吸放氢量的方法，称为电化学法，即样品通过电化学反应来加载和脱附氢。其测试过程如下：①将氢吸附材料与导电粉末（如 Au）混合，制成圆片电极。②将制备好的电极和对电极浸入 KOH 电解质溶液中。充电时水在负极还原产生氢，此时样品吸氢；放电时氢从样品中析出与氧结合，生成水。通过确定恒电流装置中的总转移电荷，可计算出吸放氢的量。

4.9 储氢技术发展趋势

氢经济中，氢气在制氢厂制备、净化或纯化以后，需要采用合适的方法储存、运输至加氢站，然后给燃氢汽车、燃氢舰船等应用场景加注。目前，在普通的交通领域，以高压气态储氢为主流技术；在航天领域，以液态氢为主流技术；在固定式储能、小型用电设备、甚至燃氢车船等领域，人们在探索有效的固态储氢方式。而在输送氢方面，管道输送气态氢或者天然气-氢混合气、车船运输液态氢等技术都有工程化的范例，采用有机液态氢和固态储氢方式输运氢也在研发和示范中。

4.10 本章结语

图 4-44 总结了典型储氢方式和储氢材料的质量储氢密度与体积储氢密度，以及其放氢条件。

金属（合金）储氢具有高的体积储氢密度和安全性，然而质量储氢密度较小，即便如此，由于吸放氢条件相对温和，金属低压固态储氢仍然是目前具有实用价值的储氢技术。

复杂氢化物储氢可以兼具较高的体积储氢密度和质量储氢密度，但由于放氢条件相对苛刻，且可逆性较差，离实用化仍有不小的距离。

物理吸附储氢一般体积储氢密度小，且依赖低温环境；而化学吸附储氢一般在较高温度下释放氢，可逆性较差。

有机液态储氢一般在较高的温度下可逆催化吸放氢，且大多具有少量毒性。

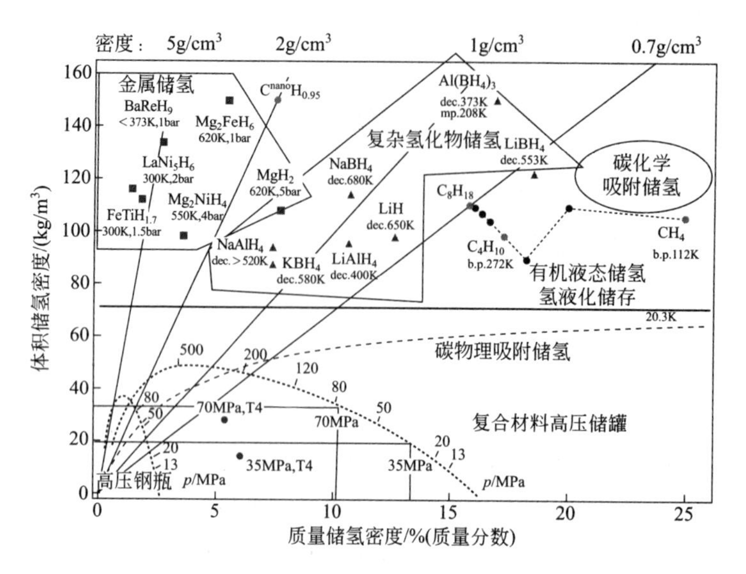

图 4-44 主要的储氢方式及其储氢能力

高压气态储氢的体积储氢密度小，但质量储氢密度较高。

液态氢需要极低温（约 21K），能耗大，且无法避免泄漏，有安全隐患。

此外，可控化学制氢是一类储氢量较高、集制氢和储氢一体化的方法，是在线不可逆吸氢的间接储氢技术。

各类储氢技术有各自的优缺点，分别适合不同的应用领域。一些技术已经相当成熟，另一些需要开发应用市场，其可行性尚需用工程实践来验证。

习题

一、选择题

二、简答题

1. 请选择 3 种可逆储氢方法，简述它们储氢的主要原理是什么？并试着比较一下各自的优缺点。

2. 化学吸附与物理吸附之间有什么区别？

三、讨论题

为什么目前氢燃料电池乘用车和客车都在采用高压储氢？你认为未来的车载储氢采用什么方式更合理，为什么？

参考文献

[1] Zuttel A，Borgschulte A，Schlapbach L. Hydrogen as a future energy carrier [M]. Weinheim：Wiley-VCH Verlag GmbH&CokGaA，2008.

[2] 吴朝玲，李永涛，李媛，等. 氢气储存和输运 [M]. 北京：化学工业出版社，2021.

第5章 氢的典型应用

5.1 氢经济的实现路线

氢经济始于制氢，见图 5-1 所示。氢气生产出来以后，可以选择不同的方式运输，例如管道输氢、高压罐拖车运输、液态氢车辆运输等。每一种输氢方式都有各自更适合的经济模式，其经济性一般需要从运输的距离和输氢量综合测算。

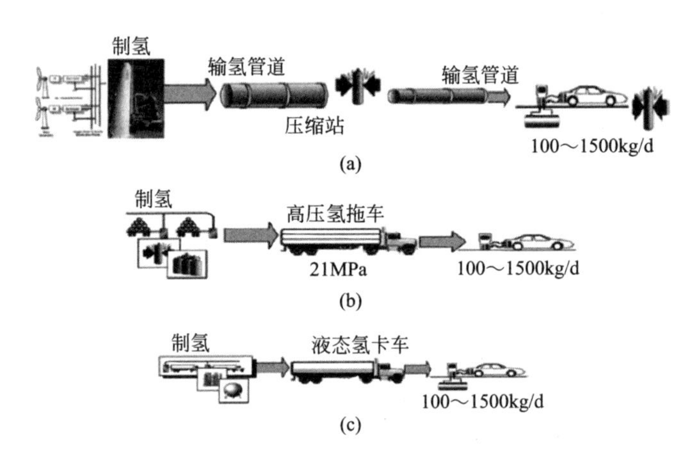

图 5-1 氢经济的实现路线

氢气输送到加氢站后，如需给汽车加氢，由于目前的氢汽车多采用 35MPa 或 70MPa 高压氢罐储氢，因此需要分别加压至约 45MPa 或 85MPa 后存储在缓冲罐里，再通过加注机给氢汽车加氢。加氢站的日加氢量一般设计为 100～1500kg。

无论汽车、舰艇，还是各种其他用途的燃料电池电源，都需要携带储氢罐，其作用与汽车上配备的燃油箱相同。储氢罐可以选择高压气罐、液氢罐、低压固态储氢罐，或者有机液态储氢等方式。储氢罐作为燃料箱，可为燃料电池提供稳定的氢燃料；氢气在燃料电池中通过电化学反应，可以高效地发电。换言之，储氢罐与燃料电池可以组成电源系统，为各种用电器提供稳定的电力。当然，氢燃料亦可提供给氢内燃机发电。

5.2 氢燃料电池车

氢能在燃料电池车中的商业化应用是实现氢经济的一个重要标志，在未来，燃料电池车在纯电动汽车领域将占据非常重要的席位。

燃料电池车辆涵盖范围较广，如图 5-2 所示，包括乘用车（如丰田的 Mirai）、客车（如丰田的 SORA、广东泰罗斯的燃料电池大巴）、各种物流车、重卡，以及燃料电池叉车等特种车辆。

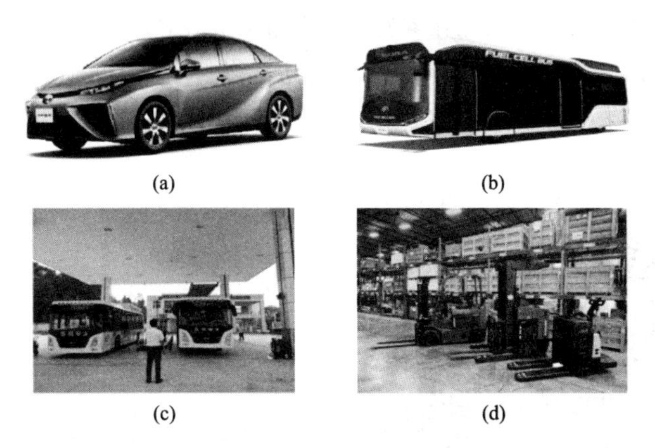

图 5-2 氢汽车示例

（a）日本丰田 Mirai；（b）日本丰田 SORA；（c）中国广东泰罗斯燃料电池大巴；（d）美国普拉格能源公司（Plug Power）燃料电池叉车

与锂离子电池全电动车相比，燃料电池车具有续航里程长和燃料补给时间短这两项突出的优势。一方面，第一代 Mirai 的续航里程比 Tesla Model 3 长约 10%，可达 500km；第二代 Mirai 的续航里程可达 700km。由于氢燃料电池的能量密度可比锂离子电池高 2～3 倍，燃料电池车在长续航能力方面还有巨大的潜力可发掘。一些专家通过测算，认为续航能力超过 500km 是燃料电池车更适合的应用市场，而低于 500km 是锂离子电池车更适合的市场。另一方面，氢燃料电池车和锂离子电池车最大的差异在于燃料的补给时间，例如 Mirai 在 3min 内可完成氢气加注，而锂离子电池车常规充满电的时间需要约 3～8h。尽管 Tesla 推出了独有的快充技术，可在 18min 内完成充电，但快充采用大电流，对电池寿命是非常严峻的考验。

5.3 固定式燃料电池发电

燃料电池不仅将成为重要的电动车优选方案之一，还有望用于固定式燃料电池发电系统。目前，固定式燃料电池发电可广泛应用于移动通信基站、家庭或者楼宇供电系统、野战医院、自然灾害应急电源等多个领域。以移动通信基站为例，柴油发电和铅酸蓄电池是主要的备用电源模式，采用柴油发电机受限于固有的安装条件及环境污染问题，铅酸蓄电池的能量密度过低且也存在污染问题，而燃料电池电源的应用可以解决上述困扰。实际上，燃料电池电源系统具有能量密度高、环境友好、过载能力强、比传统电池寿命长、可靠性高、易维护、运行维护费用低等优势，被认为是移动通信基站备用电源的理想选择之一。图5-3是德国E-Plus与诺基亚-西门子网络公司（NSN）联合开发的移动通信基站用燃料电池发电系统。国内外的众多知名移动通信公司也正在努力地做燃料电池备用电源的各种尝试。

另一个典型的固定式燃料电池电源的示例是固体氧化物燃料电池（SOFC），通常在超过600℃的高温下工作，不仅能够发电，同时可以实现制冷、制热、为家庭提供热水，其综合能量利用率可以超过80%，因此在家庭用发电市场被看好。其中，制冷功能是利用SOFC废热，由溴冷机辅助完成。图5-4所示为日本固定式燃料电池示范研究项目（Ene-Farm）支持的700W级家用SOFC热电联供系统（CHP）。这个项目被认为是世界上最为成功的燃料电池商业化项目。

图5-3 德国E-Plus联手NSN开发的移动通信基站燃料电池发电系统

图5-4 日本Ene-Farm项目部署的700W级家用SOFC热电联供系统

5.4 移动式燃料电池发电

移动式燃料电池电源是燃料电池正在拓展的一个非常广阔的应用市场。与目前市面上流行的锂离子电池充电宝相比，燃料电池充电宝能量密度更大、待机时间更长、安全性更高，可随身携带进入机舱。

5.4.1 基于水解制氢的移动式燃料电池电源

这是一类在线化学制氢与燃料电池组合成的电源，以水解制氢为代表。例如瑞典 myFC 公司推出的 PowerTrekk（图 5-5），也是目前出货量最多的微型燃料电池充电器产品。PowerTrekk 燃料电池充电宝分为制氢、发电和储电 3 个功能区。它使用固体的硅化钠（NaSi）作为燃料，该物质本身不含氢元素，一旦与水接触即可发生水解反应释放氢气。制得的氢气进入 PEM 燃料电池中发电。此外，还配置了一个 1500mA·h 的锂离子电池储电。PowerTrekk 外观小巧、重量轻、操作简单、便携性较好。

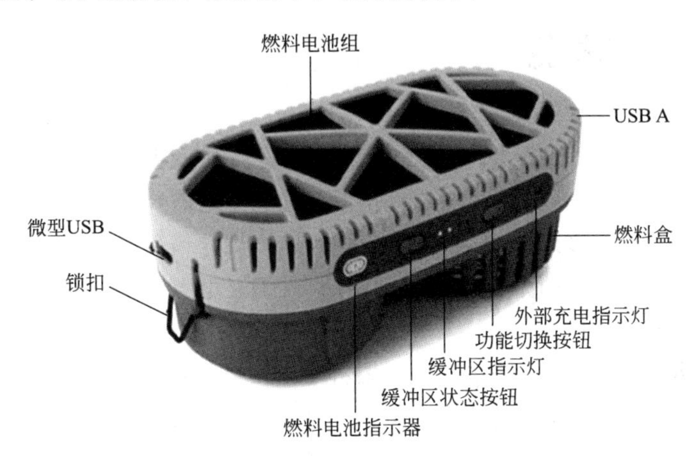

图 5-5　2012 年瑞典 myFC 公司推出的 PowerTrekk 充电宝

2015 年，该公司推出纯燃料电池模块 JAQ 产品，燃料盒可提供 2400mA·h 的电量，可将 1 部智能手机充满电，见图 5-6 所示。产品体积比 PowerTrekk 更小、便携性更好。

国内的同类技术也逐渐走向市场，如 2012 年江苏中靖新能源科技有限公司推出了 JS-8W 便携式氢能发电机，采用高效的复合制氢剂（主要含铝粉、NaOH 和催化剂）与水反应制氢，再通过燃料电池供电。

需要注意的是，这类基于水解制氢的燃料电池电源中，燃料与水反应虽然可以产生大量的氢气，但是水解反应本身是不可逆的，反应产物需要丢弃或者专门回收处理，大量使用后可能引起新的问题。

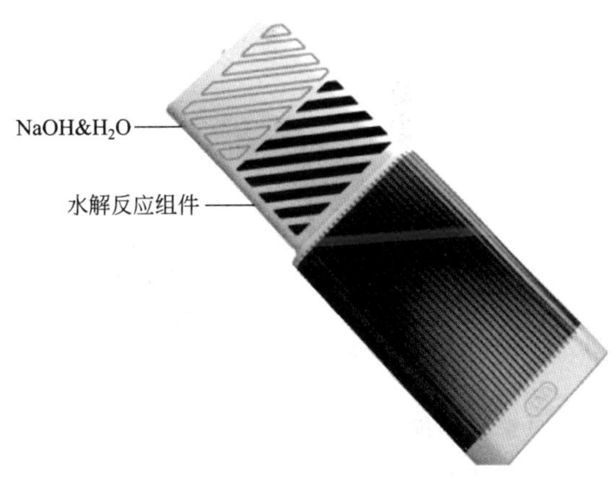

图 5-6　JAQ 燃料电池充电宝

5.4.2 基于可逆气固储氢的燃料电池充电宝

另一类移动式燃料电池充电宝基于可逆低压气固储氢。例如，2013 年英国 Intelligent Energy 公司推出了一款小体积、低价格的“Upp”燃料电池充电宝（图 5-7）。Upp 采用具有可逆吸放氢性能的储氢合金 $LaNi_5$ 作为储氢介质，每个燃料盒充满氢气后可产生 25000mA·h 的电量，可以为智能手机提供一周的电力。这款产品的优点是燃料棒可以反复使用，氢用完后燃料棒的更换费用仅 9 美元。但由于缺少配套销售家用的加氢机，消费者需要去该公司特约的商店更换燃料棒，使用便利性还有所欠缺。

图 5-7 英国 Intelligent Energy 公司推出的 Upp 移动电源

5.5 电解水储能

可再生能源，例如太阳能、风能、水能等，都会遇到电力输出波动大，造成大量弃电的问题。例如太阳能，光线强的时间段和用电高峰期不一定能完全重合，当产生的电能超出需求量时，多余的电能就成为弃电，难以储存和利用。如果用这部分弃电来电解水制氢，然后用一种合适的方法把氢储存起来，在需要电力时用氢高效发电，即可调节电力平衡，提高能源利用效率。

以太阳能发电结合电解水制氢、储氢、燃料电池发电的不间断供电系统为例（图 5-8），当光照充沛时，产生的一部分电力直接为负载供电，同时富余的电可用于电解水制氢，并用金属氢化物储存起来。夜间或者阴雨天气缺少阳光时，则启动燃料电池发电。金属氢化物储氢用于储能，比锂离子电池有更高的储能效率和安全性，且不存在像锂离子电池过放等类似的问题。因此，电解水储能被认为将在能源储存体系中带来一场互补式革新。

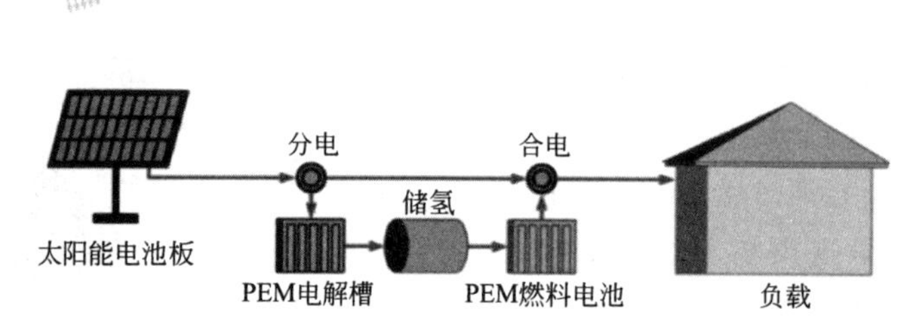

图 5-8 光伏发电结合电解水制氢—储氢—燃料电池发电的不间断供电系统

电解水储能的两个典型实际应用案例是日本制钢所（JSW）的大规模储氢示范工程（图 5-9）和德国 McPhy Energy 公司的英格丽平台（Ingrid platform，图 5-10）。2014 年日本制钢所 JSW 展示了一套屋顶太阳能发电—电解水制氢—大规模储氢的示范工程，其采用金属氢化物储氢，以实现中长期电力供需平衡，可储存 100kg 氢；2016 年该公司还开发了基于太阳能发电的金属氢化物储氢系统。德国 McPhy Energy 公司在意大利普利亚区（Puglia）的特罗亚（Troia）安装了一套为建筑物提供能源的低压金属氢化物储氢系统，称为英格丽平台（Ingrid platform），总储氢量达 750kg。通过现场电解水制氢给储氢系统充满氢后，储氢系统可运输至用氢终端。该系统在 2016 年底开始正式服役，是较早的固态储氢技术展示平台。

图 5-9　日本制钢所（JSW）开发的大规模储氢示范工程

图 5-10　德国 McPhy Energy 公司开发的英格丽平台（Ingrid platform）

2022 年，四川大学联合多家企业共同完成了云南电网对外招标项目，在我国首次实现了固态氢能发电并网。该项目采用可再生能源发电后电解水制氢，提供给能储存 90kg 氢气的固定式固态储氢系统，供燃料电池发电并网或给燃料电池车加注氢，同时开发了一台储存 75kg 氢的固态储氢系统给燃料电池应急发电车提供氢源。

5.6 氢内燃机汽车

燃油车内燃机技术发展已经高度成熟，但带来的能源枯竭、环境污染和碳排放等问题日益突出；而目前燃料电池技术成熟度不够高，燃料电池汽车价格还不能被大众普遍接受。在此特殊阶段，氢内燃机被认为是实现氢经济进程中，在燃料电池技术完全成熟前的一种很好的过渡技术。国内外诸多知名汽车企业，如宝马、福特、马自达、长安等均已研制出氢内燃机，并能长时间稳定运行。宝马汽车公司（BMW）是氢内燃机车研发的一个典型代表，该公司自 1978 年开始开发以氢气为燃料的内燃机及氢汽车。2004 年 9 月，宝马公司以 6.0L V12 燃油内燃机为基础开发出一款被命名为 H2R 的氢内燃机汽车（图 5-11），并创造了 9 项世界纪录。2006 年，该公司推出了宝马 Hydrogen 7 双燃料轿车（图 5-12），其中燃氢模式提供的续航里程为 200km，燃油模式提供的续航里程为 500km。

图 5-11　H2R 氢内燃机汽车

图 5-12　宝马 Hydrogen 7

值得一提的是，2007年10个欧洲合作伙伴（包括宝马集团领头的汽车生产商、供应商及2所高校）历时3年成功完成了氢内燃机项目（HyICE）。该项目第一次利用氢气的各种独有特性实现了对氢内燃机的优化，氢燃料发动机的功率达到100kW/L，性能足以媲美传统发动机。

5.7 氢燃料电池船舶

在船舶上采用燃料电池系统，既可以作为船舶的推进动力，同时又可以实现船舶上的各种用电要求，还可以根据船型选择合适的燃料电池类型和燃料种类。例如，潜艇在高速航行时以柴电系统作为潜艇的动力源，低速航行时以FC（燃料电池）/AIP系统（即燃料电池电站）作为动力源。其中，AIP（air independent propulsion）是不依赖空气的动力推进系统。目前，德国、俄罗斯、美国等国家已将燃料电池成功应用于潜艇AIP系统，其中德国燃料电池潜艇的研制在世界上一直处于领先地位，其212A型和214A型潜艇（图5-13）代表着FC/AIP系统的同期领先水平。需要特别指出的是，由于低压固态储氢具有高体积储氢密度和高安全性，在上述两个型号的潜艇中采用了金属氢化物储氢技术。

图5-13　德国212A型FC/AIP首舰

5.8 镍氢电池及混合动力车

镍氢电池是氢能被成功应用的早期典型代表。虽然镍氢电池的能量密度比锂离子电池低约1/3，但是镍氢电池具有高安全性、宽温区（－50℃～70℃），以及大电流放电特性等，使它的应用在一些特殊的领域无可取代。它可以应用于电动工具、车辆、航空航天器等领域。

镍氢电池系统是太空任务的首选，到目前为止，镍氢电池的使用年限已经远远超过了任何一种曾服役的电池系统。镍氢电池的高稳定性能在车辆中也得到了证实。截止到2020年3月，丰田混合动力汽车全球销量突破1500万台，其中普锐斯（Prius）是个中翘楚，至2022年9月，全球销量突破500万台。这是一款汽油和镍氢电池相结合的混合动力车（图5-14），其节油和稳定的性能给这款车带来了巨大的销量。镍氢电池在国内也成功地应用到了电动车上，例如成都某企业生产的镍氢电池系统在当地16路电动公交车上试运行了超过3年，没有出现过一次安全事故。该企业与四川大学合作开发的镍氢电池甚至可以在低于－50℃的超低温环境下正常工作，其低温性能达到国际领先水平。

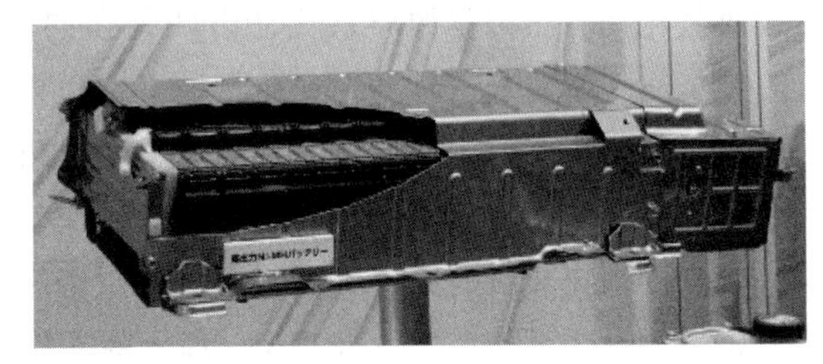

图5-14　日本丰田混合动力车Prius和镍氢电池模块

5.9 几种与氢相关的功能器件

5.9.1 调光镜

调光镜是一种利用金属氢化物的可变光学性质制作的器件。调光镜可通过温度和压力条件的变化来切换镜像器件的外观（图5-15）。它有两种外观状态，一种是镜像状态；另一种是透明状态。到目前为止，已经发现了三代氢基调光镜：稀土调光镜、彩色中性镁稀土（Mg-RE）调光镜和镁-过渡金属（Mg-TM）调光镜。以 Mg_2Ni 调光镜为例，当调光镜是金

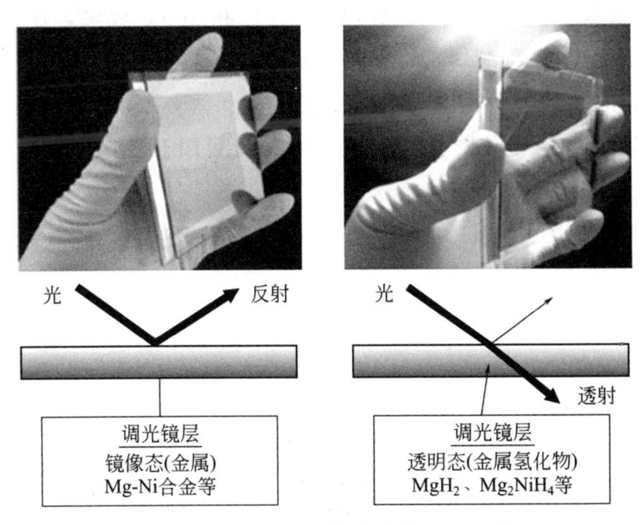

图5-15　可切换镜像设备外观的变化

（左：镜像状态；右：透明状态）

属状态时，该器件表现出金属光学特性，会使光线直接反射；当它变成氢化物状态时，表现出透明外观，可以使光线穿透器件。当 Mg_2Ni 合金吸收不同含量的氢时，其透明度是变化的。根据这一特性，可以把 Mg_2Ni 制成氢探测器、氢报警器等器件。

5.9.2 金属氢化物热泵

金属氢化物热泵是指通过在两种平台压力不同的储氢合金之间交替吸氢和放氢，利用其热效应使周围介质加热或冷却的装置。金属氢化物热泵的工作介质是氢气，其能量转换物质是金属氢化物。热力学循环系统是由两种在同一温度下具有不同分解压力的金属氢化物构成的，工作介质氢气由这两种氢化物的平衡压差来驱动。

金属氢化物热泵的工作原理就是通过氢气与储氢材料之间的可逆化学反应，利用金属吸氢放热和金属氢化物放氢吸热的特点，通过交替加热和冷却，实现周围物质加热或制冷的目的。金属氢化物热泵的原理可以用来生产空调和供热系统等。

金属氢化物热泵是美国学者 Terry 提出的，它具有如下优点：

①可利用废热、太阳能等低品位的热源驱动热泵工作，是唯一仅由热驱动，而无运动部件的热泵；②可达到夏季制冷、冬季采暖的双效作用；③系统工作时只有气-固相反应，无腐蚀；④由于无运动部件，因此无磨损，且无噪声；⑤系统工作温度范围大；⑥不存在氟利昂对大气臭氧层的破坏作用。上述优点促进了作为热泵材料的金属氢化物的快速发展。

5.9.3 金属氢化物传感器

前已述及，金属氢化物的 PCT 平台压力随温度升高而升高。将小型储氢器上的压力表盘改为温度指示盘，经校正后可制成温度指示器。这种氢化物传感器体积小、不怕振动，且准确，可应用于飞机、火警报警器、园艺用棚内温度测定及自动开关窗户等。

5.9.4 金属氢化物控制器

利用储氢合金吸放氢时的压力效应（即吸氢后在 100℃ 放氢，压力可以升高到 6～13MPa）可以制成金属氢化物控制器，相当于一个无传动部件的氢压缩机。利用该原理可以把金属氢化物用于制作机器人动力系统的激发器、控制器和动力源。其特点是没有旋转式传动部件，因此机器人反应灵敏、便于控制、反弹和振动小，还可用于控制温度的各种开关装置。

习题

一、选择题

二、简答题

1. 请简述金属氢化物调光镜的工作原理。

2. 请简述金属氢化物控制器的工作原理及其性能特征。

三、讨论题

通过课程的学习，我们了解了氢能在燃料电池车中的商业化应用，如果你有足够的购买能力，当你面临购买 Mirai 和 Tesla 这两款车的选择时，你会优选哪一款？为什么？

参考文献

[1] 吴朝玲，李永涛，李媛，等. 氢气储存和输运 [M]. 北京：化学工业出版社，2021.

[2] 雷永泉，万群，石永康. 新能源材料 [M]. 天津：天津大学出版社，2000.

第6章

燃料电池概述

随着人类社会的进步和人们生活水平的提高，逐渐枯竭的化石能源（煤、石油和天然气）将难以满足人们日益增长的能源需求。以太阳能为代表的新能源将成为未来人们赖以生存的能量来源。在2021年全国两会期间，“碳达峰”和“碳中和”首次被写入政府工作报告，把生态文明建设推向了前所未有的新高度，表明了国家向绿色发展转型的决心，“碳中和”和“碳达峰”必将成为“十四五”期间我国经济发展的战略目标和重要任务，新能源产业中清洁能源（如氢能）的发展将迎来全新的机遇和挑战。通过光伏、风电、核电等新能源发电技术获得电能，再电解水将电能转化为氢能，这是当前和未来获取氢能的重要绿色途径之一。可以预见，氢能技术应该并将在全球经济向低碳经济全面转型中发挥重要作用。

在氢能技术中，制氢技术和储氢技术是实现燃料电池商业化应用的前提和保障。燃料电池是一种高效利用氢能的新能源技术。氢作为新的绿色能量载体，可以与空气中的氧通过燃料电池技术转化为各种用途的电能，如航空航天动力、潜艇动力、车用动力、家用电力等。

6.1 燃料电池的诞生

燃料电池（fuel cell，FC）是一种能够将氢能转化为电能的“能量转化器”。“能量转化器”的原理最先是由德国化学家尚班（Christian Friedrich Schönbein）于1838年提出，并发表在著名的《科学》期刊上。基于尚班的理论，1839年，英国科学家威廉·格罗夫（William Grove）爵士（图6-1）发表了世界上第一篇关于燃料电池的研究报告，他在水电解研究中首次发现了燃料气体直接电化学发电的现象，并将含有氢气和氧气的试管通过铂条连接在一起，组装了世界上第一个简易的氢氧燃料电池（图6-2），这标志着燃料电池的正式诞生。因此，格罗夫爵士也被称为“燃料电池之父”。1889年，蒙德（Ludwig Mond）和朗格尔（Charles Langer）在格罗夫的研究基础上创造了专业术语——“燃料电池”。

图6-1 威廉·格罗夫爵士（Sir William Grove，1811—1896）

他们以铂黑为电催化剂，采用浸有电解质的多孔非传导材料为隔膜，再用钻孔的铂或金片为集流器组装了一个实用的燃料电池，向其中输入氢气燃料和氧气氧化剂，发现当电流密度为 3.5mA/cm^2 时，电池输出的工作电压为 0.73V。这种巧妙的电池结构与目前商业化燃料电池非常接近，为现代燃料电池的研究和应用奠定了基础。同年，内燃机问世，内燃机的发明使人们对燃料电池的研究兴趣推迟了 60 多年。直到 1959 年，培根（Francis Thomas Bacon）成功研制了第一台实用化的氢氧燃料电池，使人们再次关注燃料电池。培根型燃料电池是一种碱性电池，以氢气和氧气分别为燃料和氧化剂、双层多孔镍为电极、铂为催化剂、氢氧化钾为电解质，工作温度为 200℃以上的中温燃料电池。这种电池能量利用率较高，但自耗电大，启动和停机时间较长。1960 年，美国航空航天局（NASA）引进了培根的燃料电池技术并将其改进后应用于阿波罗登月飞船的主电源。自此之后，燃料电池技术开始引起各国重视并步入快速发展阶段。因为培根对燃料电池走向实用化的巨大贡献，他发明的碱性氢氧燃料电池又被命名为“培根型燃料电池”，他也是第一个获得“威廉·格罗夫爵士”奖的科学家（1991 年）。

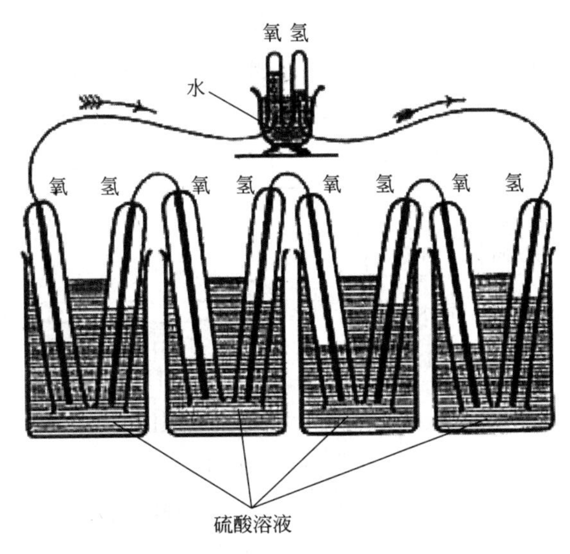

图 6-2 威廉·格罗夫爵士发明的早期燃料电池

> 电流密度：流过每单位面积器件的电流量，其典型单位是 mA/cm^2、A/m^2。
> 工作电压：电气器件能够正常工作的电压值，其典型单位是 mV、V。

> 为了纪念燃料电池发明人格罗夫爵士，国际氢能协会（在全球范围内不断推动氢能源领域学术研究及技术进步的国际性组织，简称 IAHE）以他的名字设立了“威廉·格罗夫爵士”奖（Sir William Grove Award），该奖项专门授予在电化学领域（包括燃料电池，电解装置及其他与氢利用相关的电化学方法等）对氢能研究和利用做出突出贡献的组织和个人。近年来，我国在燃料电池研究及应用方面取得了突破性进展，先后有科技部部长万钢、中车四方股份公司荣获该奖。

美国、日本、加拿大、欧洲及澳大利亚在燃料电池的研究及应用领域处于世界前列。我国从 20 世纪 50 年代也开启了燃料电池的研究。70 年代，我国的燃料电池研究达到高潮，但后来一度中断。90 年代以来，在国际能源需求告急以及国内环境恶化的情况下，我国的燃料电池研究再度成为热门领域。

燃料电池发展迄今已有 180 余年，在世界各国研究人员的不懈努力下，燃料电池逐步从实验室走向实用化，并逐渐成为能量转化领域备受关注的热门器件之一。

6.2 燃料电池的结构组成

6.2.1 燃料电池系统的部件及功能

燃料电池是一种在等温条件下直接将储存在燃料和氧化剂中的化学能高效转化为电能的动力系统，实质也是一种发电装置。真实的燃料电池系统构成复杂（图 6-3），包含两个部分：①主体，即燃料电池电堆，包括催化剂、电解质、扩散层、双极板、密封件和紧固件等部件，是燃料电池系统的核心组件。②辅助设施，包含 a. 燃料供给系统，包括高压气瓶、气体过滤器、空压机、气体循环泵和阀件等部件，为电堆提供

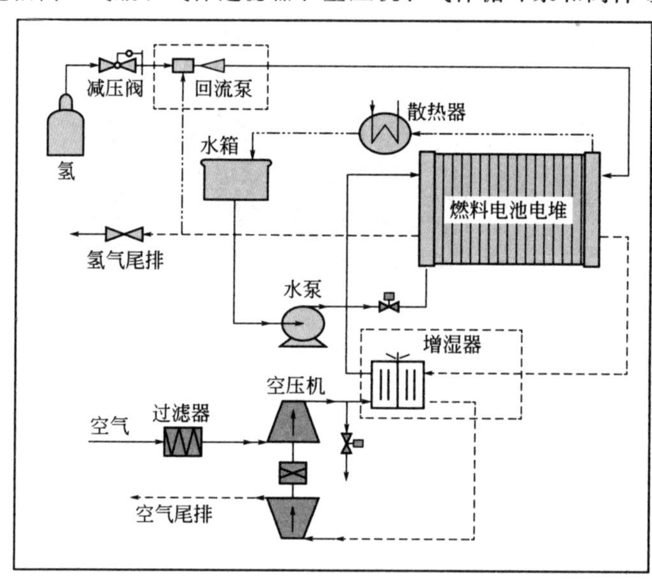

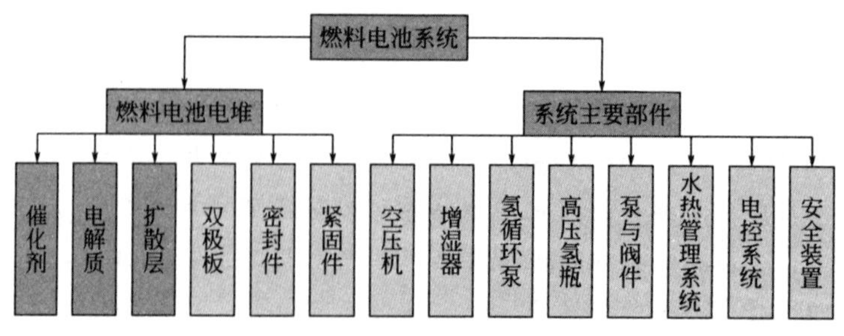

图 6-3 燃料电池系统构成

可使用的燃料；b. 水热管理系统，包括水箱、增湿器、散热器、泵和阀件等部件，用于监控管理发电过程中的水和热；c. 电控系统，包括电控单元、网络通信、故障诊断等软硬件，用于电池系统的性能监控；d. 安全装置，包括高压气体储存和泄漏监控等，用于电池系统的安保等。

6.2.2 单电池—电堆—电池系统

如图 6-4（a）所示，单电池是构成电堆的基本单元，燃料气体和氧化剂气体以气流的形式分别进入到单电池的流道结构中，在催化剂和电解质等作用下，分别在阳极和阴极发生电化学氧化还原反应将化学能转化为电能。单电池主要用于研究和测试燃料电池关键材料和部件（如催化剂、电解质、双极板等）性能，为燃料电池电堆的设计和构造提供实验数据支撑。图 6-4（b）显示了燃料电池单电池、电堆和电池系统之间的关系：单电池构成了电堆，电堆加上辅助系统又构成了燃料电池系统。单电池常被科研院所用于电池材料和部件性能的基础研究，而电堆则是企业工厂重点开发的核心器件。单电池的电压很低，额定工作条件下，一节单电池工作电压仅为 0.7V 左右，实际应用时，通常为了满足一定的功率及电压要求，电堆通常由数百节单电池串联而成，而反应气、产物水等流体通常是并联或按特殊设计的方式（如串并联）流过每节单电池。因此，电堆中每个单电池的均一性显得尤为重要，单电池的均一性是制约电堆性能的重要因素。电堆的性能与材料的均一性、部件制造过程的均一性有关，特别是流体分配的均一性，不仅与材料、部件、结构有关，还与电堆组装过程、操作过程密切相关。常见的均一性问题包括由操作过程生成水累积引起的不均一、电堆边缘效应引起的不均一等。电堆中一节或少数几节电池的不均一会导

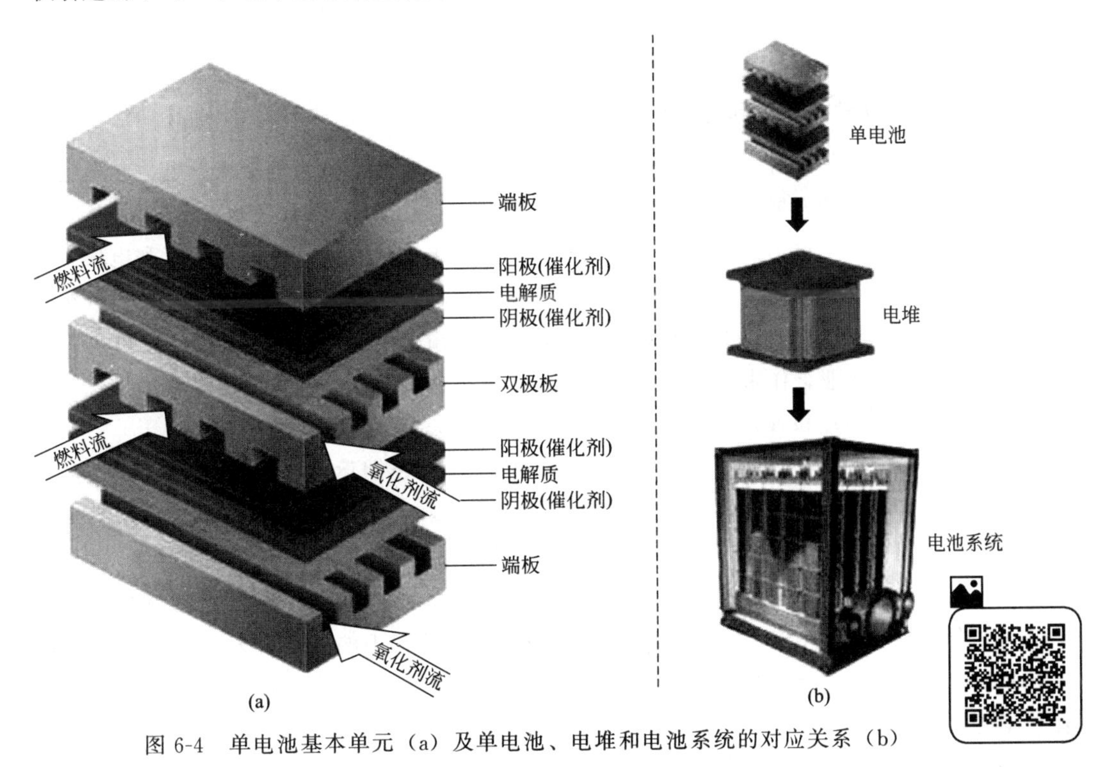

图 6-4 单电池基本单元（a）及单电池、电堆和电池系统的对应关系（b）

致局部单节电压过低，限制了电流的加载幅度，从而影响电堆性能。电堆设计过程的几何尺寸会影响电堆流体的阻力降，而流体阻力降会影响电堆对制造误差的敏感度。因此，燃料电池是一个系统工程，电池系统的性能与单电池和电堆性能密切相关，单电池和电堆的均一性控制及其与电池系统的集成优化是科研人员和工程技术人员共同面临的技术难题。

如图 6-5 所示，德国太阳能氢研究中心能量储存与转化研究所（ZSW）采用机器人自动堆叠燃料电池电堆，可以很大程度上避免人为组装导致的均一性问题。自动化堆叠组装技术是未来燃料电池产业发展的必然方向。

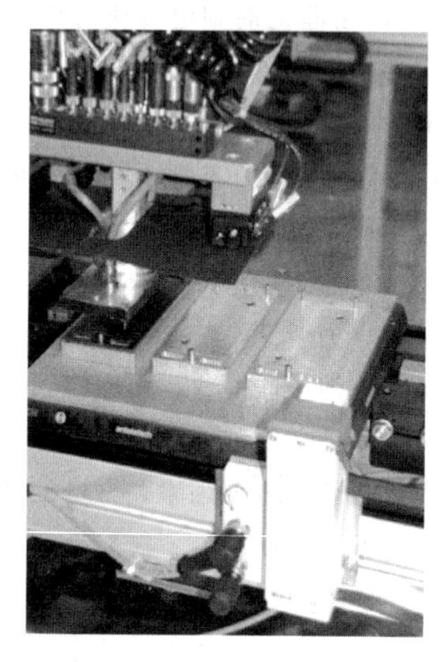

图 6-5　德国 ZSW 机构采用机器人自动堆叠燃料电池电堆

6.2.3 国内外电堆技术发展现状

电堆是燃料电池的核心，由单电池构成，又可以组成电池系统，是连接单电池和电池系统的桥梁。经过多年的发展，国内外燃料电池电堆技术日趋成熟。

以车用燃料电池电堆为例，日韩车企大多自主研发电堆，欧美车企则倾向于和电堆企业合作。目前来看，日韩和欧美的整车厂采用了不同的电堆策略。如表 6-1 所示，日韩汽车厂商由于自行开发电堆，电堆技术并不对外开放，例如丰田、本田、现代等。而很多欧美汽车厂商则通过与电堆企业合作来开发车用电堆，电堆技术相对开放，例如奥迪（采用加拿大巴拉德定制开发的电堆）和奔驰（采用奔驰与福田的合资公司 AFCC 的电堆）。

加拿大 Ballard 和 Hydrogenics 公司的电堆产品已经过长期运营验证，是目前国外可以单独供应车用燃料电池电堆的知名企业。欧洲和美国正在运营的燃料电池公交车绝大多数采用这两家公司的石墨板电堆产品，已经经过了数千万公里、数百万小时的实车运营考验，这两家加拿大电堆企业都已经具备了一定产能，Ballard 还与广东国鸿氢能科技有限公司设立了合资企业生产 9SSL 电堆。此外，还有一些规模较小的电堆开发企业，例如英国的 Erlingklinger 公司、荷兰的 Nedstack 公司等，他们的电堆仅在个别项目中有过应用，目前产能还比较有限。

表 6-1 电堆的国内外部分研发机构及电堆性能

区域	生产厂家	额定功率/kW	体积比功率/(kW/L)	低温启动温度/℃	低温存储温度/℃
国外	Ballard	30/60	1.5	—	—
	Hydrogenics	30	0.8	—	—
	AFCC	30	—	−30	−40
	丰田	114	3.1	−30	−40
	本田	103	3.1	−30	−40
	现代	100	3.1	−30	−40
国内	上海神力	40/80（石墨双极板）	2	−20	−40
	大连新源动力	30～40（复合双极板）	1.5	−10	−40
		70～80（金属双极板）	2.4	−20	−40
	弗尔赛能源	16/36	—	−10	—
	北京氢璞创能	20～50	—	−10	−40
	武汉众宇	0.25～1.2/36	—	—	—
	上海攀业	0.05～1.8	—	−5	—
	安徽明天氢能	20～100	—	−20	—
	广东国鸿	30～60	1.52	−20	−25

目前国内燃料电池电堆正在逐渐起步，电堆及产业链企业数量逐渐增长，产能量级快速提升。如表 6-2 所示，目前国内电堆厂商主要有两类：①自主研发，以大连新源动力股份有限公司（简称新源动力）和上海神力科技有限公司（简称上海神力）为代表；②引进国外成熟电堆技术，以广东国鸿氢能科技有限公司（简称广东国鸿）为代表。新源动力涵盖了燃料电池质子交换膜等各个环节，技术水平国内领先。新源动力在国内率先实现了燃料电池实验室科研成果向现实生产力的转化。燃料电池中试基地，生产、测试装备齐全，已实现燃料电池关键材料及关键部件、电堆组装的小批量生产，正处于从小批量到产业化转化的关键阶段。新源动力江苏子公司建成可年产 5500kW 燃料电堆用关键部件的批量生产线，成为我国第一个燃料电池材料及部件的产业化生产基地。上海子公司将成为新源动力的系统集成、总成生产与技术服务中心。第十五届东京燃料电池展览会上，中国燃料电池厂商新源动力全球首次发布最新一代燃料电池电堆模块 HYMOD®-70 型。新源动力研发的第三代金属双极板质子交换膜燃料电池新产品，单堆功率 85kW，电堆体积比功率突破 3.3kW/L，具备良好的低温适应性，可在−30℃启动、−40℃存储，适用于乘用车和商用车。上海神力已拥有完全自主知识产权的燃料电池技术，他们自主开发的 C290-30 型燃料电池模块通过国家强制检测认证，达到国内领先水平。广东国鸿在国内最早介入燃料电池新能源汽车的开发。2017 年，他们在广东云浮市建成投产了全球最大的商用燃料电池 9SSL 型电堆生产线，这种电堆单个功率为 15kW，采用石墨柔性双极板。他们还成功调试出全球首条燃料电池电堆全自动生产线。截至目前，他们已成为国内燃料电池领域的龙头企业，其主要产品有 9SSL 型燃料电池

电堆和 HD85、MD30、MP30 型车用燃料电池模块，主要面向国内市场。另外有一些新兴的燃料电池电堆企业，例如弗尔塞、北京氢璞、武汉众宇等，也开发出燃料电池电堆样机和生产线，正处于验证阶段。

表 6-2　国内车用电堆主要生产厂家及特点

主要厂家	新源动力	上海神力	广东国鸿
技术模式	自主研发	自主研发	引进国外
电堆型号	HYMOD®-300 型车用燃料电池	SL-C 型系列	巴拉德 9SSL 型
耐久性	5000h	10000h	超过 20000h
低温性能	-10℃低温启动，-40℃储存	-40℃储存	-20～75℃
产能	1.5 万千瓦	6 万千瓦	30 万千瓦
动力系统客户	新源动力	亿华通	国鸿重塑
整车用户	上汽	宇通、福田、申龙、厦门金龙	东风、厦门金龙、宇通、飞驰
应用车型	轿车、荣威 750、上汽大通 FCV80	商用车	商用车、东风物流车
优势	自主研发实力强，依托上汽发展	自主研发实力加强，与亿华通形成协同优势	产能最大、寿命最长，巴拉德电堆产品成熟，广东政府大力支持

虽然我国的燃料电池电堆技术在一些性能参数比如额定功率、功率密度、低温启动和低温储存等方面与国外还存在一定差距（表 6-1），但近年来我国通过自主研发和引进国外先进技术，国内的燃料电池电堆技术突飞猛进，性能提升显著（表 6-2），与国外先进电堆性能差距逐步缩小，电堆产品正从国内走向国际市场，国际影响力也越来越大。

6.2.4 国内外典型的燃料电池系统

中国科学院大连化学物理研究所（简称大连化物所）是国内燃料电池研究与应用自主开发的先驱。他们从燃料电池结构设计、电池系统制备及电池系统操作三方面出发进行调控，通过模拟仿真手段研究电堆流场结构、阻力分配对流体分布的影响，在 $1000mA/cm^2$ 高电流密度下，自主开发的电堆体积比功率达到 2736W/L、质量比功率达到 2210W/kg。目前，大连化物所已建立了从材料、膜电极、双极板部件的制备到电堆组装、测试的完整技术体系，成功开发了具有自主知识产权的 kW 级燃料电池系统（图 6-6）。在他们的引领和推动下，近年来，国内燃料电池技术发展迅速，与国外的差距越来越小，国内自主开发的燃料电池系统在某些方面已经处于世界领先水平。

日本丰田是目前国际燃料电池研究与应用开发的引领者。他们开发的 Mirai 燃料电池系统已经成功应用于汽车，首次实现了商业化。Mirai 燃料电池的电堆采用 3D 流场设计，如图 6-7 所示。

图 6-6　中国科学院大连化学物理研究所自主开发的燃料电池系统

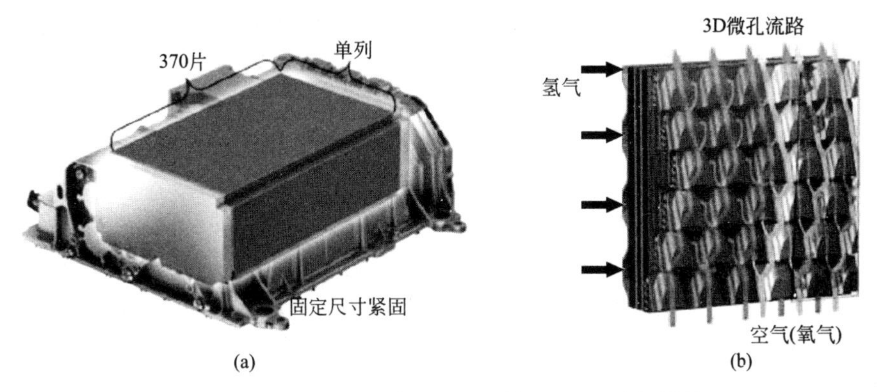

图 6-7　Mirai 燃料电池系统（a）及其电堆 3D 流场设计（b）

Mirai 燃料电池的电堆设计使流体产生垂直于催化层的分量，强化了传质、降低了传质极化、提高了电堆功率密度，体积比功率可达 3100W/L，质量比功率达到 2000W/kg。但这种 3D 流场通常需要空压机的压头较高，以克服流体在流道内的流动阻力。

> 额定功率：器件可以连续稳定长时间运行的最大功率，其典型单位是 W、kW。
>
> 功率密度：每单位（体积、质量和面积）器件能提供的功率量，包括体积比功率、质量比功率和面积比功率。其中，体积比功率的典型单位是 W/cm^3、kW/L；质量比功率的典型单位是 W/g、kW/kg；面积比功率的典型单位是 W/cm^2、W/m^2。

6.3 燃料电池的关键材料和部件

单电池是构成电堆的基本单元，主要由电极、催化剂、电解质（固体电解质又叫隔膜）等关键材料构成。催化剂、电极［扩散气体时又叫气体扩散层（gas diffusion layer，GDL）］和隔膜又组成膜电极（membrane electrode assemblies，MEA），它是燃料电池的核心部件。此外，双极板是连接单电池中关键材料和构建电堆的重要部件。图 6-8 显示了电堆单元的组成构造情况，除了关键材料外，还包含密封材料和端板等。燃料电池的性能取决于电堆中这些关键材料和部件性能的匹配和集成。下面将分别对这些关键材料和部件进行介绍。

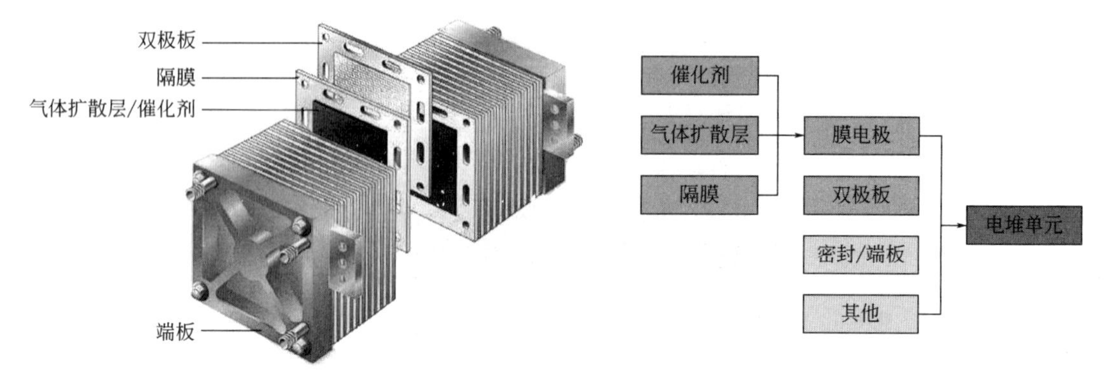

图 6-8　燃料电池电堆单元的组成构造

6.3.1 燃料电池的关键材料

（1）电极

电极是燃料电池的关键材料之一，它是燃料进行电化学反应的场所，主要起到支撑催化层、收集电流、传导气体和排出反应产物水的作用。电极分为阳极和阴极，阳极主要发生电化学氧化反应，阴极则主要发生电化学还原反应。电极对燃料电池的性能影响很大，理想的电极材料需要具备高导电性、多孔性、适当的亲水（憎水）平衡、高化学稳定性、热稳定性和低成本，具体需满足以下条件：①具有一定的机械强度，能担载催化剂层；②具备高的孔隙率和适合的孔分布，利于反应燃料和产物水的传质和扩散；③具有高的电子导电性，便于为电化学反应输送电子，降低电阻，提高电池工作电流密度；④导热性能好，减小极化反应，提高电池效率。研究表明，石墨化的碳纸和碳布（图 6-9）能够满足以上要求，所以在燃料电池中被广泛使用。现有市场上如日本东丽（Toray）、德国西格里（SGL）、加拿大巴拉德（Ballard）等生产的碳纸是成熟且常用的电极产品。其中，日本东丽生产的碳纸具有高导电性、高强度、高气体通过率、表面平滑等优点，在全球市场上占有很大的市场份额，拥有的碳纸相关专利也很多。

图 6-9　石墨化的碳纸和碳布产品

目前，国内电极材料核心制备工艺技术与国外差距较大，还处于实验室研发阶段，尚未形成成熟的商业化产品。现有电极材料大都依赖进口，曾经出现过碳纸供应渠道中断的情况，对我国的燃料电池技术安全构成了严重威胁。因此，国内一些科研机构加快了国产化开发速度，同时我国也将碳纤维材料列为重点支持的战略性新兴产业，在政策扶持下燃料电池电极材料产业有望加速国产化。

（2）催化剂

催化剂是燃料进行电化学反应的另一关键材料，其作用是降低电化学反应活化能，促进氢、氧在电极上的氧化还原过程，提高反应速率、电池工作电流密度和能量转化效率，是影响燃料电池性能的核心因素之一。催化剂对反应起着高效催化的作用，阳极和阴极的类型及制作方式与所选择的催化剂均相关。催化剂的效能决定了整个电池体系的性能。所以，燃料电池催化剂要求较高，实际使用催化剂时需满足以下六个要求：①电催化活性高。耐受CO等杂质及反应中间产物的抗中毒能力。②抗氧化性能好。使用甲醇作燃料时，由于甲醇的渗透，还必须具有抗甲醇氧化的能力。③比表面积高。使催化剂具有尽可能高的分散度和高的比表面积，可以减少贵金属的用量。④导电性能好。与电极和燃料接触电阻小，便于传输电子，电池工作电流密度高。⑤稳定性能好。抗酸性腐蚀能力强，表面保持稳定。⑥配备合适的载体。电催化剂的载体对电催化活性具有很大的影响，必须具有良好的导电性和抗电解质的腐蚀性。

如图6-10所示，目前，燃料电池中广泛使用的商业催化剂是Pt/C（铂/碳）粉末，这种粉末是由铂纳米颗粒分散到炭粉（如XC-72）载体上构成的担载型催化剂，可提高铂的利用率，延长催化剂的使用寿命。但铂催化剂受资源的限制，成本占到燃料电池电堆成本的30%以上，极大地阻碍了燃料电池的商业化进程。

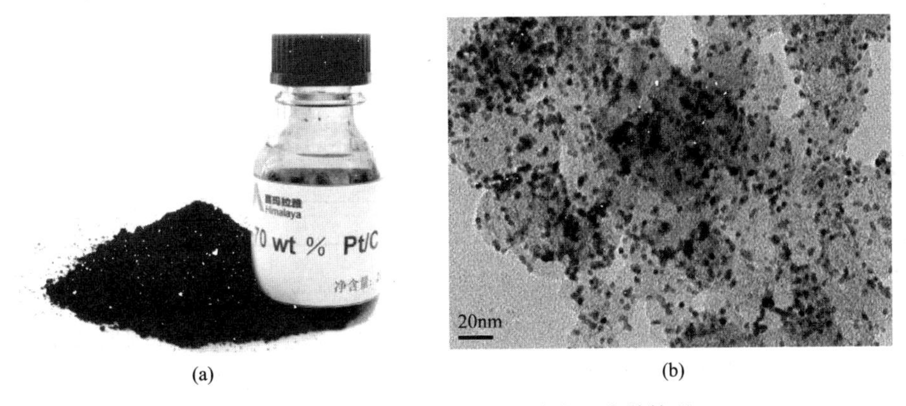

图6-10　铂/碳催化剂产品（a）及其微观分散情况（b）

催化剂和载体材料形成的薄层构成催化剂层，它是燃料电池电化学反应的关键结构。其中，载体材料主要由纳米颗粒碳、碳纳米管、碳须等碳材料构成。XC-72是由荷兰NORIT（全球最大的活性炭生产商）生产的进口活性炭纳米颗粒，是目前使用最为广泛的燃料电池催化剂载体材料。

> 据美国地质调查局统计，全球铂族资源［包括贵金属铂（Pt）、铑（Rh）、钯（Pd）和铱（Ir）］主要集中在南非、俄罗斯、津巴布韦等国家（图6-11），其中南非铂族资源储量占比高达90.9%。2019年，南非铂族金属储量为6.3万吨，俄罗斯储量为3900t，津巴布韦储量1200t，中国储量仅为400t左右，全球占比0.58%。我国铂资源紧缺，铂产品高度依赖进口。2019年，我国进口铂金属71.4t，出口铂金属2t，超过90%以上的铂产品需要进口，这也为我国的燃料电池产业发展带来了挑战。

据统计（表6-3），2017年，单位燃料电池铂用量按17g/kW计算，全球燃料电池出货量按40MW计算，铂金属需求量约为0.68t。到2020年，按燃料电池出货量200MW计算，铂金属需求量约为2.5t。至2030年，按燃料电池出货量5GW计算，铂金属需求量将达到50t，约占全球铂产量的40%。

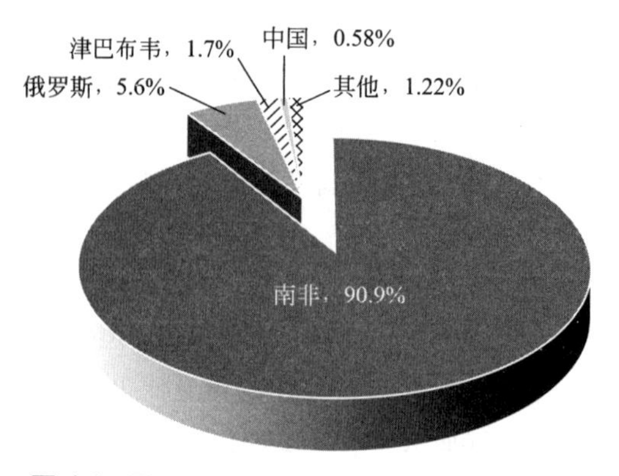

图 6-11　2019 年全球铂族金属资源分布

表 6-3　燃料电池的铂需求量预测

年份	2017	2020	2025
单位铂用量/(g/kW)	17	12.5	10
燃料电池出货量/MW	40	200	1000
总需求量/t	0.68	2.5	10

催化剂的用量直接关系到铂的载量和利用率，与电池成本息息相关，甚至会影响到铂资源的开发利用，是衡量燃料电池发展水平的重要指标之一。减少催化剂的用量可以直接降低铂的载量，解决世界铂资源紧缺的难题，提高铂的利用率，大幅降低电池成本。如表 6-4 所示，2020 年，燃料电池汽车铂催化剂的用量已从 10 年前的 1.0g/kW 降至 0.2g/kW，如果进一步降低，催化剂中铂载量有望达到传统内燃机尾气净化器贵金属用量水平（<0.05g/kW）。

表 6-4　2020 年主要车企燃料电池汽车催化剂铂用量及耐久性

燃料电池车企	丰田	现代	日产	通用	奔驰	上汽
功率/kW	114	100	90	92	100	40
铂用量/g	20	40	30	30	20	—
耐久性/h	>5000	5500	—	5500	>5000	2000

但从资源的综合利用角度来看，燃料电池催化剂的铂载量也并不是越低越好。在传统内燃机中，也有铂金属的应用，约 80%～85% 可以进行回收再利用，其作为贵金属的价值还在。比如目前每辆氢燃料电池汽车中铂的使用量为 20～30g，在不久的未来随着燃料电池技术的进步，铂的使用量就会进一步下降至传统内燃机用量，甚至更低。届时，从事贵金属回收利用的企业可能会因为燃料电池汽车中铂的经济性过低而放弃回收，从而导致资源浪费和环境污染，由此引发更高的生态成本。因此，鼓励和支持铂金属的回收再利用对于燃料电池的发展同样非常重要。

铂催化剂除了受成本与资源制约外，还存在稳定性问题。通过燃料电池衰减机理分析可知，燃料电池在车辆运行工况下，催化剂性能会发生衰减，如在动电位作用下会发生铂纳米颗粒的团聚、迁移、流失，在开路、怠速及启停过程产生氢空界面引起的高电位导致催化剂碳载体的腐蚀，从而引起催化剂流失。因此，针对目前商用铂催化剂存在的成本与耐久性问题，研究人员从降低铂载量和寻找铂的替代催化剂出发，开展了新型高稳定、高活性的低铂或非铂催化剂的大量研究，希望通过改变催化剂的结构和组成来获得低铂载量甚至不含铂的高效催化剂。如图 6-12 所示，催化剂类型可概括为四类，第一类是铂-金属催化剂：铂与过渡金属合金催化剂，通过过渡金属催化剂对铂的电子与几何效应，在提高稳定性的同时，质量比活性也有所提高。同时，降低了贵金属的用量，使催化剂成本也得到大幅度降低。第二类是铂核壳催化剂：利用非铂材料为支撑核、表面贵金属为壳的结构，可降低铂用量，提高质量比活性，是下一代催化剂的发展方向之一。第三类是铂单原子层催化剂：制备铂单原子层的核壳结构催化剂是一种有效降低铂用量、提高铂利用率，同时改善催化剂的氧化还原反应性能的方式。由于铂原子层主要暴露在外表面，因此其铂的利用率可接近 100%。第四类是非贵金属催化剂：非贵金属催化剂的研究主要包括过渡金属原子簇合物、过渡金属螯合物、过渡金属氮化物与碳化物等。在非金属催化剂方面，各种杂原子掺杂的纳米碳材料成为研究热点。前三类低铂催化剂的研究已经得到了应用，使催化剂中铂的载量越来越低且稳定性达到了 5000h 以上（表 6-4）。到目前为止，贵金属铂仍然被认为是综合性能最佳的燃料电池催化剂，因此，要获得一种综合性能更优的非贵金属催化剂产品来实现铂的全替代，难度依然很大。

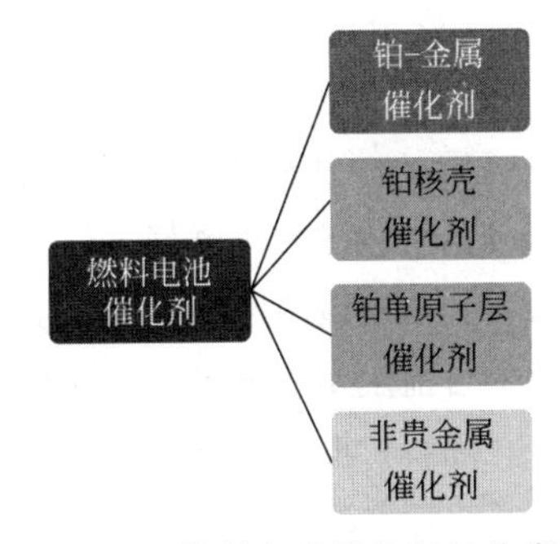

图 6-12　燃料电池催化剂的分类

目前市场上常用的铂催化剂产品仍以进口为主，如表 6-5 所示，其中英国庄信万丰（Johnson Matthey）、日本田中贵金属（TKK，本田燃料电池车 Clarity 催化剂供应商，其生产的铂催化剂的国际市场份额占有率居于首位）和德国巴斯夫（BASF）是全球铂催化剂的巨头，他们能够实现燃料电池铂催化剂的批量化生产。而国内铂催化剂正处于研究开发阶段，虽然与这些国际巨头还存在较大差距，但也发展迅速，代表性的企业有贵研铂业、武汉喜玛拉雅和中科科创新能源，他们制备的铂催化剂性能已经接近进口产品，实现了 200g 级的生产能力。燃料电池铂催化剂的国产化指日可待。

表 6-5　铂催化剂的国内外部分研发机构及其性能

研发机构	产品性能	
国外	日本田中贵金属	建立了稳定的催化剂供应系统，为本田 Clarity 燃料电池汽车提供铂催化剂
	英国 Johnson Matthey	铂纯度达到 99.95%，拥有全世界最先进的催化剂生产技术
	德国 BASF	全球最大的化工产品研发企业
国内	贵研铂业	铂纯度>99.99%，比表面积 $28m^2/g\pm1.0m^2/g$
	武汉喜玛拉雅	铂催化剂日产能力达到 200g，催化剂粒径 2～3nm，电化学活性面积达到 $90m^2/g$
	中科科创新能源	40%、60%的铂单批次产能达到 200g，催化剂粒径 2.8nm，电化学活性面积为 $85m^2/g$

(3) 电解质

电解质也是燃料电池的重要组成部分，一般分为固体电解质和液体电解质。其中，固体电解质又称为隔膜。电解质的主要功能在于分隔燃料与氧化剂，并传导离子，故电解质层越薄，离子传导效果越好。但也需要考虑其机械强度、耐酸碱腐蚀性和成本。就现阶段的技术而言，电解质的厚度一般约在数十微米至数百微米。根据燃料电池种类和用途不同，电解质材料目前主要朝着两个方向发展，其一是先以石棉膜、碳化硅膜、铝酸锂膜等绝缘材料制成多孔隔膜，再浸入熔融锂-钾碳酸盐、氢氧化钾与磷酸等溶体中，使其附着在隔膜孔内；其二则是采用全氟磺酸树脂高分子膜和氧化锆陶瓷膜。目前隔膜是中低温燃料电池研究的热点，其中最具代表性的隔膜是阳离子型质子交换膜，从膜的结构来看，质子交换膜大致可分为磺化聚合物膜、复合膜和无机酸掺杂膜等。燃料电池质子交换膜需同时满足以下四个要求：①较高的质子导电性；②足够低的气体渗透率；③在运行环境下具有足够的化学和机械稳定性；④低廉的价格。

目前研究最多的质子交换膜材料主要是磺化聚合物电解质，如表 6-6 所示，按照聚合物的含氟量可分为全氟磺酸质子交换膜、部分氟化质子交换膜和非氟质子交换膜三大类。这些膜的组成成分不同，各有优缺点。其中，全氟磺酸质子交换膜综合性能好，应用最为广泛。目前市场上的全氟磺酸质子交换膜主要为国外进口产品，比如美国戈尔的 Gore-select 膜、美国科慕（原杜邦公司）的 Nafion 膜、日本旭硝子的 Flemion 膜、日本旭化成的 Aciplex 膜和陶氏化学的 Dow 膜等（表 6-7）。

表 6-6　质子交换膜的分类及优缺点

类型	优点	缺点	组成成分
全氟磺酸质子交换膜	机械强度高、化学稳定性好，在湿度大的条件下电导率高；低温时电流密度大，质子传导电阻小	保水性能较差，温度升高会引起质子传导性变差	由全氟主链和带有磺酸基团的醚支链构成，具有极高的化学稳定性
部分氟化质子交换膜	可适当降低膜成本	电化学性能不如全氟磺酸质子交换膜	主链部分含氟，质子交换基团一般是磺酸基团
非氟质子交换膜	价格便宜；含极性基团的非氟聚合物亲水能力在很宽温度范围内都很高，膜保水能力较高；稳定性有较大改善	溶胀度较高且随着温度的降低，膜的吸水率下降幅度大，导致膜的质子传导率大幅降低，化学稳定性不如含氟膜	全芳香型非氟碳氢化合物，质子交换基团一般是磺酸基团

表 6-7　质子交换膜的国内外部分研发机构及其性能

地区	生产厂家	产品型号	厚度/μm	等效摩尔质量（equivalent weight，E. W）	备注
国外	科慕	Nafion 系列膜	25～250	1100～1200	化学稳定性好、机械强度高，高湿度下质子电导率高，低温下电流密度大、质子传导电阻小，目前市场占有率最高
	戈尔	Gore-select 复合膜	—	—	改性全氟磺酸膜，技术处于全球领先地位

续表

地区	生产厂家	产品型号	厚度/μm	等效摩尔质量（equivalent weight，E. W）	备注
国外	3M	PAIF 复合膜	—	—	主要用于碱性工作环境
	旭硝子	Flemion 系列膜	50～120	1000	具有较长支链，性能与Nafion 膜相当
	旭化成	Alciplex 膜	25～1000	1000～1200	具有较长支链，性能与Nafion 膜相当
	陶氏化学	Dow Xus-B204 膜	125	800	因含氟侧链短，合成难度大且价格高，现已停产
国内	东岳集团	DF988、DF2801 膜	50～150	800～1200	高性能，适用于高温PEMFC 的短链全氟磺酸膜
	武汉理工新能源	复合质子交换膜	10～20	—	已向国内外多家研究单位提供测试样品并获得好评

如图 6-13 所示，这些商业化全氟磺酸质子交换膜以全氟长链聚合物骨架为主链，全氟聚醚短链为支链，支链上连接磺酸基团，形成的全氟磺酸膜化学结构稳定且质子电导率很高。其中，戈尔生产的 Gore-select 膜和科慕生产的 Nafion 膜（图 6-14）在全球燃料电池质子交换膜供应领域处于领先地位。

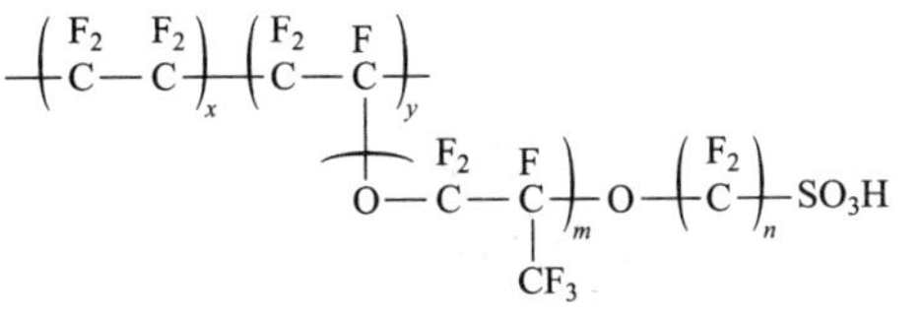

$$-\left(CF_2-CF_2\right)_x-\left(CF_2-CF\right)_y-$$
$$\quad\quad\quad\quad |$$
$$-\left(O-CF_2-CF(CF_3)\right)_m-O-\left(CF_2\right)_n-SO_3H$$

Nafion®117　$m\geqslant1$　$n=2$　$x=5\sim13.5$　$y=1000$

Flemion®　$m=0,1$　$n=1\sim5$

Aciplex®　$m=0,3$　$n=2\sim5$　$x=1.5\sim14$

Dow膜　$m=0$　$n=2$　$x=3.6\sim10$

图 6-13　全氟磺酸膜的化学结构

图 6-14　Nafion 膜产品

近年来，为了打破国外在全氟磺酸质子交换膜领域的长期技术封锁和垄断，国内也开始加速推进其开发和产业化，以山东东岳集团为代表，他们长期致力于全氟离子交换树脂和含氟功能材料应用开发，于 2018 年分别建成了年产 50t 的全氟磺酸树脂生产装置、年产 10 万平方米的氯碱离子膜工程装置和燃料电池质子交换膜连续化实验装置，膜产品的性能达到了商业化水平，批量生产线已开始进一步建设。全氟磺酸质子交换膜的国产化指日可待。

目前质子交换膜逐渐趋于薄型化，由几十微米降低到十几微米，降低质子传递的欧姆极化，以达到较高的性能。但是，薄膜的使用给耐久性带来了挑战，尤其是均质膜经长时间运行会出现机械损伤与化学降解，在电池工况下，操作压力、干湿度、温度等操作条件的动态变化会加剧这种衰减。于是，研究人员在保证燃料电池性能同时，为了提高耐久性，开发了一系列超薄增强复合膜。

6.3.2 燃料电池的关键部件

6.3.2.1 双极板

双极板又称集流板，是燃料电池电堆的重要部件之一，其作用是提供气体流场（又叫流道），防止电池中的燃料与氧气相互渗透，并在串联的阴阳两极之间收集电子，建立电流通路。根据不同的材料类型，双极板的重量约占 PEMFC 电堆的 60%～80%，成本占比约为 30%。

燃料电池双极板同样要求较高，具体需满足以下六个要求：①在保持一定机械强度、良好阻气作用及耐酸碱腐蚀性能的前提下，双极板厚度应尽可能轻、薄，以减少对电流和热的传导阻力；②能够分隔燃料与氧化剂，阻止气体透过；③收集、传导电流，电导率高；④设计与加工的流场，可将气体均匀分配到电极的反应层进行电极反应；⑤能排出热量，保持电池温场均匀；⑥成本低，容易机械加工，适合批量制造等。

双极板上流场的作用至关重要，对燃料电堆的性能影响极大，流场是为了引导反应气、液流动方向，确保反应气、液在电极表面均匀分配，经扩散层到达催化层参与电化学反应。如图 6-15 所示，常见的双极板流场有点状、平行沟槽、交指状、多孔状、网状和蛇形等。双极板流场的设计至关重要，早期流场一般通过研发经验获得，现在大多借助计算机模拟流体、温度、电流分布来对实际流场进行更加精准的理论预测和优化选择（图 6-16），不同的燃料电池厂家采用的流场不同，大多属于高度保密的技术。目前，平行沟槽和蛇形流场在双极板上应用较为广泛。

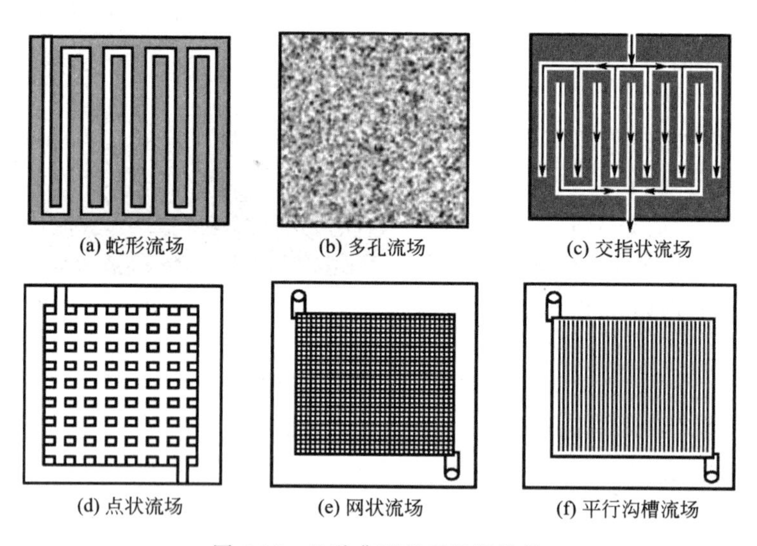

图 6-15 几种典型的双极板流场

现有市场上的双极板材质包括碳质材料、金属材料以及金属与碳质的复合材料三类。

（1）碳质双极板

碳质材料包括石墨、模压碳材料及膨胀石墨。传统双极板采用致密石墨，经机械加工制成气体流道，图 6-17 为石墨双极板。

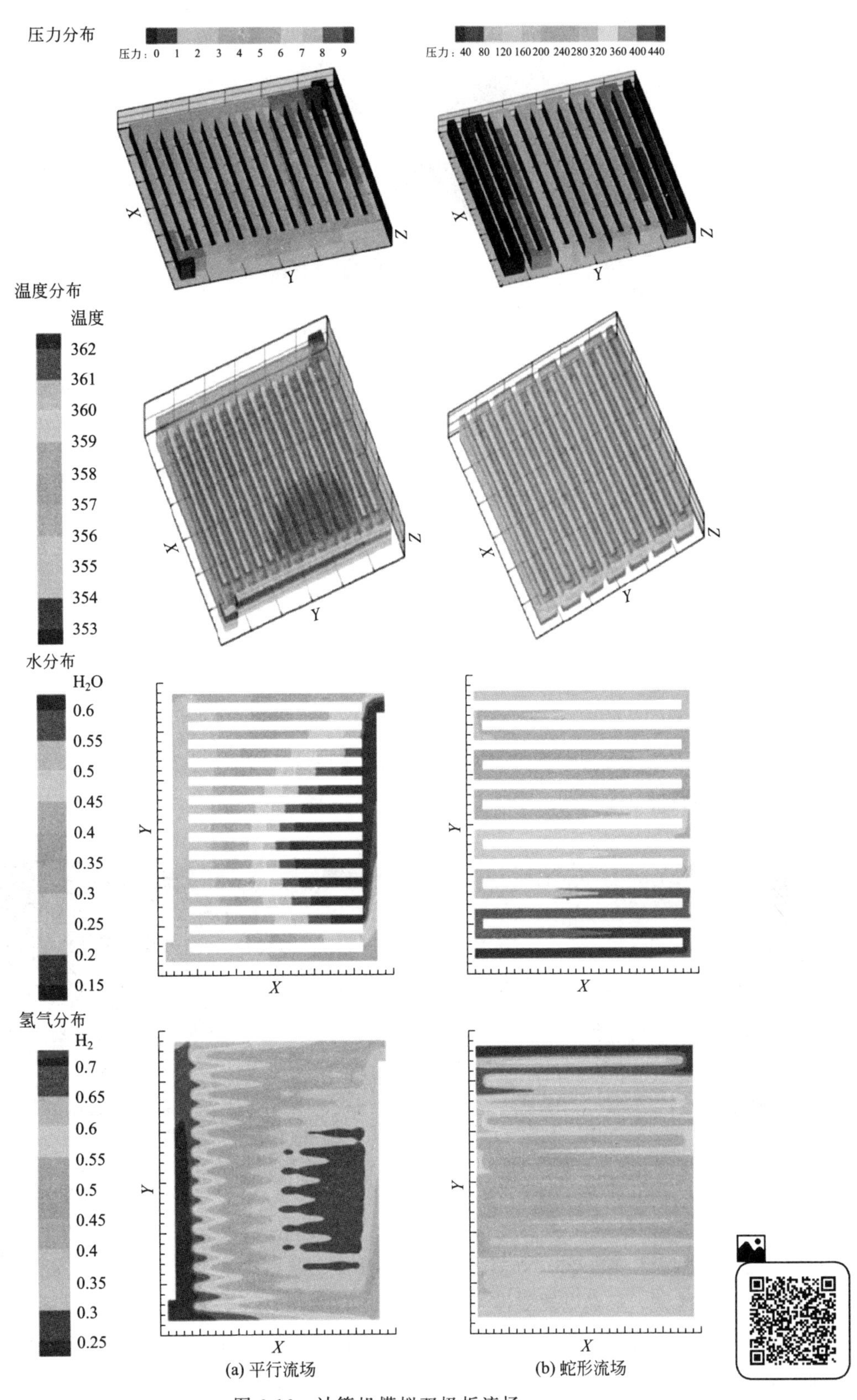

(a) 平行流场　　(b) 蛇形流场

图 6-16　计算机模拟双极板流场

图 6-17 石墨双极板

石墨双极板的化学性质稳定、耐腐蚀性强、耐久性好，与膜电极之间的接触电阻小。但石墨太脆，机械强度较差，装电堆时不能承受过高的压力，制作周期长，成本高。

（2）金属双极板

如图 6-18 所示，铝、镍、钛以及不锈钢等金属材料可用于制作双极板。

金属强度高、韧性好，而且导电、导热性能好，功率密度更大，可以方便地加工制成厚度仅 0.1～0.3mm 的超薄金属双极板，比如丰田 Mirai 采用的钛合金双极板，其燃料电池模块体积比功率达到 3.1kW/L；英国 Intelligent Energy 新一代 EC200-192 不锈钢双极板燃料电池模块的体积比功率更是达到了 5kW/L。但不锈钢和钛表面都容易形成不导电的氧化物膜使接触电阻增高，会降低电池效率。

（3）复合双极板

为了解决石墨双极板和金属双极板各自存在的问题，人们又将石墨和金属复合，结合两者的优点采用特殊的工艺制备了第三类双极板——复合双极板，如图 6-19 所示。

图 6-18 金属双极板

图 6-19 复合双极板

但目前的复合双极板制作成本较高，导电性和力学性能还有待进一步提升。表 6-8 概括对比了这三类双极板的工艺、力学性能、导电性能、散热性能、耐腐蚀性能、尺寸、重量和生产成本等。未来，燃料电池双极板将向低成本且高性能的复合双极板方向发展。

为了提高电池性能，双极板在装配前还需进行适当的表面处理，比如在双极板阳极侧镀镍，提高其导电性能，使其不易被电解质润湿，可避免电解质流失；在双极板边框做气体“渗漏”保护处理，可减少“湿密封”部位电解质对双极板中金属材质的腐蚀。

表 6-8 三种类型双极板的性能比较

项目	石墨双极板		金属双极板	复合材料双极板
	无孔石墨板	横压石墨板		
工艺	铣削	将炭粉或石墨粉与树脂混合加压，然后进行高温石墨化（2500℃），过程长达1～3个月	主要采用铝板、黄铜、铝合金板、钛板及316不锈钢等作为制作原料，冲压成型	以薄层金属板或其他高强度导电板作为隔板，以注塑或焙烧法制备的有孔薄炭板或石墨板作为流场板
抗压、抗弯强度	低		高	高
导电性	高		非常高	中
散热性能	高		中	低
化学稳定性	良好		差	良好
耐腐蚀性	强		弱	强
体积	大		中	小
重量	大		大	轻
加工难易度	高		低	高
生产周期	长		短	较长
成本	高		受金属材料影响	高
优点	耐久性好		阻气性强、可批量化生产、较薄	适合批量化生产
缺点	组装困难、较厚		易腐蚀	机械强度一般
技术难点	石墨的脆性加大了气体流道加工难度，加上不易减薄厚度至3～5mm，造成双极板体积较大、成本难以降低		金属在燃料电池的工作环境下易被腐蚀，需对金属表面进行改性	目前的制作成本较高，导电性和力学性能有待提升
改进措施	树脂密封处理	掺杂金属粉末、碳纤维	主要处理方法有气相沉积、电镀、化学镀和丝网印刷等多种方法，可提高耐腐蚀性能，可降低接触电阻	优化填充料配比

目前中国科学院大连化学物理研究所、新源动力股份有限公司、上海交通大学、武汉理工大学等单位已成功开发了金属双极板技术。

在国际市场中，欧美企业在石墨、金属双极板方面拥有技术优势，美、英企业在复合材料双极板方面处于世界领先水平。国外知名的双极板生产企业有美国的Graftech、Dana、POCO、Treadstone等，德国的Siemens、Grabener等，英国的Bac2以及瑞典的Cellimpact。我国拥有较为成熟的石墨双极板生产技术，该领域企业较多，代表企业有淄博联强、上海弘竣、嘉裕碳素、喜丽碳素、神奇电碳等。在金属双极板以及复合材料领域技术还不成熟，布局在该领域的主要有武汉理工、大连化物所、上海交大等科研院所以及大连新源动力、上海佑戈、上海治臻、武汉喜玛拉雅、奇瑞汽车、氢璞创新等企业。表6-9显示了双极板的部分国内外研发机构及其性能。总的来说，国内的双极板技术，尤其是金属和复合双极板技术与国外还存在一定的差距，这两类双极板的国产化是未来双极板领域发展的重要方向。

表 6-9 双极板的国内外部分研发机构及其性能

双极板类型	主要厂家	电导率 /(S/cm)	抗弯强度 /MPa	腐蚀电流 /($\mu A/cm^2$)	接触电阻 /($m\Omega \cdot cm^2$)
石墨双极板	美国 POCO	>100	>34	—	—
	加拿大 Ballard	—	50	—	—
	上海弘枫	>100	>50	—	—
金属双极板	瑞典 Cellimpact	—	—	0.5	—
	德国 Dana	—	—	0.5	—
	大连新源动力	—	—	0.5	—
	上海佑戈	—	—	<1	3
	上海治臻新能源	—	—	<1	5
复合双极板	大连新源动力	—	—	—	—
	武汉喜玛拉雅	>62.5	>51	—	—

图 6-20 显示了丰田和本田燃料电池车用双极板的发展趋势（虚线代表未来趋势预测）。从 2000 年开始，丰田和本田燃料电池车用双极板经历了多代技术更替。本田的双极板主要采用平行、蛇形、波浪形和叉指形流道；丰田的双极板主要采用含有特征挡板、点和网格交错形流道；这两种类型的双极板流道各有千秋。从图 6-20 中可以看出，随着双极板性能的不断提升，丰田和本田车用燃料电池体积比功率从约 1kW/L 逐步提升至 4kW/L 以上，相应双极板的厚度也从约 1.3mm 逐步减小至约 0.7mm，相比之下，丰田的综合性能更好。根据 2000 年至今的发展趋势可以预测，到 2025 年，丰田和本田车用燃料电池体积比功率将进一步提升至约 5.5kW/L，工作电流密度将高达 $3.0A/cm^2$，双极板的厚度将进一步减薄至约 0.6mm。

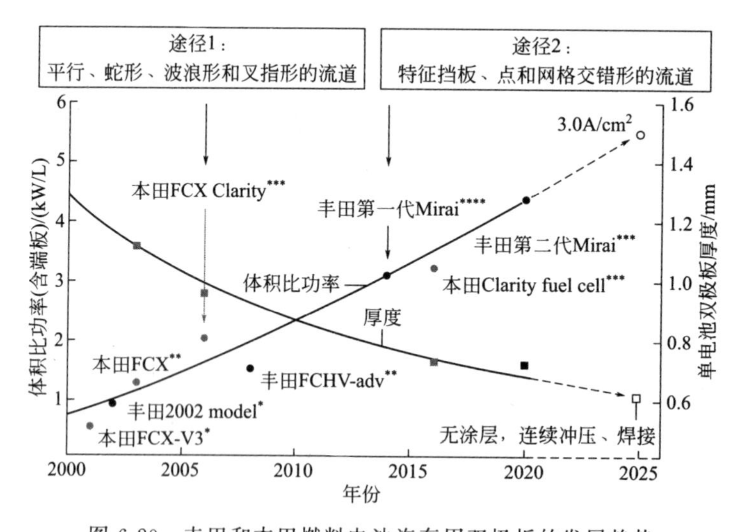

图 6-20 丰田和本田燃料电池汽车用双极板的发展趋势

6.3.2.2 膜电极

膜电极（MEA）是由隔膜（常用质子交换膜）、催化剂和电极（又称气体扩散层）通过一定的方式组合而成，兼具这三种材料的功能，为燃料电池提供多相物质传递的微通道和电化学反应场所，是燃料电池的核心部件，其性能直接决定电池性能。

如图 6-21 所示，在 MEA 中，质子交换膜夹在电极（气体扩散层）之间，催化剂又嵌入离子交换膜和电极之间。质子交换膜的一侧为阳极，另一侧为阴极，是离子导电、电子绝缘的，离子通过质子交换膜从阳极传输至阴极，电子则通过导电路径传输至阴极。催化剂一般通过喷涂均匀分散黏接在电极表面，然后电极通过黏结剂热压黏合在质子交换膜上，制成 MEA。热压和喷涂是影响 MEA 性能的关键工艺。MEA 要求质子交换膜、催化剂和电极三者之间匹配良好、界面性能好、结合均匀紧密，MEA 的性能除了与所组成的材料自身性质有关外，还与组分、结构、界面等密切相关。MEA 的性能要求如下：①能够最大限度减小气体的传输阻力，使得反应气体顺利由扩散层到达催化层发生电化学反应。即最大限度发挥单位面积和单位质量催化剂的反应活性。因此，气体扩散层必须具备适当的疏水性，一方面保证反应气体能够顺利经过最短的通道到达催化剂；另一方面确保生成的产物水能够润湿膜，同时多余的水可以排出，防止阻塞气体通道。②能够形成良好的离子通道，降低离子传输的阻力。质子交换膜燃料电池采用的是固体电解质，磺酸根固定在离子交换膜树脂上，不会浸入电极内，因此必须确保在电极催化层内建立质子通道。要达到上述目的就必须采用电极催化层的立体化技术，即采用 Nafion 树脂浸渍或喷涂催化剂层，在其构成的亲水网络内建立一个由 Nafion 树脂构建的 H^+ 传导网络。③能够形成良好的电子通道。MEA 中碳担载铂催化剂是电子的良导体，但是 Nafion 和 PTFE 的存在将在一定程度上影响电导率，在满足离子和气体传导的基础上还要考虑电子传导能力，综合考虑以提高 MEA 的整体性能。④气体扩散层应该保证良好的机械强度及导热性。⑤质子交换膜应该具有高的质子传导性。该膜能够很好地隔绝氢气、氧气，防止互窜，有很好的化学稳定性和热稳定性及抗水解性。

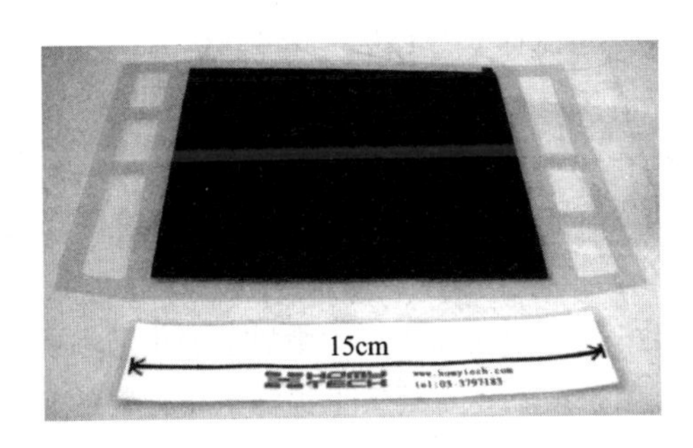

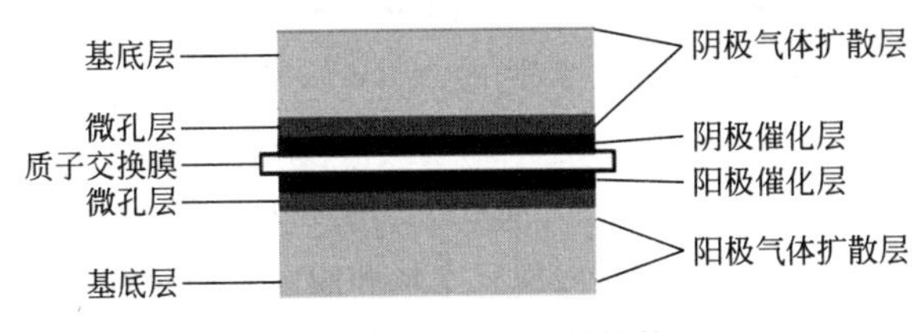

图 6-21　膜电极及其结构

反映 MEA 性能的核心技术指标有：①成本（与催化剂铂载量、材料及工艺成本等相关）；②耐久性，与电极排水能力、材料稳定性、界面相容性等相关；③电池功率密度，是一个综合测评因素。

目前，国内外已经发展了三代 MEA 制备技术，介绍如下。

（1）第一代制备技术 catalyst coated substrate 法

catalyst coated substrate 简称 CCS 法或 GDE 法，是把催化剂涂布到气体扩散层上，然后用热压法将气体扩散电极和质子交换膜黏合在一起，如图 6-22（a）所示，其技术已经基本成熟。CCS 法制备 MEA 的优点在于制备工艺相对简单，制备过程有利于气孔的形成，质子交换膜也不会因吸水而变形；缺点是制备过程中催化剂容易渗透进入气体扩散层，造成催化剂的较低的利用率。同时催化剂和质子交换膜结合力也通常较差，界面阻力大，导致膜电极整体性能不佳。

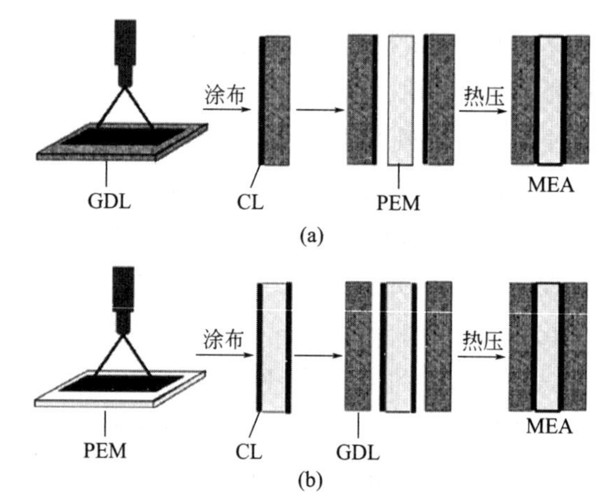

图 6-22　CCS 法（a）和 CCM 法（b）制备 MEA 示意图

CL—催化剂层

（2）第二代制备技术 catalyst coated membrane 法

catalyst coated membrane 法简称 CCM 法，是将催化剂涂布在质子交换膜两侧，再通过热压法将气体扩散层和附着催化层的质子交换膜结合在一起，如图 6-22（b）所示。与传统的第一代 MEA 制备技术相比，CCM 法主要拥有以下优点：①催化剂层超薄化，催化剂催化效率得到了很大提高，从而降低了铂催化剂的载量（一般可降低至 0.4～0.6mg/cm^2 以下）；②质子交换膜可超薄化，提高了膜的表面电导率（简称面电导），而且还降低了膜的用量；③电池活化时间更短，电化学响应加快；④增加了催化剂和质子交换膜的接触面积，降低了膜和催化剂之间的接触阻抗，在一定程度上提高了催化剂的利用率与耐久性，提升了膜的电极性能。因此，CCM 技术被认为是燃料电池电堆技术的第二次革命。

CCM 法由美国洛斯阿拉莫斯国家实验的 Wilson 等于 1992 发明，此后，美国 Gore、3M、Du Pont、英国 JM 以及国内武汉理工大学、武汉理工新能源等企业及研究机构进一步发展了 CCM 技术，并实现了商业化生产。CCM 法是目前工业应用最广泛的主流方法，难点在于催化剂涂布在质子交换膜上容易出现膜变形和膜吸收催化剂等问题。

（3）第三代制备技术制作有序化的 MEA

制作有序化结构的 MEA 是把催化剂如铂制备到有序化的纳米结构上，再结合质子交换膜，使膜电极呈有序化结构，有序的膜电极制备技术可以扩大三相反应界面，形成优良的多相传质通道，加快反应气体、质子、电子、水的传输，可降低大电流密度下的传质阻力，大幅提升催化剂利用率、膜电极性能，进一步提高燃料电池性能，降低催化剂载量。但这种制备技术并不简单，有序化控制难度大，制备设备要求高，产业化应用还需时日。目前，有序化膜电极产品中性能最好的是由 3M 公司开发的纳米结构薄膜电极（nanostructured thin film，NSTF）。

与传统的膜电极相比，NSTF 有以下四个主要特点：①催化剂载体是一种定向有机晶须（图 6-23），该载体比表面积大且不易发生电化学腐蚀，克服了传统炭黑载体的缺陷；②催化剂为铂合金薄层，不是分散和独立的纳米颗粒，其氧化还原活性提高了 5～10 倍；③NSTF 是通过 CCM 转印法有序制备获得，先将苯基有机颜料在特定的微结构转印基质（MCTS，图 6-23）上升华，后经退火处理，有机苯层转化为定向单分子晶须，然后在晶须上溅射铂催化剂制备催化剂层，这些过程可以在真空卷布机中经过一个连续步骤完成，因此工艺流程简单、制备时间短，为大规模商业化应用提供了可能性；④催化剂层的厚度减小为传统方法的 1/20～1/30，极薄的催化剂层降低了反应物质的传质阻力，提高了电流密度，但同时也缩小了阴极容水空间，容易导致电极水淹，从而降低了膜电极的耐久性和寿命。

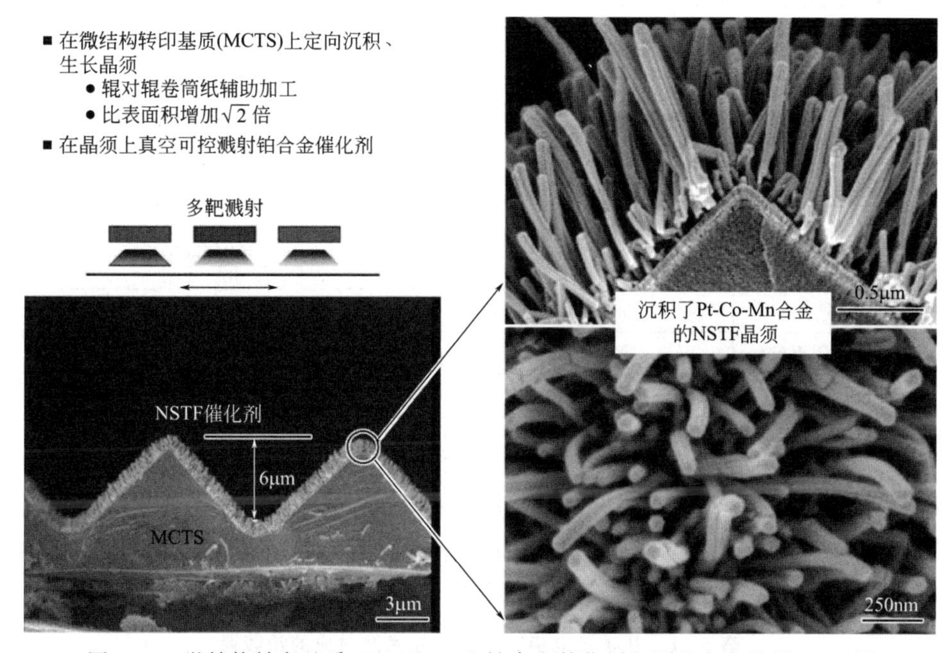

图 6-23　微结构转印基质（MCTS）上铂合金催化剂包覆的定向晶须 SEM 图

> 电极几何面积：是指单位体积电化学反应器中具有的电极表观表面积，与电极的界面、微观结构以及工作条件无关。
>
> 电极活性面积：又称电极有效工作面积，是指单位体积电化学反应器中具有的电极实际活性表面积，与电极的界面、微观结构以及工作条件息息相关，电极活性面积往往大于电极几何面积。比如图 6-24 中显示的多孔纳米结构电极的活性面积就大于常规平板结构电极的几何面积。

图 6-24 电极结构

表 6-10 列出了 2015 年 3M 公司制作的 NSTF 膜电极 [阴阳极铂金属总负载量低至 0.131mg/cm^2（按电极几何面积计），质子交换膜为 14μm 厚的 3M 725EW，GDL 为 3M2979] 产品性能与美国能源部（DOE）制定的 2020 年商业化膜电极技术目标进行了比较。结果表明，NSTF 膜电极的性能已部分达到了 DOE 2020 年商业化膜电极指标要求，但作为最新一代膜电极技术，其额定功率密度仍低于目标值，铂载量也高于目标值，耐久性还远低于目标值，技术成熟度较低，还需不断优化改进。相比而言，第一代和第二代膜电极制备技术已基本成熟，国内大连新源动力、武汉理工新能源等公司均可提供膜电极产品。

表 6-10 NSTF 膜电极性能与美国能源部（DOE）2020 年膜电极技术目标比较

性能参数	单位	美国 DOE 2020 年目标	3M 公司 2015 年指标
$Q/\Delta T$	kW/℃	1.45	1.45
成本	$/kW	7	8.62
循环寿命	h	5000	656～1864
电流密度@0.8V	mA/cm^2	300	310
额定功率	mW/cm^2	1000	861
铂金属总含量（阴阳极）	g/kW（额定）	0.125	0.147
铂金属总负载量	mg/cm^2（电极几何面积）	0.125	0.131

为了达到 DOE 制定的 2020 年膜电极铂用量指标（<0.125mg/cm^2），进一步降低成本，加快燃料电池产业化进程，国内外一些研究机构采用溅射沉积、直接膜沉积、喷墨印刷和电喷涂等改进涂布技术实现了膜电极的超低铂载量（表 6-11），显著降低了膜电极的成本，但这些技术大都停留在实验室研究阶段，离实际应用还有较长的时间。

表 6-11 几种膜电极改进涂布技术及对应的铂载量

涂布技术	催化层铂载量
溅射沉积	阴极催化层铂载量为 0.05mg/cm^2
直接膜沉积	阴阳极催化层铂载量均为 0.029mg/cm^2
喷墨印刷	阴极催化层铂载量为 0.026mg/cm^2
电喷涂	阴极催化层铂载量为 0.01mg/cm^2

直接膜沉积技术是将 Nafion 分散液通过印刷法、电纺丝、喷涂等方法直接沉积在阳极 CL 和阴极 GDL 上，然后将两个电极压成 MEA。这种技术主要优势是由 GDL 和 CL 作为支

撑层，而聚合物膜可以做到极薄（8～25μm），从而大大降低膜内阻。但由于膜层的减薄，也会使阴阳极气体更容易交叉渗透，导致制备的 MEA 开路电压不高。

目前国外最好的商业化车用膜电极铂载量仍高达 0.35～0.4mg/cm^2，膜电极中的铂载量还有很大的下降空间。3M 公司采用转印法制作的有序 NSTF 膜电极产品，其铂含量可降低至 0.115mg/cm^2（Pt-Co-Mn/NSTF 阳极铂载量为 0.019mg/cm^2，Pt/C 阴极铂载量为 0.096mg/cm^2）（按电极活性面积计），基本代表了当下商业化膜电极铂载量的最高水平，但同样面临电极水淹和耐久性问题。

虽然第三代膜电极制备技术还不够成熟，但其结构有序化设计近年来已成为燃料电池领域的热点研究课题，可以肯定的是，第三代有序化膜电极制备技术是膜电极制作的未来发展方向。

如表 6-12 所示，国外膜电极的供应商主要有美国 3M、Gore 等。丰田、本田等乘用车企业自主开发了膜电极，但不对外销售。国内代表性的公司有武汉理工新能源和大连新源动力，目前武汉理工新能源已实现了商业化生产，产能已经达到 5000m^2/a，大连新源动力也能自主生产膜电极，主要是自用为上汽的发动机配套。此外，国内还有昆山桑莱特、南京东焱氢能、武汉喜玛拉雅、苏州擎动等企业也开发了膜电极。国产膜电极性能虽然已接近国际水平，但批量化生产工艺和装备与国外差距较大，国外已实现 Roll-to-Roll（滚动到滚动）的连续化生产；同时国内在铂载量、启停、冷启动等方面与国际水平也存在一定差距。随着国内市场的快速增长，国内工程化和质量控制的差距有望进一步缩小。

表 6-12 膜电极的国内外部分研发机构及其性能

	研发单位	功率密度	铂载量
国外	美国 3M	0.86W/cm^2@0.692V	0.115mg/cm^2
	美国 Gore	—	0.175g/kW
国内	武汉理工新能源	1W/cm^2	0.4g/kW
	大连新源动力	0.8 W/cm^2@1200mA/cm^2	0.4g/kW
	昆山桑莱特	>0.75W/cm^2@0.6V	—
	南京东焱氢能	0.8 W/cm^2@0.65V	—
	苏州擎动	0.8 W/cm^2	—

图 6-25 显示了燃料电池关键材料气体扩散层、催化剂和质子交换膜的最新技术及下一代膜电极的设计途径，具体如下。①未来气体扩散层发展的两个潜在途径：a. 孔径梯度设计，通过控制碳纤维排列实现；b. 集成双极板-膜电极一体化结构设计或无气体扩散层泡沫材料设计。②催化剂层：a. 制备具有特殊形状和超高活性的新型催化剂，实现高功率密度和低催化剂负载（如铂镍纳米笼、铂钴核壳结构、铂镍纳米框架结构、纳米线、过渡金属掺杂的铂镍钼八面体结构；b. 通过碳载体的改性（如氮掺杂和介孔碳）使得离聚物均匀分布，提高催化剂的利用率；c. 通过分子束增强铂/离聚物界面，提高铂和离聚物的界面相容性。③质子交换膜的新设计途径：a. 铈掺杂增强膜的稳定性；b. 纳米裂缝调节自增湿膜调节保水，提高膜的质子电导率；c. 设计具有平面定向质子传输通道的膜，即使在极低的相对湿度下也能实现高效的质子传导。

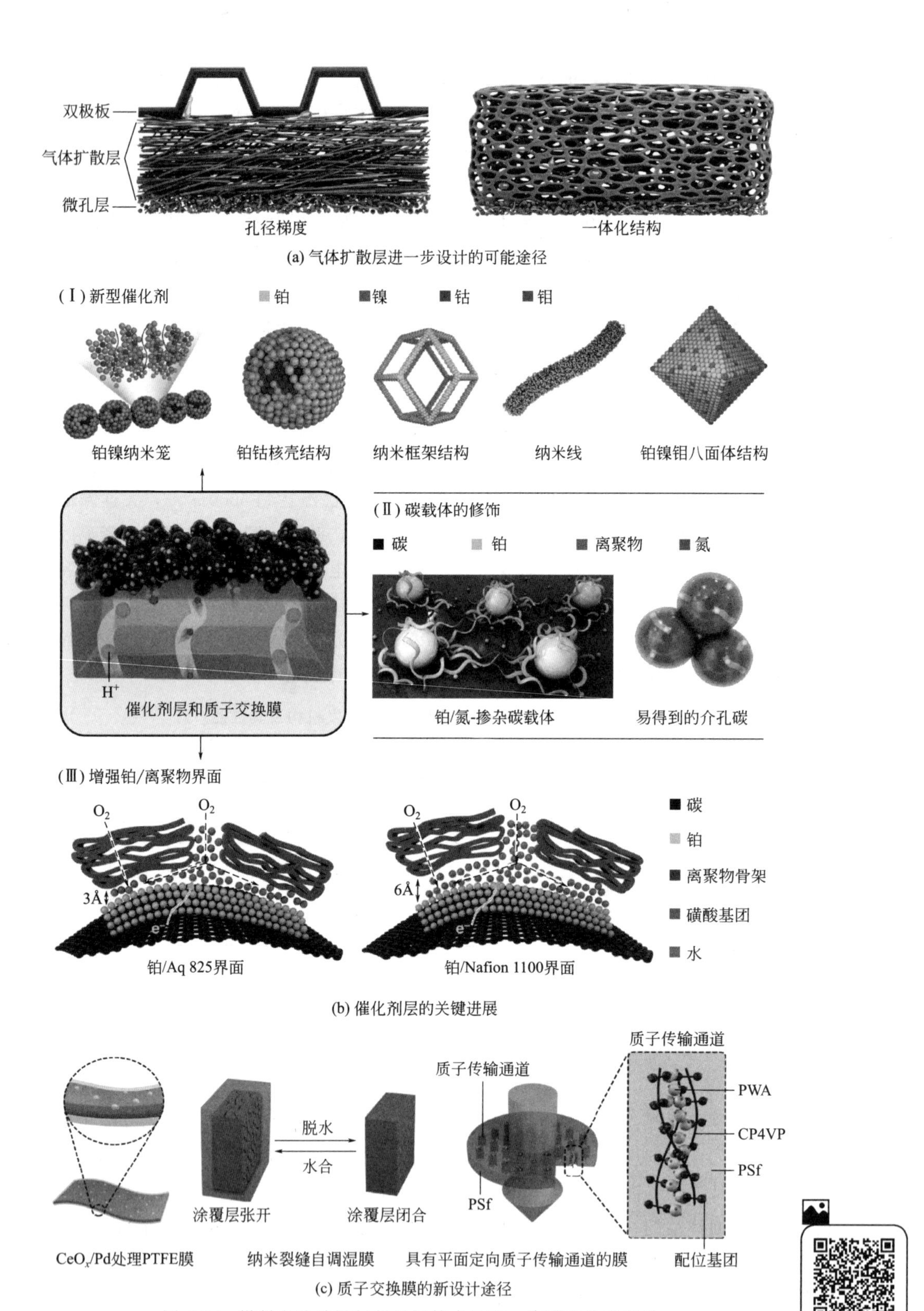

图 6-25 燃料电池关键材料最新技术及下一代膜电极的设计

PSf—polysulfone（聚砜）；PD—polydopamine（聚多巴胺）；PTFE—聚四氟乙烯；PWA—phosphotungstic acid（磷钨酸）；CP4VP—ferrocyanide-coordinated poly（4-vinylpyridine）（亚铁氰化物配位聚（4-乙烯基吡啶））

6.3.3 燃料电池关键材料和部件的降解机制

燃料电池的耐久性取决于燃料电池电堆，而燃料电池电堆的耐久性又与其关键材料和部件息息相关，如质子交换膜、催化层、气体扩散层和双极板。燃料电池长时间运行后，这些关键材料和部件会发生降解。

质子交换膜的降解机制通常有两种：机械降解和化学降解。机械降解指质子交换膜工作湿度不断发生变化，内部产生较大的内应力，在周期性变化内应力作用下，质子交换膜强度会降低，甚至形成孔洞，严重降低寿命。化学降解是燃料电池在怠速和开路状态下，电池内部形成大量 H_2O_2，如果电池内部存在一些过渡金属二价离子，在催化作用下，H_2O_2 会转变成活性很强的基团，加速膜的降解。

由于阴极催化层电势要比阳极高，大多数情况下阴极催化层电化学环境要比阳极催化层恶劣，因此阴极催化层更容易降解。通常催化层是由 Pt/C 催化剂和一定量的 Nafion 黏结而成，因此催化层降解主要指 Pt/C 催化剂降解和 Nafion 降解。炭载 Pt 催化剂的降解通常有四种机制：微晶迁移合并机制、电化学熟化机制、Pt 溶解且在离子导体中再沉积机制、碳腐蚀机制。催化层 Nafion 和质子交换膜组成、结构相似，因此降解机制和质子膜类似。

气体扩散层通常由扩散层基质和微孔层组成。扩散层基质通常由碳纤维或碳布经疏水处理形成；微孔层由碳粉通过 PTFE 溶液黏结而成。通常认为气体扩散层的降解机制有两种：机械降解和电化学降解。机械降解是在机械应力、气体和水冲蚀等作用下，PTFE 脱落降低疏水性影响水气传输性能，同时微孔层孔径可能发生变化甚至部分脱落。电化学降解是高电势条件下，气体扩散层基质中的碳纤维和微孔层中的碳颗粒发生氧化腐蚀，改变组成和结构，影响性能和降低耐久性。

目前常用的双极板材质为石墨双极板和金属双极板，通常认为这两种双极板的降解机制如下：石墨机械性能较差，装电堆时不能承受过高的压力，长时间压力作用下工作容易变形，甚至破裂，而且石墨的耐化学腐蚀性能较差，在酸碱和强氧化条件下，会被逐渐腐蚀，甚至形成孔洞，影响单电池均一性，降低电池寿命。采用不锈钢和钛为材料的金属双极板表面随着电池的运行，会逐渐形成不导电的氧化物膜，使接触电阻增高，降低电池效率。

6.3.4 我国燃料电池技术发展目标及重点任务

2021 年，陈立泉院士撰文阐述了我国新能源关键材料在燃料电池领域的发展思路，细化了发展目标和重点任务。

发展目标为：到 2025 年，我国实现加氢站现场制氢、储氢模式的标准化和推广应用；突破燃料电池关键技术，初步建立起燃料电池材料、部件和系统的产业链。2025 年铂基电催化剂产能达到 3t/a，满足 10 万套车用 PEMFC 系统的需要；酸性离子交换膜年产能为 $2\times10^6 m^2$；碳纸年产能为 $4\times10^6 m^2$，膜电极年产能达到 $2\times10^6 m^2$。

重点发展任务为：立足于我国燃料电池产业现状，重点突破低铂燃料电池技术、超薄酸性离子交换膜技术、高性能碳纸制备技术、廉价金属双极板技术以及高性能长寿命膜电极制备技术。从基础材料出发，一方面在催化方面创新理论，从合金到核壳再到单原子催化，不断提高铂有效利用率，降低铂载量；另一方面升级技术，对超薄复合膜的单体制备、基膜合成及超薄复合膜成型工艺进行深入研究，并扩大生产。对碳纸的制备理论、工艺、质量控制等利用跨学科的综合优势进行协力攻关；开发电极制备新工艺，在静电喷涂、纺丝等工艺基础上，开发稳定可靠的薄层有序高性能膜电极的规模放大工艺。以燃料电池关键核心材料的突破为基础，突破燃料电池全产业链需要的技术和设备，包括空压机、回流泵、先进控制器设计集成、轻质化系统、抗震性以及低温环境适应设备设施等，完善辅助系统与燃料电池电堆的一体化设计，从关键材料、核心部件与辅助系统全方位降低成本、提高使用寿命，强化系统耐久性、可靠性和适应性。

如图 6-26 所示，燃料电池各关键材料和部件已经形成较完整的产业链，市场上都可以购买到相应的商业化产品，但大多数电池关键材料和部件核心技术仍然被国外技术垄断，大多关键材料和部件需要进口，国内的电池关键材料和部件生产制备技术还需进一步提升和大力发展。我国的燃料电池技术发展任重而道远。

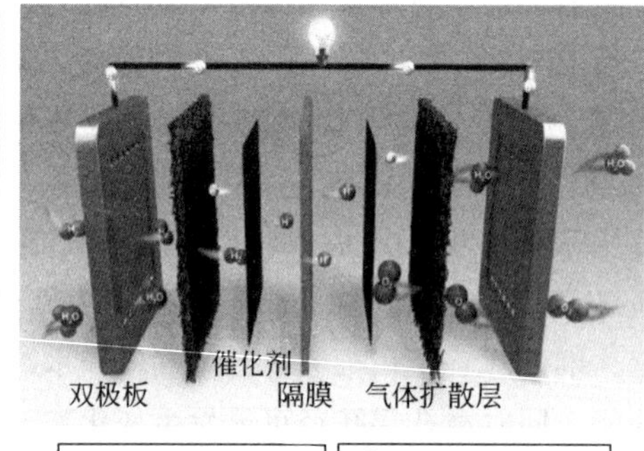

图 6-26　燃料电池产业链

6.4 燃料电池的工作原理

燃料电池从原理上讲实质是一种电化学发电装置，它的发电原理与化学电源一样，是由电极提供电子转移的场所。

如图 6-27 所示，燃料电池工作时，阳极发生燃料（如氢）的氧化过程，阴极发生氧化剂（如氧）的还原过程，导电离子在将阳、阴极分开的电解质内迁移，电子通过外电路做功并构成电的回路。但是燃料电池的工作方式又与常规的化学电源不同，更类似于汽油、柴油发电机，它的燃料和氧化剂不是储存在电池内，而是储存在电池外的储罐中。当电池发电时，要连续不断地向电池内送入燃料和氧化剂，排出反应产物，同时也要排出一定的废热，以维持电池工作温度恒定。燃料电池本身只决定输出功率的大小，储存的能量则由储罐内的燃料与氧化剂的量决定。

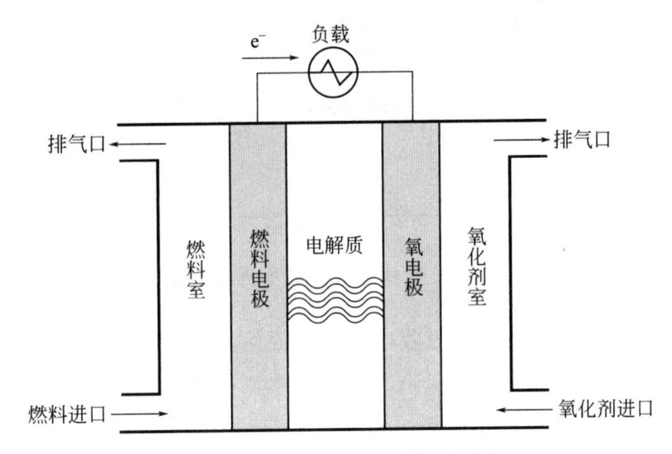

图 6-27 燃料电池工作原理图

以典型的氢氧燃料电池为例，如图 6-28 所示，以氢气为燃料、氧气为氧化剂时，电池的阳极、阴极以及总反应式如下：

阳极反应： $2H_2 \longrightarrow 4H^+ + 4e^-$ (6-1)

阴极反应： $O_2 + 4H^+ + 4e^- \longrightarrow 2H_2O$ (6-2)

电池总反应： $2H_2 + O_2 \longrightarrow 2H_2O$ (6-3)

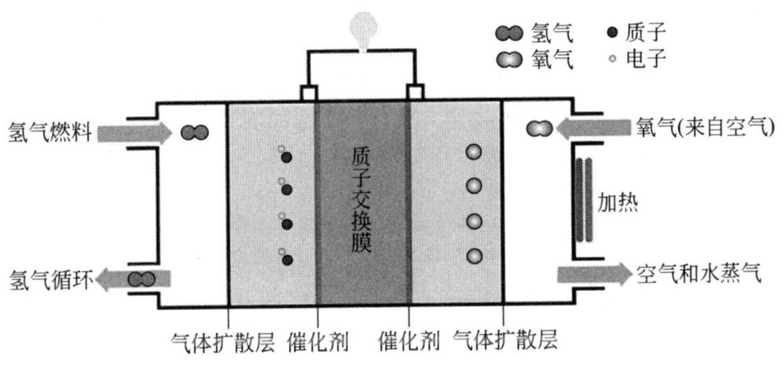

图 6-28 氢氧燃料电池工作原理

燃料电池放电时，电压会随电流密度增加而逐渐降低，将电流密度与电压作图，即可得到图 6-29 所示的电流密度-电压曲线（又称Ⅳ曲线或极化曲线）。该曲线是燃料电池的典型放电曲线，也是衡量燃料电池性能的重要指标之一。

当电流密度增大时，电极反应的不可逆程度随之增大，电压逐渐偏离平衡值（或理论值，此处即开路电压 OCV），出现极化现象，极化过程会产生过电势。根据极化产生的原因可以将极化分为欧姆极化、浓差极化和电化学极化。

电化学极化是由电极表面电化学反应的迟缓性造成的极化，是电极极化的一种基本形式。在低电流密度下容易出现电化学极化。阳极电化学极化意味着在阳极上进行的电氧化反应难以释放电子，为促使其释放电子，就必须使阳极电位更正于平衡电位。阴极电化学极化

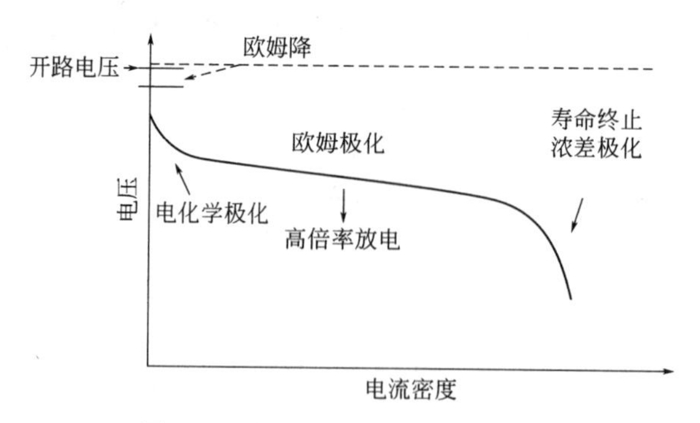

图 6-29　燃料电池的极化特性曲线

则是在阴极上进行的电还原反应难以吸收电子，为促使其吸收电子，就必须使阴极电位更负于平衡电位。有关电化学极化方面的理论尚不够成熟，一般认为，电化学极化与一串连续步骤组成的电极过程中的某个最缓慢步骤的活化能有关。该步骤需要有较高的活化能用以激活参加电极反应的粒子，完成电子的转移。这一额外部分能量，就靠电极的电化学极化提供。

浓差极化是由于溶液中离子扩散过程的迟缓性，造成在一定电流下电极表面与溶液本体的浓度差，产生极化。这种极化随着电流下降，会在宏观的秒级（几秒到几十秒）上降低或消失。

欧姆极化是由电池连接各部分的电阻造成，其压降值遵循欧姆定律，电流减小，极化立即减小，电流停止后立即消失。

电池的内阻随电池放电电流的增大而增大，这主要是放电电流增大使得电池的极化趋势增大，并且放电电流越大，极化的趋势就越明显。根据欧姆定律：$V=E_0-IR$，内部整体电阻 R 的增加，电池电压达到放电截止电压所需要的时间也相应减少，故放出的电量也减少。

开路电压（OCV）：电池在开路（断路）状态下的端电压，其典型单位是 mV、V。

电化学极化（electro-chemical polarization）：又称活化极化，当有电流通过时，由于电化学反应进行的迟缓性造成电极带电程度与可逆情况时不同，从而导致电极电势偏离的现象。

浓差极化（concentration polarization）：因电解槽中电极界面层溶液离子浓度与本体溶液浓度不同而引起电极电位偏离平衡电位的现象。

欧姆极化（ohmic polarization）：电流通过电解质溶液和电极表面的某种类型的膜时产生的欧姆电位降。

6.5 燃料电池的特点

燃料电池由于采用清洁燃料比如氢气、甲醇等，几乎不会产生污染环境的氮、硫氧化物，近似零排放，且运行平稳、无噪声、能量密度高、寿命长，被称为继水电、火电和核电发电之后的人类历史上的第四种稳定发电技术。它具有以下特点。

(1) 发电效率高

燃料电池的发电过程并不经历常规燃料燃烧发电所经历的燃烧释放热能供给热机做功，再把机械能转变为电能的复杂过程，图 6-30 显示了燃料电池直接发电与热机间接发电的区别。

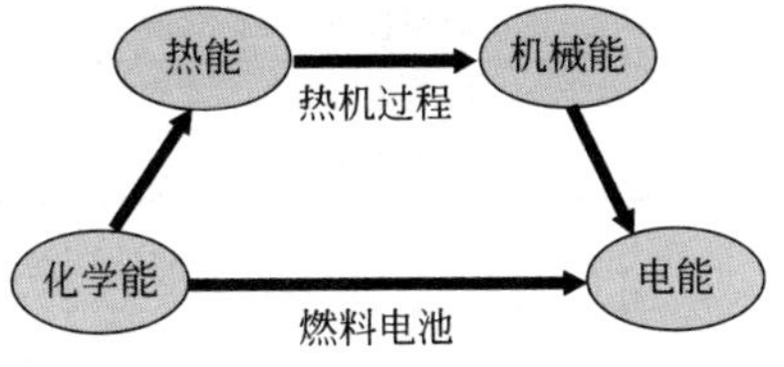

图 6-30 燃料电池直接发电与热机间接发电的区别

由于燃料电池发电不必经历热机过程，所以效率不受卡诺循环的限制，理论能量转化效率高达 85%～90%，即使在受到各种极化限制的情况下，实际能量转化效率仍然可以达到 40%～60%，若实现热电联供，燃料的总利用率可高达 80%以上。

(2) 环境污染小

燃料电池以天然气等富氢气体为燃料时，二氧化碳的排放量比热机过程减少 40%以上，这对缓解地球的温室效应是十分重要的。另外，燃料电池的燃料气在反应前必须脱硫，按电化学原理发电，没有高温燃烧过程，因此几乎不排放氮和硫的氧化物，减轻了对大气的污染。

(3) 比能量高

氢燃料电池的比能量是镍镉电池的 800 倍，直接甲醇燃料电池的比能量比锂离子电池（目前能量密度最高的充电电池）高 10 倍以上。目前，燃料电池的实际比能量尽管只有理论值的 10%，但仍比一般电池的实际比能量高很多。图 6-31 是纯电动车（BEV）和燃料电池车（FCV）在未来汽车运输中的预期应用领域。因为燃料电池的比能量更高，所以在长途（500km 以上）、大吨位（10t 以上）的客（货）运汽车领域应用前景好。表 6-13 是纯电动车（BEV）和燃料电池车（FCV）的技术特性比较。燃料电池的燃料加注时间短，仅需数分钟，而且低温性能优异（在－30℃仍然可以正常使用），但加氢站的数量还较少，加氢站的建设还有待于进一步推进。

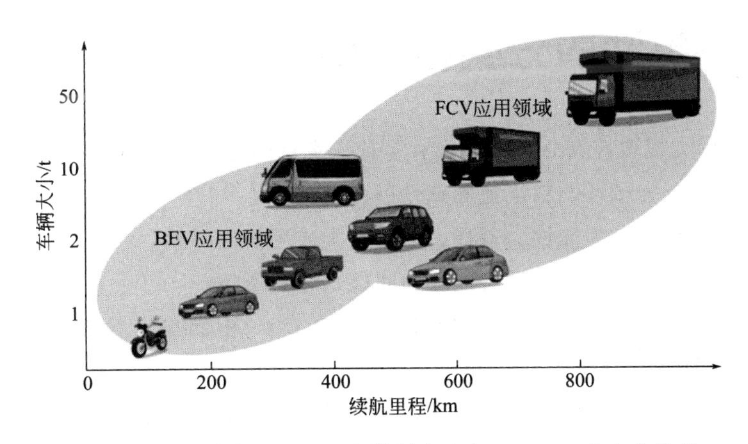

图 6-31 纯电动车（BEV）和燃料电池车（FCV）在未来汽车运输中的预期应用领域

表 6-13　纯电动车（BEV）和燃料电池车（FCV）的技术特性比较

车辆类型	BEV	FCV
储能介质	锂离子电池	氢气
能量密度	<200W·h/kg	约 300W·h/kg
充电（燃料加注）时长	数小时	数分钟
低温性能	严重衰减	−30℃
能量效率	约 90%	约 60%
基础设施	电网和充电桩	加氢站

（4）噪声低

燃料电池结构简单，运动部件少，工作时噪声很低。即使在 11MW 级的燃料电池发电厂附近，所测得的噪声也低于 55dB。

（5）燃料范围广

对于燃料电池而言，只要含有氢原子的物质都可以作为燃料，例如天然气、石油、煤炭等化石燃料，或是沼气、酒精、甲醇等。因此，燃料电池非常符合能源多样化的需求，可减缓主流能源的耗竭。

（6）可靠性高

当燃料电池的负载有变动时，它会很快响应。无论处于额定功率以上过载运行或低于额定功率运行，它都能承受且效率变化不大。由于燃料电池的运行高度可靠，可作为各种应急电源和不间断电源使用。

（7）防红外探测

燃料电池本身无运动部件，自身不产生振动和噪声，红外辐射低，非常适用于安静型潜艇，可提高常规潜艇的隐蔽性。

（8）易于建设

燃料电池采用组装式结构，安装维修方便，不需要很多辅助设施，因此，燃料电池电站的设计和制造相当方便。

6.6 燃料电池的分类和应用

燃料电池的种类很多，其分类方法也有多种，常见的分类方法有以下四种。

① 按运行机理分为酸性燃料电池和碱性燃料电池；

② 按电解质的种类分为酸性、碱性、熔融盐类或固体电解质；

③ 按燃料的类型分为直接式燃料电池和间接式燃料电池；

④ 按燃料电池工作温度分为低温型（低于 200℃）、中温型（200～750℃）和高温型（高于 750℃）燃料电池。

在本书中，我们选用电解质的分类方式，将燃料电池分为碱性燃料电池（alkaline fuel cell，AFC）、磷酸型燃料电池（phosphoric acid fuel cell，PAFC）、质子交换膜燃料电池（proton exchange membrane fuel cell，PEMFC）、熔融碳酸盐燃料电池（molten carbonate fuel cell，MCFC）和固体氧化物燃料电池（solid oxide fuel cell，SOFC）。

如表 6-14 所示，以电解质分类时，不同种类的燃料电池采用的电解质不同，燃料电池的命名与采用的电解质相对应。不同类型的燃料电池工作温度不同，其中熔融碳酸盐燃料电池和固体氧化物燃料电池属于高温燃料电池，其余属于低温燃料电池。碱性燃料电池的实际能量转化效率最高，其余的燃料电池稍低，在 50%左右。质子交换膜燃料电池的功率密度高达 340～3000W/kg，启动时间小于 5s，特别适合应用于需要高功率且快速启动的移动发电领域；其余燃料电池的功率密度都较低，在 180W/kg 以内，且启动时间较长，更适合应用于静态发电领域。不同燃料电池的寿命差别较大，其中熔融碳酸盐燃料电池的寿命最短，仅 2 万小时左右。根据燃料电池的不同特点，碱性燃料电池主要应用于航空航天；磷酸燃料电池主要应用于中小型发电站；质子交换膜燃料电池主要应用于动力汽车和便携电源；熔融碳酸盐燃料电池和固体氧化物燃料电池都主要应用于大型发电站。近年来，燃料电池的商业化应用得如火如荼，如图 6-32 所示。资料显示，从 2008 年至 2011 年，世界范围内燃料电

表 6-14　几种典型燃料电池的特点及应用

电池种类	碱性燃料电池	磷酸燃料电池	质子交换膜燃料电池	熔融碳酸盐燃料电池	固体氧化物燃料电池
电解质	氢氧化钾	磷酸溶液	质子交换膜	碳酸钾	氧化锆
工作温度/℃	25～250	150～210	25～100	600～700	600～1000
能量转化效率/%	65	40～60	55	48	50～65
质量比功率/(W/kg)	35～105	120～180	340～3000	30～40	15～20
启动时间/s	>60	>60	<5	>600	>600
寿命/万小时	5	8～15	6～8	2	2～9
应用领域	航空航天	中小型发电站	动力汽车、便携电源	大型发电站	大型发电站

图 6-32　燃料电池的应用示例

池作为通信网络设备、物流和机场地勤的备用电源市场份额增长了214%。预计到2030年，全球燃料电池的市场规模将达到3042亿元。图6-33显示了2010～2019年各类燃料电池的总装机量。燃料电池的总装机量呈现出明显的逐年上升趋势，2010年仅装机100MW左右，到2019年已装机近1200MW，其中PEMFC的增长趋势尤为显著。

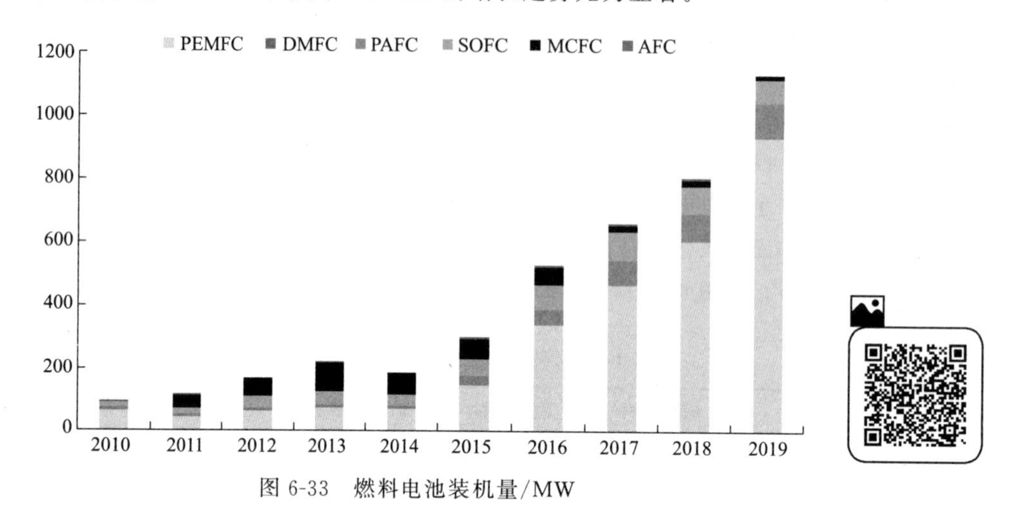

图6-33　燃料电池装机量/MW

燃料电池的固有优势——高效率和低排放，使其具有相当广阔的市场前景和巨大的发展潜力。

6.7 燃料电池的发展历程

我们知道，任何一种技术从发明、发展到广泛应用都要经历很长的历程。燃料电池从发明至今已有190a的历史，图6-34概括性显示了燃料电池的各阶段发展历程，从图中可以看

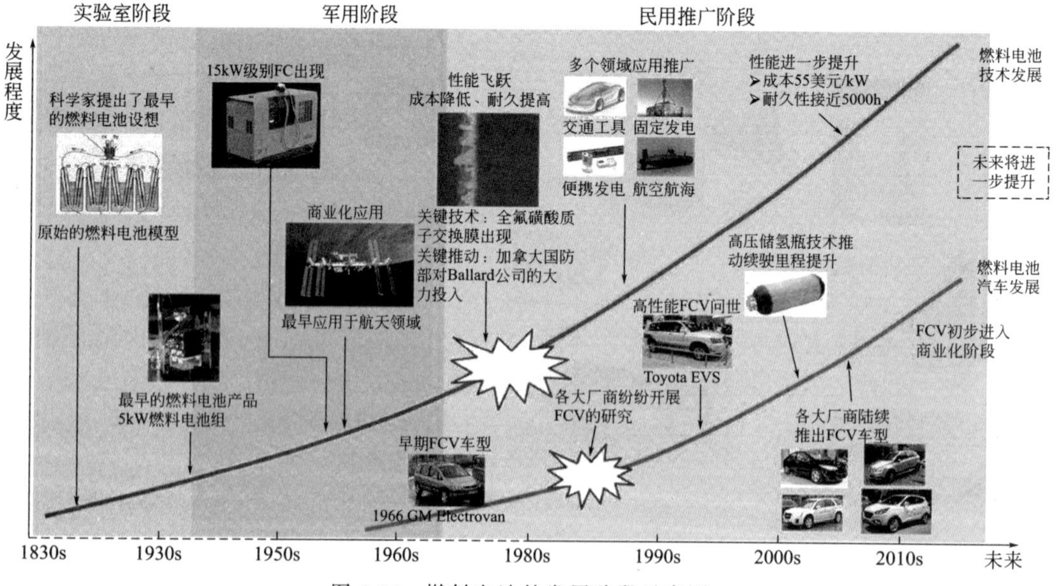

图6-34　燃料电池的发展阶段示意图

出，燃料电池经历了早期的实验室阶段（构建电池模型），中期的军用阶段（航空航天领域的应用），再到现在的民用推广阶段（交通工具和发电领域的应用）。

燃料电池曾因性价比不高而饱受争议，发展道路曲折。能源危机和环境危机极大地推动了燃料电池的发展，燃料电池砥砺前行，通过一代代研究人员的努力，其性能不断提升，成本不断降低，应用范围不断扩大。近年来，燃料电池发展迅猛，性价比稳步提升，加快了其在交通工具、便携发电等民用领域的推广和应用。

6.7.1 国内外燃料电池的发展现状

碱性燃料电池是最早开发的燃料电池技术，在20世纪60年代就成功地应用于航天飞行领域。磷酸型燃料电池也是第一代燃料电池技术，是目前最为成熟的应用技术，已经进入了商业化应用和批量生产。由于其成本太高，目前只能作为区域性电站来现场供电、供热。熔融碳酸型燃料电池是第二代燃料电池技术，主要应用于设备发电。固体氧化物燃料电池以其全固态结构、更高的能量效率和对煤气、天然气、混合气体等多种燃料气体广泛适应性等突出特点，发展最快、应用广泛，成为第三代燃料电池。目前正在开发的商用燃料电池还有质子交换膜燃料电池。它具有较高的能量效率和能量密度，体积重量小，冷启动时间短，运行安全可靠，由于使用的电解质膜为固态，可避免电解质腐蚀，是近年来最为热门的燃料电池之一，也是车用燃料电池的首选。

燃料电池技术的研究与开发已取得了重大进展，技术逐渐成熟，并在一定程度上实现了商业化。作为21世纪的高科技产品，燃料电池已应用于汽车工业、能源发电、船舶工业、航空航天、家用电源等行业，受到各国政府的重视。

我国燃料电池研究始于20世纪50年代末，70年代国内的燃料电池研究出现了第一次高峰，主要是国家投资的航天用碱性燃料电池，如氨-空气燃料电池、肼-空气燃料电池、乙二醇-空气燃料电池等。80年代，我国燃料电池研究处于低潮，90年代以来，随着国外燃料电池技术取得了重大进展，在国内又形成了新一轮的燃料电池研究热潮。1996年召开的第59次香山科学会议上专门讨论了“燃料电池的研究现状与未来发展”，鉴于磷酸燃料电池在国外技术已成熟并进入商品开发阶段，我国开始重点研发质子交换膜燃料电池、熔融碳酸盐燃料电池和固体氧化物燃料电池。

中国科学院（简称中科院）将燃料电池技术列为“九五”院重大和特别支持项目，国家科委也相继将燃料电池技术列入“九五”“十五”攻关、“十一五”“863”“973”等重大计划之中。发展氢能燃料电池技术，被写入《“十三五”国家科技创新规划》中，在十三五末期及十四五期间，科技部将聚焦车用氢燃料电池关键核心技术，以及制氢、储氢、加氢等核心技术的研发，继续强化先进动力电池技术。2019年全国两会期间，氢能也成为代表、委员热议的话题。多位委员将氢气从危化品中分离出来，按照能源属性管理。2019年3月，国务院新闻办举行吹风会，就2019年《政府工作报告》的83处修订进行解读，其中提出“推进充电、加氢等设施建设”。这是氢能首次被写入《政府工作报告》，氢能已成为国家能源战略的重要组成部分。

目前，中国在燃料电池关键材料、关键技术的创新方面已取得了许多的突破，已陆续开发出 30kW 级氢氧燃料电极、燃料电池电动汽车等。燃料电池技术，特别是质子交换膜燃料电池技术得到了迅速发展，相继开发出 60kW、75kW 等多种规格的质子交换膜燃料电池组；开发出电动轿车用净输出 40kW、城市客车用净输出 100kW 燃料电池发动机，使中国的燃料电池技术跨入世界先进国家行列。

燃料电池汽车是当下氢能应用的主要形式之一。按照《中国氢能产业基础设施发展蓝皮书》提出的目标，到 2020 年，中国燃料电池车辆要达到 1 万辆、加氢站数量达到 100 座，行业总产值达到 3000 亿元；到 2030 年，燃料电池车辆保有量要“撞线”200 万，加氢站数量达到 1000 座，产业产值将突破 1 万亿元。

2016 年，上汽集团旗下的上汽大通在北京车展首次推出了 FCV80 轻客车型（图 6-35），开启了商业化运营，规模约 100 台。

这是首款真正具有商业化意义的燃料电池产品，标志着中国燃料电池产品走出实验室，进入产业化阶段。FCV80 是集领先技术倾力打造的中国首款燃料电池宽体轻型客车，该车型搭载了中国科学院大连化学物理研究所产业化企业新源动力股份有限公司生产的燃料电池电堆模块。它基于上汽大通 V80 平台，以上汽新一代氢燃料电池系统为动力源而开发的可插电式双动力源燃料电池汽车，是国际同级轻客中第一款绿色环保燃料电池汽车，代表了中国汽车工业最尖端技术。同时 FCV80 也是国内最早且唯一商业化的燃料电池宽体轻客车型。

2019 年 3 月 20 日，我国武汉光谷一家地质资源环境工业技术研究院经过多年开发在全球首发了氢能源乘用车品牌——格罗夫，同时在国内首发了第一款氢燃料电池汽车，该车在 2019 年 4 月份的上海车展亮相（图 6-36）。

图 6-35　国内首款燃料电池宽体轻型客车——FCV80

图 6-36　国内首款氢燃料电池汽车——格罗夫

这款格罗夫氢燃料电池汽车集合了国内外顶级技术，车身材质来源于高端超跑、航天器材这一类超高标准的市场，在保证车身安全是同级最优的情况下，还实现轻量化设计，动力性能和配件都达到业界一流水平。

燃料电池的开发是一个大型的系统工程，“官、产、研”结合是国际上燃料电池研究开发的一个显著特点，也是必由之路。虽然燃料电池在我国的发展遇到过一些挫折，并且我国的燃料电池技术也与发达国家还有一定差距，但目前，我国政府高度重视，投入了大量研发资金，研究单位众多，具有多年的人才储备和科研积累，产业部门的兴趣不断增加，同时鉴于燃煤和燃油环境污染日趋严重，清洁能源技术需求迫切，这些都为我国燃料电池的快速发展带来了无限的生机。开发燃料电池这种洁净能源技术显得极其重要，这也是高效、合理使用资源和保护环境的一个重要途径（表 6-15）。

表 6-15　我国 2019 年燃料电池产业短、中、长期发展规划

产业目标	现状（2019 年）	近期目标（2020～2025 年）	中期目标（2026～2035 年）	远期目标（2035～2050 年）
氢能源比例/%	2.7	4	5.9	10
加氢站/座	23	200	1500	10000
燃料电池车/万辆	0.2	5	130	500
固定式电源（电站）/座	200	1000	5000	20000
燃料电池系统/万套	1	6	150	550

6.7.2 日本的燃料电池发展现状及规划

自李克强总理 2018 年 5 月参观日本丰田 Mirai 汽车以来，日本的燃料电池技术再次被推向全球风口浪尖。目前日本的燃料电池技术已处于世界领先水平，2014 年，丰田率先推出世界上第一款量产的氢燃料电池汽车 Mirai（图 6-37）。

日本新能源产业技术综合开发机构（NEDO）和日本燃料电池实用化推进协议会（FCCJ）发布了 2040 年日本国内的燃料电池目标计划，全部目标包括：峰值功率工作电压 0.85V、电堆功率密度 9kW/L、最大工作温度 120℃、耐久性大于 15a、续航里程 1000km、燃料电堆成本 1000 日元/kW。

图 6-37　世界首款量产的氢燃料电池汽车——Mirai

图 6-38 是日本 NEDO 和 FCCJ 在 2017 年发布的 2040 年燃料电堆电流-电压性能发展路线图，其中 2030 年目标峰值功率工作电压为 0.66V，对应电流密度为 3.8A/cm^2，催化剂担载量 0.05～0.1g(Pt)/kW，0.2A/cm^2 电流密度对应电压 0.84V；2040 年目标峰值功率工作电压为 0.85V@4.4A/cm^2，催化剂担载量 0.03g(Pt)/kW，0.2A/cm^2 电流密度对应电压 1.1V。

在日本国内，丰田和本田均已推出搭载峰值体积比功率 3.1kW/L 电堆的燃料电池汽车。但燃料电堆功率密度仍大大低于燃油发动机。如图 6-39 所示，以本田为例，其最新一代燃料电池汽车 Clarity 动力系统体积与 V6 3.5L 燃油发动机基本相当，但电堆峰值功率为 103kW，仅为 V6 3.5L 燃油发动机的一半。如果日本 NEDO 发布的燃料电堆目标体积比功率 9kW/L 可以实现，届时燃料电池汽车动力系统功率密度有望超过燃油发动机，真正实现与传统汽车的抗衡。

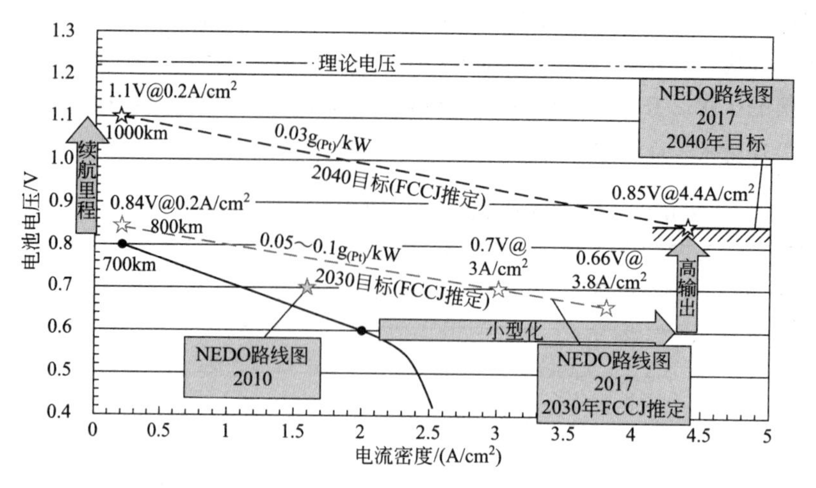

图 6-38 日本燃料电堆电流-电压性能发展路线图（NEDO 和 FCCJ 规划）

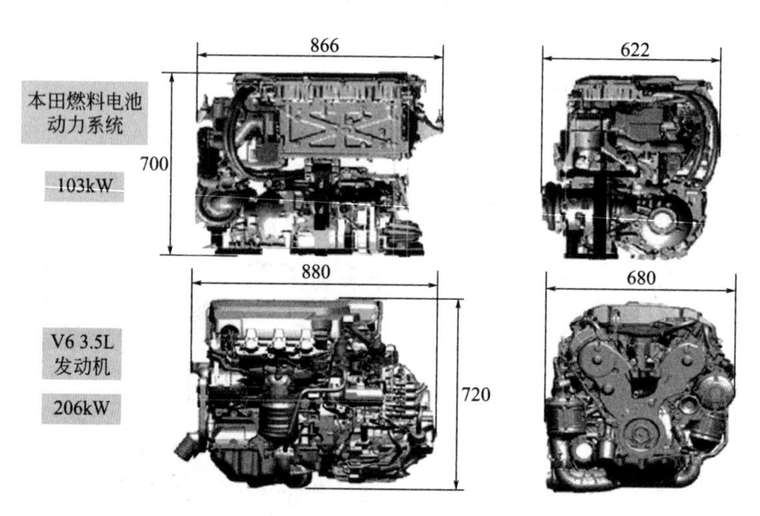

图 6-39 本田燃料电池动力系统与燃油发动机对比（单位：mm）

目前，日本丰田和本田燃料电堆工作温度区间为 75～80℃，电堆冷却液进出口温差在 7～15℃，距离最大工作温度 120℃的目标还有较大的提升空间。通过提高单体电压至 0.85V 以上，可大大减少电化学反应过程中产生的热量，从源头上减少热量产生，提高工作温度。至 2040 年，燃料电池汽车寿命预计将超过 15a。其中，燃料电池乘用车寿命超 15 万公里，燃料电池大巴寿命超 75 万公里，燃料电池列车寿命超 100 万公里。

丰田 Mirai 搭载的燃料电堆栈是由 370 片单电池组成的，因此被称为“堆栈”或“电堆”，一共可以输出 114kW 的发电功率。如图 6-40 所示，丰田的燃料电堆经历了十几年的技术优化和发展，逐步形成了自己的特色结构和性能。

这些特殊的结构设计，使整个电堆的发电效率达到了世界先进水平，目前达到了 3.1kW/L，相比 2008 年的技术整整提升了 2.2 倍。Mirai 燃料电池汽车在全球首次采用了 3D fine-mesh 空气流场（图 6-41）。

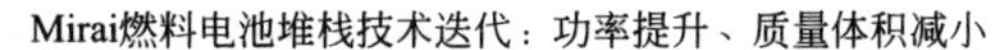

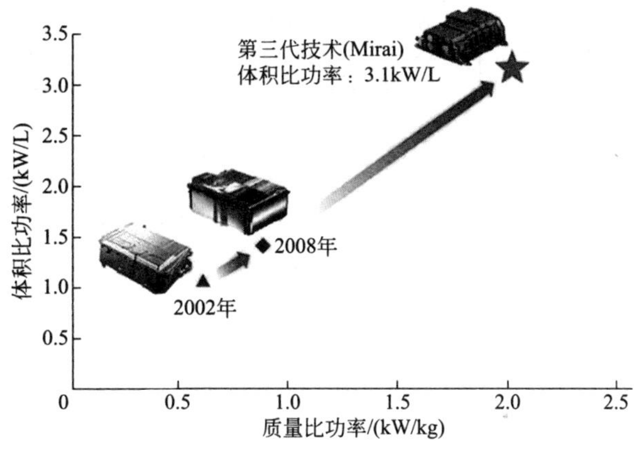

图 6-40　Mirai 燃料电池电堆技术换代

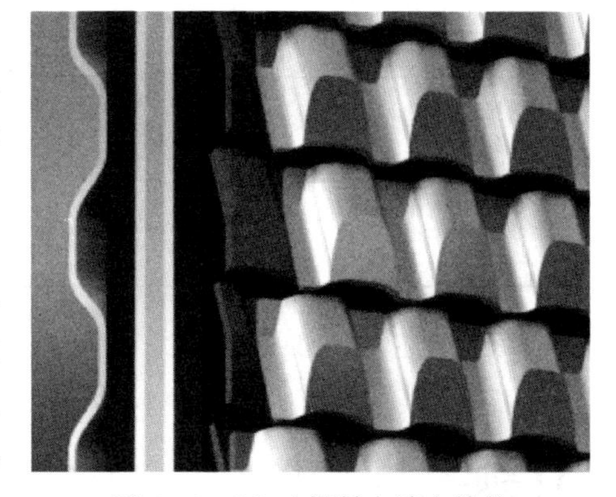

图 6-41　Mirai 燃料电池电堆的 3D fine-mesh 空气流场结构

这种憎水性流场可以使产物水快速排除，抑制聚集水阻碍气体流动，窄化流道脊，增强湍流或对流强度，提高空气扩散率。通过改善电池排水和气体扩散性能，有效保证了电池平面发电的均一性，提升了电堆的性能。

目前，日本丰田 Mirai 和本田 Clarity 两款燃料电池汽车满载储氢质量都为 5kg（70MPa），在 JC08 工况下续航里程分别为 650km 和 750km（丰田 Mirai 满载储氢的容积为 122.4L、本田 Clarity 满载储氢的容积为 141L）。燃料电池汽车的续航里程主要和氢气储存压力和体积相关。现在国际主流燃料电池汽车已实现续航里程 700～800km 的前提下，预计达到 1000km 续航里程并不难。

到 2040 年，燃料电池汽车年产实现 50 万台时，日本 NEDO 设定的燃料电池电堆成本目标值为 1000 日元/kW，燃料电池系统成本目标值为 2000 日元/kW，氢气瓶成本目标值为 10 万日元/个。因此，燃料电池汽车目前最大的研发课题仍然是降低燃料电池关键材料和部件的成本和售价。

几款主流燃料电池汽车性能参数对比见表 6-16。

表 6-16　几款主流燃料电池汽车性能参数对比

指标 \ 车型	丰田 Mirai	现代 IX35	通用 Equinox	日产 X-trial	奔驰 F-Cell	本田 Clarity
车重/kg	1850	2290	1800	1860	1718	1890
最高车速/(km/h)	175	160	160	150	170	165
0～100km/h 加速时间/s	9.6	12.5	12	14	11.3	8.8

续表

指标＼车型	丰田 Mirai	现代 IX35	通用 Equinox	日产 X-trial	奔驰 F-Cell	本田 Clarity
燃料电池功率/kW	114（2020年新一代升级为128）	100	92	90	100	103
燃料电池体积/重量	37L/56kg	60L	130kg	34L/43kg	—	—
燃料电池功率密度	3.1kW/L（2020年新一代升级为4.4kW/L）、2.0kW/kg	1.65kW/L	0.7kW/kg	2.5kW/L	—	3.1kW/L
燃料电池低温性能/℃	−30	−30	−30	−30	−25	−30
燃料电池铂用量/g	20	40	30	40	—	—
燃料电池耐久性/h	>5000	5000	5500	—	>2000	—
续航里程/km	650（2020年新一代升级为850）	594	320	500	616	750

综上所述，我们可以预见，燃料电池的应用前景十分光明。

习题

一、选择题

二、简答题

1. 燃料电池有哪些关键材料和部件？它们在燃料电池中的作用是什么？
2. 请绘制燃料电池的极化特性曲线示意图并对曲线上对应的各极化区分别加以说明。
3. 结合燃料电池关键材料最新技术研究进展，阐述下一代膜电极的设计途径。

三、讨论题

1. 查阅资料，分析Mirai燃料电池电堆的结构特点及工作原理。
2. 燃料电池的寿命（或耐久性）与哪些因素有关？分析燃料电池性能衰减的原因。
3. 结合目前燃料电池的发展趋势，你认为燃料电池汽车最终能取代燃油汽车吗？

参考文献

[1] Ryan O'Hayre，车硕源 Whitney Colella，著. 燃料电池基础［M］. 王晓红，黄宏，等，译. 北京：电子工业出版社，2007.

[2] 衣宝廉. 燃料电池——原理・技术・应用［M］. 北京：化学工业出版社，2003.

[3] Kui Jiao，Jin Xuan，Qing Du，et al. Designing the next generation of proton-exchange membrane fuel cells［J］. Nature，2021，595：361.

第 7 章

碱性燃料电池

7.1 碱性燃料电池的结构及工作原理

碱性燃料电池，最早是由美国航天局开发并获得成功应用的燃料电池，早在 20 世纪 60 年代就在航空航天领域达到了实用化阶段并被用于美国阿波罗登月宇宙飞船和航天飞机（图 7-1）。

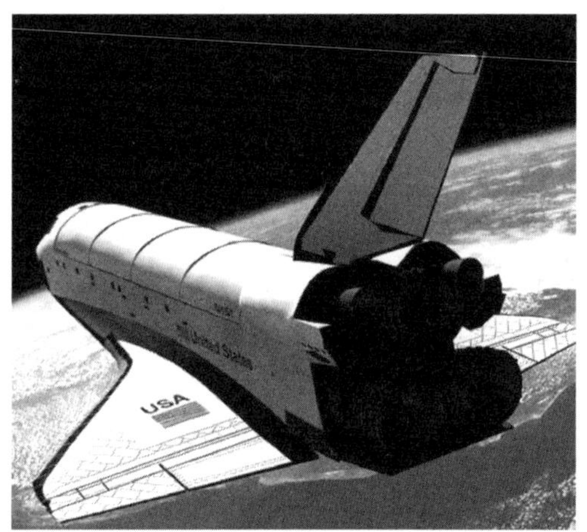

图 7-1　采用碱性燃料电池的阿波罗登月宇宙飞船和航天飞机

碱性燃料电池通常采用 35%～45% 的 KOH 或 NaOH 溶液作为电解质，用 H_2 或 NH_3、N_2H_4 裂解产生的 H_2 为燃料，空气或 O_2 为氧化剂，使用贵金属（如 Pt、Pd、Au、Ag 等）和过渡金属（如 Ni、Co、Mn 等）或者由它们组成的合金等作为催化剂。AFC 的常见结构有基体型和自由电解液型。基体型 AFC 包含电解液用量增减调节部件和冷却板，是一种叠层结构。早期的 AFC 系统大都采用吸附了饱和 KOH 溶液的石棉膜作为电解质隔膜，石棉膜的作用除了分隔燃料和氧化剂外，还能保持电解液，但也会被电解液浸蚀。Allis-Chalmers 公司率先研制出了这种石棉膜基体型 AFC（图 7-2），并将其用于航天飞机。

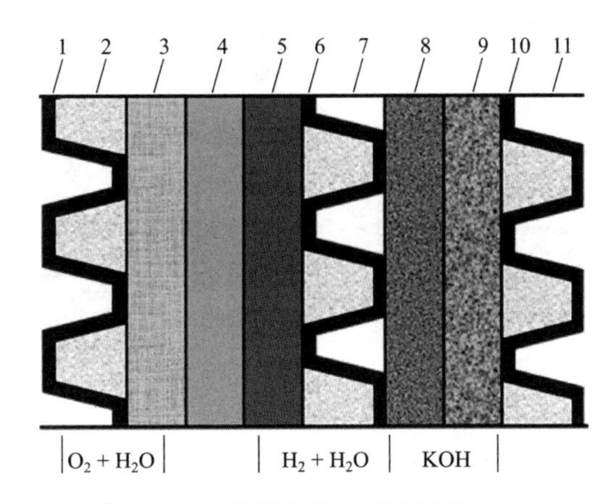

图 7-2 石棉膜基体型碱性燃料电池

1—氧支撑板；2—氧蜂窝（气室）；3—氧电极；4—石棉膜；5—氢电极；6—氢蜂窝（气室）；7—氢支撑板；8—排水膜；9—排水膜支撑板；10—除水蜂窝（蒸发室）；11—除水蜂窝板

自由电解液型 AFC 是近年来研究较多的电池类型，该电池内部包含电解液循环系统，可以在电池外部冷却电解液和蒸发水分，且容易适应液体体积变化和进行电解液交换。将电极以电解液保持室隔板的形式黏结在塑料制成的电池框架上，然后加上镍制隔板即可构成单电池。

自由电解液型 AFC 的单电池结构如图 7-3 所示。气体及电解液通道的密封材料采用橡胶垫圈，采用氢气循环法除水时，氢电极背面的多孔镍制隔板可起到电解液储存槽的作用，以调节由温度和浓度变化引起的电解液体积变化。为了达到应用要求，可以将多个单电池串联成电堆。

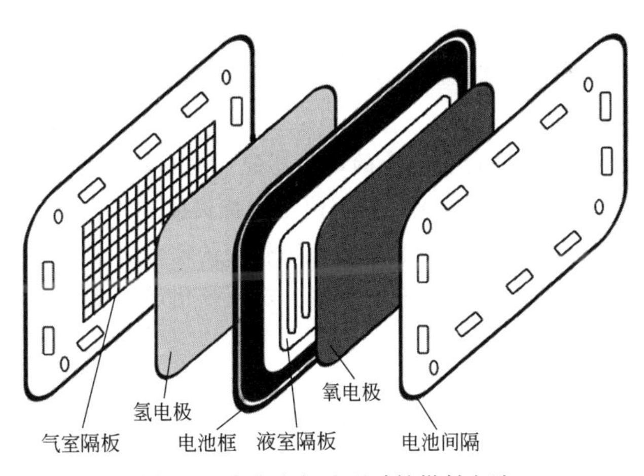

图 7-3 自由电解液型碱性燃料电池

如图 7-4 所示，当以氢气为燃料、氧气为氧化剂、强碱溶液为电解质时，碱性燃料电池的阳极、阴极以及总反应式如下：

阳极反应： $$2H_2+4OH^- \longrightarrow 4H_2O+4e^- \quad (7\text{-}1)$$

阴极反应： $$O_2+2H_2O+4e^- \longrightarrow 4OH^- \quad (7\text{-}2)$$

电池反应： $$2H_2+O_2 \longrightarrow 2H_2O \quad (7\text{-}3)$$

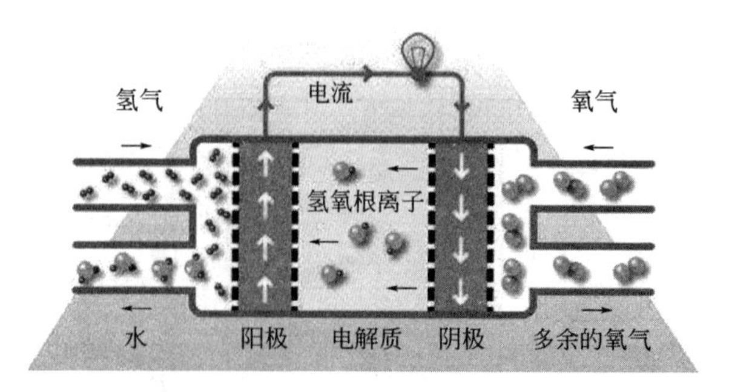

图 7-4　碱性燃料电池的工作原理示意图

碱性燃料电池的电化学反应与氢氧根从阴极移动到阳极和氢反应生成水和电子略有不同。这些电子是用来为外部电路提供能量，然后回到阴极与氧和水反应生成氢氧根离子，实现氢氧根离子的再生。

7.2　碱性燃料电池的特点

与大多数燃料电池不同的是，碱性燃料电池不仅可以采用贵金属催化剂，也可以采用非贵金属催化剂。使用贵金属催化剂时，将铂或铂合金等以颗粒形式沉积在碳载体上或将其作为镍基金属电极的一部分；使用非贵金属催化剂时，常采用雷尼镍、雷尼铜等粉末作为阳极催化剂。AFC 电极材料要求导电性好、足够的机械强度和合适的孔隙率，且在碱性电解质环境中具有一定且长效的化学催化活性。电极的亲疏水性对其寿命影响较大，进而影响电池系统性能。亲水性金属电极主要应用于空间领域的 AFC 系统，而疏水性的碳基电极主要应用于地面应用的 AFC 系统。碳基电极中含有憎水的聚四氟乙烯（PTFE），通过控制憎水性，可大大延长电极的寿命。

与其他燃料电池相比，碱性燃料电池的氧化还原反应在碱性环境下的反应动力学过程较快，因此可以使用较为廉价的催化剂如铁、镍等代替贵金属催化剂（如铂等），可明显降低燃料电池的生产和运行成本。此外，碱性环境下较快的动力学过程使得甲醇、乙醇等也可作为燃料使用，拓展了燃料种类，并且碱性环境对金属催化剂的腐蚀性比酸性环境小，可以延长电堆的使用寿命。

AFC 技术成熟、成本低，具有较高的能量转化效率，可以在室温下启动，较快达到额定负荷，而且运行稳定，寿命长。碱性燃料电池的高效率、稳定、耐久等优点，使其迄今为止仍是最适合于太空使用的燃料电池。虽然碱性燃料电池的研究和应用已比较成熟，但仍然存在以下问题：

① 碱性燃料电池实际使用中，往往采用空气作为氧化剂，空气中的 CO_2 会毒害碱性电解质生成碳酸根离子，对电池的效率和使用寿命会造成影响，使得碱性燃料电池系统需要复杂的 CO_2 脱除装置，而且只能用纯 H_2 作为燃料，增加了原料成本；

② 碱性燃料电池的电解质采用腐蚀性的碱液，长时间使用不但具有一定的危险性，而且容易造成环境污染；

③ 碱性燃料电池的催化剂一般需采用贵金属铂才能获得高的电池性能，并且需要一个控制体系来保持电解质浓度的恒定。这些因素使碱性燃料电池系统变得复杂，成本提高，加上其功率密度不高，启动时间较长，导致其目前不适合用于民用的交通工具和便携电源。

7.3 碱性燃料电池的发展现状

20 世纪 60 年代初，碱性燃料电池被用于太阳神阿波罗太空飞船登月飞行，标志着燃料电池技术成功应用。碱性燃料电池能够在太空飞行中成功应用，因为空间站的推动原料是氢和氧，电池反应生成的水经过净化可供宇航员饮用，其供氧系统还可以与生保系统互为备份，而且对空间环境不产生污染。20 世纪 90 年代以来，众多汽车生产商都在研究使用低温燃料电池作为汽车动力的可行性。由于低温碱性燃料电池存在易受 CO_2 毒化等缺陷，使其在汽车上的应用受到限制。但碱性燃料电池可以不采用贵金属催化剂，如果使用 CO_2 过滤器或碱液循环等手段去除 CO_2，克服其致命弱点后，用于汽车的碱性燃料电池将具有现实意义。因此，碱性燃料电池领域近年的研究重点是 CO_2 毒化解决方法和替代贵金属的催化剂。CO_2 毒化问题可以通过多种方式解决，如通过电化学方法消除 CO_2，使用循环电解质、液态氢，以及开发先进的电极制备技术等。德国 Siemens 公司开发了 100kW AFC 并在 U-1 型潜艇上试验，将其作为不依赖空气动力源并获得成功。2007 年，日本汽车制造商大发工业（Daihatsu）宣布开发出了一款无铂的碱性燃料电池。该技术适用于小型、有限范围的汽车，对性能和耐久性的要求不像大型汽车那么严格，但该技术还处于初级阶段，近期不会出现商业化产品。AFC Energy 是全球领先的碱性燃料电池电力公司。2019 年，他们宣布推出了新型的高功率密度的碱性燃料电池（图 7-5）。

图 7-5　AFC Energy 开发的新型碱性燃料电池

相比传统的碱性燃料电池，这种新型碱性燃料电池具有更快的响应时间、更大的功率密度、更小的体积和占地面积，同时仍保持高的效率，能够接受低品位氢燃料来源，有望应用于交通领域。

在我国，碱性燃料电池的研究起步也很早，中国科学院长春应用化学研究所（简称中科院长春应化所）在 60 年代末就进行了碱性燃料电池的研究，70 年代曾出现过研制碱性燃料电池的高潮。中科院大连化学物理研究所研制成功两种石棉膜型、静态排水的碱性燃料电池。一种为以纯氢、纯氧为燃料和氧化剂，带有水回收与净化分系统；另一种为以肼（N_2H_4）分解气（其中 H_2 体积分数>65%）为燃料，空气中氧气为氧化剂。这两种碱性燃料电池系统都通过了例行的航天环模实验。天津电源所进行了培根型和石棉膜型动态排水碱性燃料电池研究，成功研制了动态排水石棉膜型碱性燃料电池系统。中科院大连化物所在70年代组装了10kW、20kW以NH_3分解气为燃料的电池组，并进行了性能测试，80年代研制成功了千瓦级水下用的碱性燃料电池。

根据工作温度不同，碱性燃料电池可分为中温（工作温度约为250℃）和低温（工作温度低于100℃）燃料电池两种。中温碱性燃料电池主要用于航天飞行和太空项目上的动力电源，经过几十年的使用，已被证明是安全可靠的太空电源；低温碱性燃料电池是今后科研工作者开发的重点方向，其应用目标主要是地面便携式电源和交通工具动力电源。

近年来，研究人员虽然在CO_2毒化解决方法和替代贵金属的催化剂方面取得了较大的进展，为低温碱性燃料电池的交通工具应用创造了可能性，但其真正要实现商业化还有较长的路要走。

习题

一、简答题

1. 简述碱性燃料电池的优缺点。
2. 对比石棉膜基体型和自由电解液型碱性燃料电池。
3. 简述低温碱性燃料电池的CO_2毒化机制及解决办法。

二、讨论题

1. 为什么国内的碱性燃料电池近年来发展缓慢呢？
2. 低温碱性燃料电池未来作为汽车的动力源有可行性吗？

参考文献

[1] Ryan O'Hayre，车硕源，Whitney Colella，著.燃料电池基础［M］.王晓红，黄宏，等，译.北京：电子工业出版社，2007.

[2] 衣宝廉.燃料电池——原理·技术·应用［M］.北京：化学工业出版社，2003.

第8章

磷酸燃料电池

8.1 磷酸燃料电池的结构及工作原理

磷酸燃料电池是以磷酸为电解质的酸性燃料电池，其依靠酸性电解液传导氢离子。磷酸燃料电池被称为继火电、水电、核电之后的第四种发电方式，是目前使用最多的燃料电池之一，也是最早成为商品的中低温燃料电池，主要用于发电领域。磷酸燃料电池的工作温度在150～220℃之间，发电效率在42%左右，功率在50～200kW之间，是目前商业化发展较好的一类燃料电池。

如图8-1所示，磷酸燃料电池主要由燃料极、电解质层和空气极构成。燃料极和空气极都是由基材和催化剂层组成，实质是两块涂布有催化剂的多孔碳素板电极。电解质层包括磷酸电解质和硅碳化物隔膜，磷酸电解质是一种黏滞液体，多孔硅碳化物隔膜经饱和浓磷酸浸泡后可以通过内部的毛细管作用来储存磷酸电解质。燃料中的氢原子在燃料极释放电子成为氢离子。氢离子通过电解质层，在空气极与氧离子发生反应生成水。

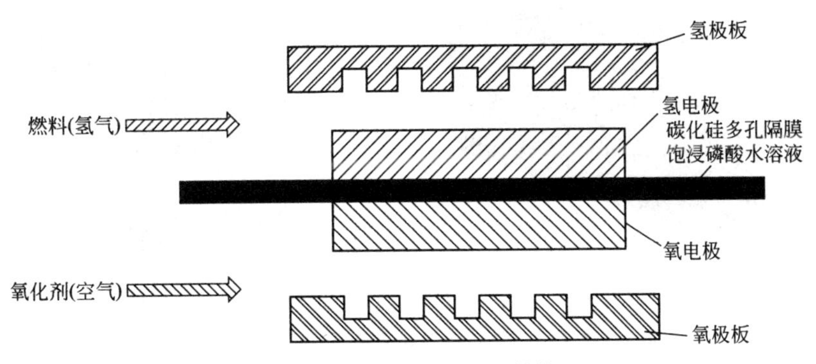

图8-1　磷酸燃料电池的结构

如图8-2所示，当以氢气为燃料、氧气为氧化剂、磷酸为电解质时，氢氧燃料电池的阳极、阴极以及总反应式如下。

阳极反应：

$$2H_2 \longrightarrow 4H^+ + 4e^- \quad (8\text{-}1)$$

阴极反应：

$$O_2 + 4H^+ + 4e^- \longrightarrow 2H_2O \quad (8\text{-}2)$$

电池总反应：

$$2H_2 + O_2 \longrightarrow 2H_2O \quad (8\text{-}3)$$

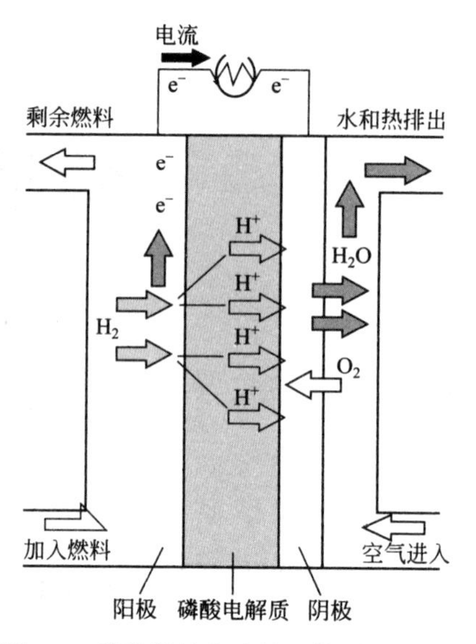

图 8-2　磷酸燃料电池的工作原理示意图

将多个磷酸燃料电池单电池进行叠加，为降低发电时内部的热量，每枚电池片中叠加嵌入冷却板，这样就构成了输出功率稳定的基本电堆。基本电堆再加上用于上下固定的构件、供气用的集合管等构成磷酸燃料电池的电堆，电堆与燃料转化装置、热量管理单元及系统控制单元等辅助设施构成电池系统。磷酸燃料电池的电堆及其结构，如图 8-3 所示。

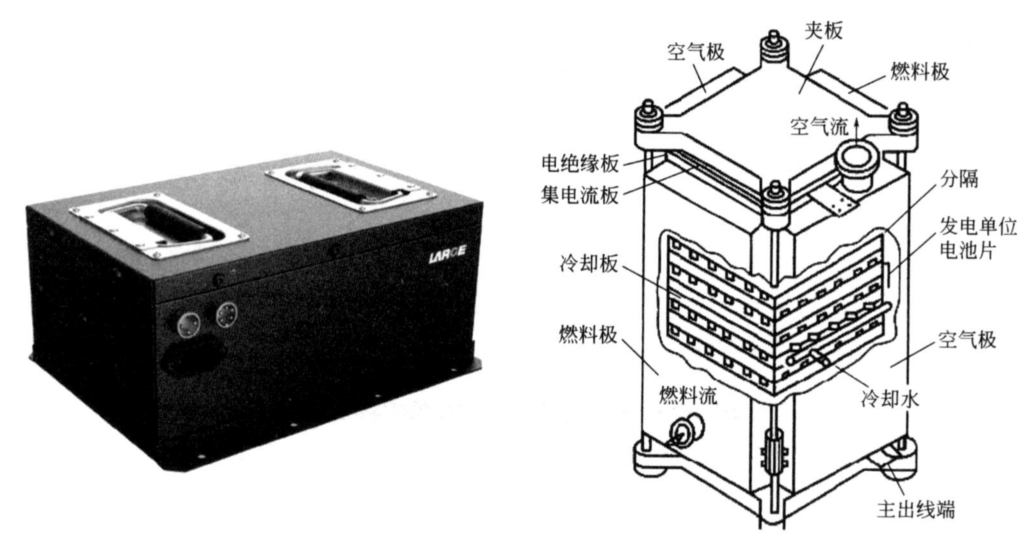

图 8-3　磷酸燃料电池电堆及其结构

8.2 磷酸燃料电池的特点

磷酸燃料电池是商业实用化程度最高的中低温燃料电池，其单体电池由隔板、阳极气室、阴极气室、电解质层、冷却板组成。磷酸燃料电池的气室由双极板构成，气体燃料与氧化剂均匀分布，两级气室互不相通。磷酸燃料电池的催化剂以铂和铂合金为主，也有少量大环化合物作催化剂，但其稳定性不太好。磷酸燃料电池的电极是疏水黏结性气体扩散电极，为多孔结构，反应气体先通过电极的孔道，融入电解质，再扩散到液-固相界面发生电化学反应。磷酸是磷酸燃料电池的电解质，磷酸不易挥发，即使燃料气体中掺入少量CO也不易中毒。磷酸作为电解质，需要固定在多孔隔膜材料中，依靠毛细作用吸附电解质，因此，电解质隔膜要求绝缘，防止阴极与阳极气体相通（气体交叉导致性能下降），还要有良好的导热性，具有一定的机械强度，能在200℃左右保持稳定工作。磷酸的CO_2耐受性也很优秀，不必去除燃料气体中的CO_2。磷酸的这些特性使燃料要求降低，可以从城市天然气、沼气、工厂废弃物等提取。我国天然气的供应量逐步增多，天然气所占能源的比例越来越大，磷酸燃料电池的燃料来源问题可以通过天然气重整得到很好的解决。典型的磷酸燃料电池的燃料气体中含约80%H_2、20%CO_2和少量的CH_4、CO及硫化物，当燃料气体纯度不能满足电池要求时，可将燃料气体通过燃料转化装置（高温催化）进行脱硫、重整和变换处理（表8-1）。

表8-1　燃料气体的转化过程

燃料转化项目	脱硫过程	天然气重整过程	CO变换过程
作用	脱硫	天然气转化为H_2和CO	CO变换为富氢
反应式	$R\text{-}SH+H_2 \longrightarrow R\text{-}H+H_2S$ $H_2S+ZnO \longrightarrow ZnS+H_2O$	$CH_4+H_2O \longrightarrow CO+3H_2$	$CO+H_2O \longrightarrow CO_2+H_2$
操作条件	温度：573～673K 压力：0～0.98MPa	温度：1023～1123K 压力：0～0.98MPa 水碳之比：2～4	温度：593～753K； 453～553K 压力：0～0.98MPa
催化剂	Co-Mo催化剂或Ni-Mo催化剂、ZnO	Ni催化剂	Fe-Cr催化剂 Cu-Zn催化剂

磷酸燃料电池与其他类型的燃料电池相比，概括起来，具有以下特点。

① 磷酸燃料电池与质子交换膜燃料电池及碱性燃料电池不同的是不需要纯氢气作燃料，具有构造简单、稳定、电解质挥发度低且价廉、启动时间合理等优点。目前，磷酸燃料电池能成功地应用于固定领域，已有许多发电能力为0.2～20MW的工作装置被安装在世界各地，为医院、学校和小型电站等提供动力。

② 磷酸燃料电池的工作温度比质子交换膜燃料电池和碱性燃料电池的略高，位于150～200℃。工作压力为0.3～0.8MPa，单电池的电压为0.65～0.75V。较高的工作温度使其对杂质的耐受性较强，当其反应物中含有1%～2%的CO和百万分之几的硫化物时，磷酸燃料电池可以正常工作。尽管磷酸燃料电池的工作温度较高，但仍需昂贵的铂催化剂来加速反应。

③ 高运行温度（150℃以上）引起的另一问题是与燃料电池电堆升温相伴随的能量损耗。每当磷酸燃料电池启动时，必须消耗一些能量（即燃料）用于加热电池直至其运行温度；反之，每当电池关闭时，相应的一些热量（即能量）也将被耗损。若应用于轻型车辆上，由于市区内驾驶情况通常是短时运行，该损耗是显著的。然而，在公共交通运输情况下，对于公共汽车而言，这一问题是次要的。即磷酸燃料电池可用作公共汽车的动力，而且

目前有许多这样的系统正在运行，但这种燃料电池很难应用在轿车上。

④ 磷酸电解液的温度必须保持在42℃（磷酸冰点）以上。冻结的和再解冻的磷酸将难以使电堆活化。保持电堆在该温度之上，需要额外的设备，这就需要增加成本，增大系统的重量和体积，使系统更加复杂。磷酸燃料电池电堆的保温措施虽然对固定式应用而言是次要的，但对普通车辆应用来说是不相容、不合适的。

⑤ 磷酸燃料电池的缺点是采用了昂贵的催化剂（比如铂）、酸性电解液的腐蚀性、二氧化碳的毒化和低效率。用贵金属铂作催化剂成本较高，如燃料气中CO含量过高，则催化剂容易毒化而失去催化活性。磷酸燃料电池的效率比其他燃料电池低，约为40%，其预热的时间也比质子交换膜燃料电池长。

8.3 磷酸燃料电池的发展现状

20世纪60年代，磷酸燃料电池最早在美国开始研究，磷酸燃料电池工艺的发展主要是在70年代后期开发出合适的炭黑和石墨等燃料电池零部件才取得重大突破。以天然气为燃料的11kW磷酸燃料电池验证性电站已建成并投入运行，其能量利用率可高达70%～80%。采用磷酸燃料电池的50～250kW独立发电设备能够作为分布式发电站用于医院、旅馆等。许多医院、旅馆和军事基地使用磷酸燃料电池覆盖了部分或总体所需的电力和热供应。实践已经证明了磷酸燃料电池电站运行的可靠性。美国是磷酸燃料电池技术开发及应用的主要国家，现已建造了1MW、4.5MW和7.5MW的电站。但因其运行温度较高等问题，使这一技术在车辆中的应用很少。

受1973年以来世界性石油危机以及美国磷酸燃料电池研发的影响，日本决定开发各种类型的燃料电池，磷酸燃料电池作为大型节能发电技术由新能源产业技术开发机构进行开发。

1991年，东芝与美国国际燃料电池公司（IFC）联合为东京电力公司建成了世界上最大的11MW磷酸燃料电池装置。该装置发电效率达41.1%，能量利用率为72.7 %。

1993年9月，大阪煤气公司在大阪建造了未来型试验住宅NECT21。该住宅以100kW磷酸燃料电池作为主要电源，屋顶辅以太阳能电池，开创了一条建设符合环保和节能要求的独立电源系统新方案。

富士电机公司是日本最大的磷酸燃料电池电堆供应商。截至1992年，该公司已向国内外供应了17套磷酸燃料电池示范装置，富士电机在1997年3月完成了分散型5MW设备的运行研究。作为现场用设备已有50kW、100kW及500kW总计88种设备投入使用。

2006年，德国大众开发出了可在120℃高温下工作的磷酸燃料电池。该电池通过使用浸有磷酸的电解质膜，可在最高160℃的温度下工作，而且也不需要加湿装置。对于燃料电池车，一般均设想燃料电池在平均120℃的温度下工作，而此款燃料电池在温度达到130℃时效率也不会降低。而且与原来的磷酸燃料电池相比，它的工作温度更高，因此可凭借与外部气温存在的温度差来简化冷却装置。大众认为，与原来的燃料电池相比，整个新型磷酸燃料电池系统所需要的部件可削减至1/3。

图 8-4　北九州市生命之旅博物馆中设置的 100kW 的磷酸燃料电池

2013 年，北九州市利用设置在生命之旅博物馆中的 100kW 磷酸燃料电池开展了验证实验（图 8-4）。具体来说是与街区能源管理系统（CEMS）和大厦能源管理系统（BEMS）联动，当地区内的电力需求较大时提高燃料电池的输出功率，使之高于平时的输出，从而为地区的电力供需稳定做出贡献。

该磷酸燃料电池的额定输出功率为 105kW，但平时只以 35%的输出功率运转；当电力需求紧迫时，根据 CEMS 发出的信号，提高到 100%运转。该运转模式得到了实际验证。北九州通过这些实证项目逐步确认，燃料电池和氢基础设施完全有可能为地区的电力供需稳定和二氧化碳的削减做出贡献。

意大利在一辆 16 座的汽车上，以甲醇作燃料，利用磷酸燃料电池产生电能，并用铅酸蓄电池及镍镉蓄电池储存电能（容量分别为 185Ah 及 150Ah），使用直流电动机驱动，标称功率为 22kW，最大功率为 48kW。该车总质量为 4990kg，最高车速为 60km/h，0 到 30km/h 的加速时间为 7s，市区行驶的续驶里程为 60～70km，以 50km/h 恒速行驶时为 80～90km，爬坡度是 16%。

虽然相对于其他类型的燃料电池，磷酸燃料电池在技术上已经比较成熟，但仍然面临一些亟待解决的课题——需进一步提高燃料电池功率密度、延长使用寿命、降低制造成本等，而开发活性高、稳定性好的新电极催化剂是解决上述问题的一项非常重要的措施。

磷酸燃料电池自从 20 世纪 60 年代在美国开始研究以来，越来越广泛地受到人们重视，许多国家投入大量资金用于支持项目研究和开发。但磷酸燃料电池在我国还没有引起足够重视。在美国，能源部（DOE）、电力研究协会（EPRI）以及气体研究协会（GRI）三个部门在 1985～1989 年投入到磷酸燃料电池研究开发经费高达 1.22 亿美元。日本政府部门在 1981～1990 年用于磷酸燃料电池的费用也达到 1.15 亿美元。意大利、韩国、印度、中国台湾等国家和地区也纷纷组织磷酸燃料电池的研究开发计划。世界上许多著名公司，如东芝、富士电机、西屋电气、三菱、三洋以及日立等都参与了磷酸燃料电池的开发与制造工作。由美国国际燃料电池公司（IFC）与日本东芝公司联合组建的 ONSI 公司在磷酸燃料电池技术上处于世界领先地位。以美国和日本的一些煤气公司和电力公司为主，许多公司一直在参与磷酸燃料电池的示范和论证试验，以取得运行和维护方面的经验。据统计，目前有 100 多台 200kW 磷酸燃料电池正在北美、日本与欧洲运行，最长的已运行 37000h，实际应用证明磷酸燃料电池是高度可靠的电源。

PAFC 热电效率仅有 40%左右，余热仅 200℃，利用价值低；加之它启动时间长，不适用作移动动力源。近年来国际上研究磷酸燃料电池的工作也相应减少，寄希望于批量生产降低售价。

作为一种新型发电技术，磷酸燃料电池要获得社会广泛认可和使用，还需要进一步改进性能，降低制造成本。还有以下问题亟待解决。

① 提高电池功率密度。提高电池功率密度不但有利于减少电池的质量和尺寸，而且可以降低电池造价。开发高活性催化剂，优化多孔气体电极结构，研制超薄的导热、导电性能良好的电极基体材料等都将改善电池的输出性能。

② 延长电池使用寿命，提高其运行可靠性。在磷酸燃料电池长期运行过程中，其输出性能不可避免要降低，特别是在操作温度比较高、电极电位也比较高的情况下，电池性能下降更快。为此，需要研究催化剂 Pt 微晶聚集长大以及催化剂载体腐蚀问题，开发保证电池温度分布均匀的冷却方式，以及寻找避免电池在低的用电负荷或空载时出现较高电极电位的方法。

③ 进一步降低电池制造成本。由于电池本体占整个磷酸燃料电池装置成本的 42%～45%，因此降低它的制造成本非常关键。在电池性能方面，提高电池功率密度、简化电池结构都是非常有效的措施。在电池加工方面，则待开发电池部件的大批量、大型化制造技术以及气室分隔板与电极基板组合的技术。

习题

一、简答题

1. 简述磷酸燃料电池的优缺点。

2. 简述磷酸燃料电池能耐受一定浓度 CO 和 CO_2 毒化的机制。

二、讨论题

1. 为什么我国不重视磷酸燃料电池的开发呢?

2. 如果我国要开展磷酸燃料电池的研究，应该从哪些方面入手?

参考文献

[1] Ryan O'Hayre，车硕源，Whitney Colella，著. 燃料电池基础 [M]. 王晓红，黄宏，等，译. 北京：电子工业出版社，2007.

[2] 衣宝廉. 燃料电池——原理·技术·应用 [M]. 北京：化学工业出版社，2003.

第9章

质子交换膜燃料电池

9.1 质子交换膜燃料电池的结构及工作原理

质子交换膜燃料电池采用高分子膜作为固态电解质，具有能量转换率高、低温启动、无电解质泄漏等特点，被广泛用于轻型汽车、便携式电源以及小型驱动装置等场景。

质子交换膜燃料电池的基本结构（图9-1）主要由质子交换膜、催化剂、气体扩散层（电极）、集流板（双极板）组成。质子交换膜被催化剂覆盖，催化剂直接与气体扩散层和质子交换膜两者接触形成三相反应界面。质子交换膜、催化剂和气体扩散层组合成为膜电极组件。

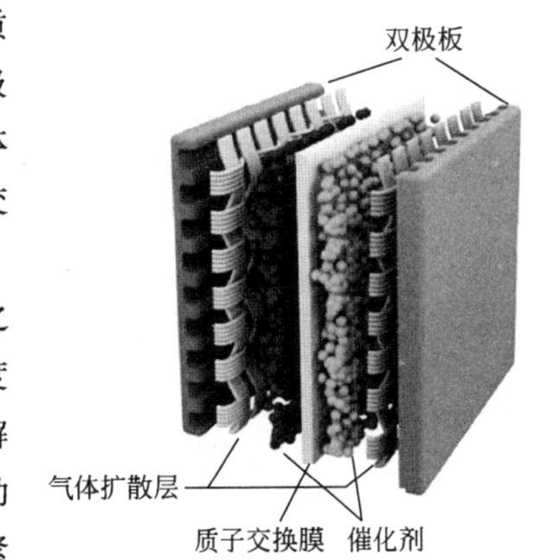

图9-1 质子交换膜燃料电池结构示意图

质子交换膜燃料电池除了具有燃料电池的一般特点之外，还具有其他突出的优点：①工作电流大，功率密度高；②使用固体电解质膜，能够有效避免腐蚀问题和电解液泄漏；③工作温度低，可在－30℃环境下启动；④启动速度快，几秒钟内即可实现冷启动；⑤组成简单、结构紧凑、重量小，便于携带；⑥由于没有运动部件，工作噪声低；⑦寿命长等。

因此，质子交换膜燃料电池是目前研究最热门的一种燃料电池，尤其在汽车领域的应用研究更是备受关注。

如图9-2所示，常见的氢氧燃料电池（HOFC）、直接甲醇燃料电池（DMFC）、直接乙醇燃料电池（DEFC）、直接甲酸燃料电池（简称DFFC）等类型的燃料电池都属于质子交换膜燃料电池。

质子交换膜燃料电池主要包含起到“心脏”作用的电堆发电单元、辅助系统和控制系统，其组成结构如图9-3所示。

电堆主要完成电化学反应发电的功能，发电功率范围可根据需要，通过增减单电池数量来调控。电堆发电的同时，产出水和热量，水通过阴极出口排出，热量主要通过冷却循环带

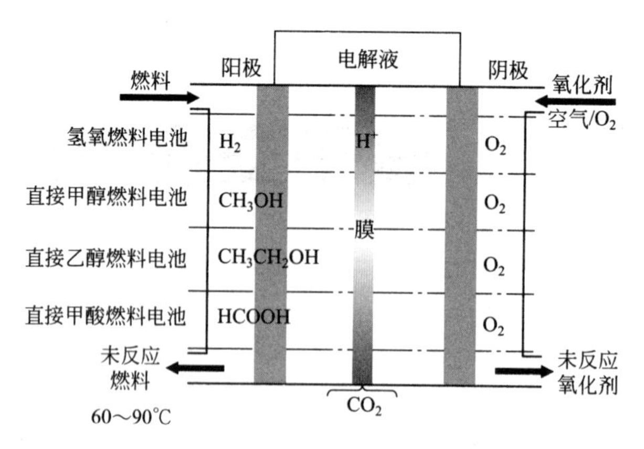

图 9-2 各种质子交换膜燃料电池工作原理示意图

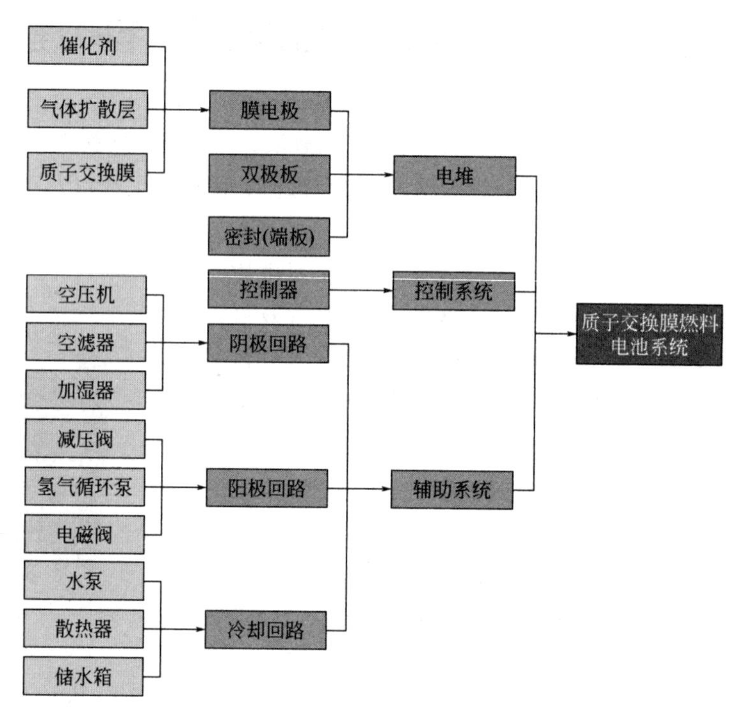

图 9-3 质子交换膜燃料电池系统构成

出。电堆主要由双极板、膜电极、端板等组成。

双极板是提供反应物质和冷却液的流道，串联各单体电池并收集电流，起到机械支撑的作用，同时分离氧化剂和还原剂，将反应物均匀分布在膜电极各处，管理电池反应产生的水与热。双极板需具备高导电性、低电阻率、高导热性、良好的化学稳定性和耐腐蚀性、高有效面积、良好的机械强度、低成本等特点，其材质主要包括石墨双极板、复合材料双极板和金属双极板等类型，其流道分为蛇形流道、直流道、交指流道、网格流道等类型。

膜电极一般由质子交换膜、催化剂、气体扩散层组成，其中质子交换膜是电解质隔离膜，起到对质子导通、对电子隔离的作用，目前国际上主要有杜邦公司的全氟磺酸膜和戈尔公司的复合膜，国内有山东东岳集团的质子交换膜。催化剂即发生电化学反应的关键催化媒介物质，一般由铂、钯等贵金属与碳组成，传统为Pt/C催化剂，目前新型的铂合金催化剂已有产业化应用。气体扩散层（GDL）主要为碳纸或碳布，主要起到气体扩散、电流收集以及对质子交换膜的物理支撑作用。

辅助系统主要包括阴极回路、阳极回路和冷却回路。阴极回路是指空气回路，为燃料电池反应提供氧气（空气中的氧气），主要包括空压机、空滤器、增湿器等部件；阳极回路是指氢气回路，为燃料电池反应提供氢气，主要包括减压阀、氢气循环泵（起到使氢气循环利用的作用）、电磁阀等；冷却回路是指冷却液（去离子水或乙二醇水溶液）循环回路，冷却液循环流动，带走电堆产生的热量，主要包括水泵、散热器、储水箱等。燃料电池控制系统集软件和硬件为一体，包括燃料电池控制器以及相应的控制软件。

以常见的氢氧燃料电池为例，阳极催化层中的氢气发生氧化反应解离成氢离子和电子。其中，产生的电子在电势的作用下经外电路到达阴极，氢离子则经质子交换膜到达阴极。在阴极上，氧气结合氢离子及电子发生还原反应生成水，生成的水通过电极随反应尾气排出。

如图9-4所示，当以氢气为燃料、氧气为氧化剂时，质子交换膜燃料电池的阳极、阴极以及总反应式如下：

阳极反应： $$2H_2 \longrightarrow 4H^+ + 4e^- \quad (9\text{-}1)$$

阴极反应： $$O_2 + 4H^+ + 4e^- \longrightarrow 2H_2O \quad (9\text{-}2)$$

电池总反应： $$2H_2 + O_2 \longrightarrow 2H_2O \quad (9\text{-}3)$$

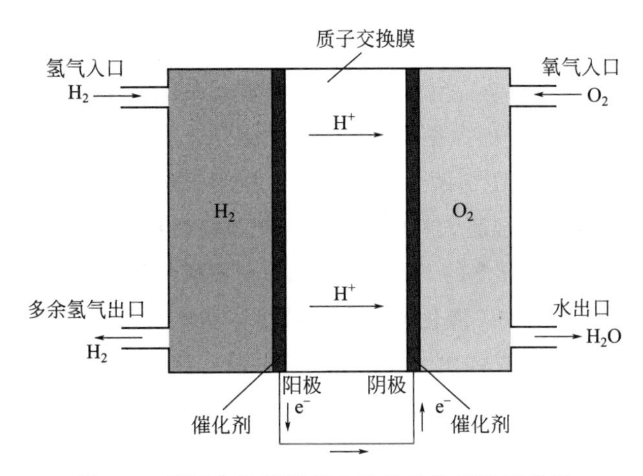

图9-4 质子交换膜燃料电池的工作原理示意图

9.2 质子交换膜燃料电池的特点

质子交换膜（PEM）是质子交换膜燃料电池中最重要的部件之一。质子交换膜的功能是传导质子（H^+），同时将阳极的燃料与阴极的氧化剂隔离开。在质子交换膜的高分子结构中，含有多种离子基团，只允许H^+穿过，其他离子、气体及液体均不能通过。

与其他种类的燃料电池相比，质子交换膜燃料电池具有以下优点：

① 可常温运行，启动或关闭迅速；

② 质量比功率和体积比功率都高；

③ 采用的固体质子交换膜对电池其他部件无腐蚀作用；

④ 可制成集燃料电池发电与水电解于一体的可逆再生式燃料电池系统（一种以氢作为介质的储能系统）。

到目前为止，质子交换膜燃料电池并没有得到广泛应用，主要是因为它尚存在以下缺点：

① 以铂族贵金属作电催化剂，成本高；

② 催化剂的催化活性对CO的毒害非常敏感，因而对燃料净化程度要求高；

③ 可回收余热的温度远低于其他类型燃料电池（碱性燃料电池除外），只能以热水方式回收余热；

④ 质子交换膜水含量与温度的影响对电池性能影响显著，导致质子交换膜燃料电池的水热管理系统复杂。

9.3 质子交换膜燃料电池的发展现状

20世纪50年代，美国通用电气公司发明了首个质子交换膜燃料电池。质子交换膜燃料电池早在20世纪60年代就曾应用于美国的双子星座航天飞机。但是当时质子交换膜燃料电池采用的聚苯乙烯与二乙烯苯交联的磺酸膜作电解质在电池工作时降解，这就导致电池的寿命很短，生成的水也会被污染。由此，质子交换膜燃料电池的发展经历了一段低谷期。1983年，加拿大国防部资助了巴拉德动力公司（Ballard）进行质子交换膜燃料电池研究。1989年，巴拉德公司从美国国防部购买了燃料电池技术。经过十多年的研究开发，它们成功研制出了多种系列的质子交换膜燃料电池，质子交换膜燃料电池取得了突破性进展，电池采用薄的（50～150μm）高电导率的Nafion和Dow全氟磺酸膜，使电池性能在原有的基础上提升了数倍。接着又采用Pt/C催化剂代替纯铂黑，在电极催化层中加入全氟磺酸树脂，组装了膜电极，实现了电极的立体化，减少了膜与电极的接触电阻，并在电极内建立起质子传输通道，扩展了电极反应的三相界面，增加了铂的利用率。这不但大幅度提高了电池性能，而且使电极的铂担载量降低至0.5mg/cm^2，电池输出功率高达0.5～2W/cm^2，电池组的质量比功率和体积比功率分别提高至700W/kg和1000W/L，为质子交换膜燃料电池的广泛应用奠定了基础。巴拉德公司也因此成为了质子交换膜燃料电池研究开发领域的代表性机构之一。自1994年以来，巴拉德公司先后与奔驰、大众、通用、福特、丰田、日产等著名汽车公司合作，开发出多种质子交换膜燃料电池汽车。从1997年起，巴拉德公司与奔驰、福特等公司共同投资建立了质子交换膜燃料电池发动机公司。在温哥华和多伦多分别建设了两个年产20万台质子交换膜燃料电池电动车的生产企业并于2003年推向市场。巴拉德公司还与美国、法国的大型供电公司共同投资组建了合资企业，生产250kW级分散型质子交换膜燃料电池电站设备。这些公司的建立标志着质子交换膜燃料电池氢能源系统已走出实验室，进入了产业化的阶段。

美国Plug Power等公司生产的以天然气为燃料的510kW质子交换膜燃料电池小型电站

已经投放市场，这种电站适用于家庭电站、应急电源和不间断电源等。

除美国、加拿大外，日本、德国、英国、意大利、俄罗斯等国以及一些著名跨国企业也加入到研制质子交换膜燃料电池系统和质子交换膜燃料电池电动车的行列。自 2000 年下半年石油价格问题引起各国重点关注以来，发达国家（特别是美国）都大大加强了对燃料电池技术商业化的投入，仅美国能源部的研究经费预算就超过 1 亿美元，大大超出前一年度的预算。其研究重点具有明显的产业化导向，如：燃料电池材料部件、应用开发、行业规范、环境配套、发展战略、市场战略等。

我国的质子交换膜燃料电池研发与发达国家几乎是站在同一起跑线上，中科院大连化物所从 1995 年开始利用碱性燃料电池技术积累，全面开展了质子交换膜燃料电池的研究。先后进行了 3～20nm Pt 催化剂、Pt/C 催化剂、碳纸、碳布扩散层以及电极的制备技术研究和膜电极三合一制备条件的优化，并建立模型研究了电极内气体分布和膜电极三合一内水分布与传递，设计了金属双极板，解决了电池组内增湿、密封、组装等技术问题。采用 Dupont 公司 Nafion117 膜，组装了 $140cm^2$ 单电池，当工作电流密度为 $500\sim600mA/cm^2$ 时，工作电压为 0.70～0.65V，输出比功率大于 $0.35W/cm^2$。并组装了 4 对 100～200W、8 对 200～300W、35 对 1000～1500W 的电池组，经过几十次启动—停工循环，近千小时运行，其性能稳定。天津电源研究所在 20 世纪 70 年代曾研究过以聚苯乙烯磺酸膜为电解质的质子交换膜燃料电池。中科院长春应化所在 90 年代初开始质子交换膜燃料电池的研究，在 Pt/C 催化剂制备、表征与解析方面进行了广泛研究。清华大学、天津大学、北京理工大学、中国石油大学等均在进行质子交换膜燃料电池结构、催化剂与电极制备工艺等方面的研究。

与此同时，我国的科技部门也给予了质子交换膜燃料电池大力支持，在国家各类科技攻关计划项目的支持下，我国陆续开发出了一些质子交换膜燃料电池示范产品。比如 2010 年 2 月全球最大的质子交换膜燃料电池示范电站落户广州大学城。国家《节能与新能源汽车产业发展规划（2012 — 2020）年》技术路线中明确指出：燃料电池汽车、车用氢能源产业与国际同步发展。2017 年 9 月，上海发布《上海市燃料电池汽车发展规划》，规划到 2020 年，上海将聚集超过 100 家质子交换膜燃料电池汽车相关企业，于 2025 年建成 50 座加氢站，到 2030 年实现燃料电池汽车技术和制造工艺总体达到国外同等水平，上海燃料电池汽车全产业链年产值突破 3000 亿元。2019 年 3 月，氢能首次被写入《政府工作报告》。

自 20 世纪 90 年代以来，基于燃料电池技术的高速发展，各种以质子交换膜燃料电池为动力的电动汽车相继问世，至今全球已有数千台以质子交换膜燃料电池为动力的汽车、潜艇、电站在国内外示范运行。

燃料电池电动车是未来质子交换膜燃料电池的重要发展方向。目前，燃料电池汽车已经实现了产业化，以燃料电池为动力的大客车在国内外一些城市正在进行示范运营。但燃料电池汽车的开发仍然存在一些技术性挑战，如燃料电池组的一体化和成本控制，现有商业化电动汽车燃料处理器和辅助部件的汽车制造厂都在朝着集成部件和减少部件成本的方向努力，并已取得了显著的进步。

表 9-1 列出了国内外开发的几种燃料电池汽车的主要性能指标，这些性能完全可以与内燃机相媲美。

表 9-1　国内外开发的几种燃料电池汽车的主要性能指标

质子交换膜燃料电池汽车型号	电堆功率/kW	最大输出功率/kW	最高速度/(km/h)	加速时间(0～100km/h)/s	里程/km
ChaoYue 3	50	65	122	19	230
Fokus FCV	75	70	128	15	250
Hydrogen 3	75	70	140	15	400
Mirai	90	114	175	9.6	502
Nexo	95	124	179	9.7	600

质子交换膜燃料电池的高效、环保等突出优点，引起了世界各发达国家和各大公司高度重视，并投巨资发展这一技术。美国政府将其列为对美国经济发展和国家安全至为重要的27个关键技术之一；加拿大政府将燃料电池产业作为国家知识经济的支柱产业之一加以发展；美国三大汽车公司（通用，福特，克莱斯勒）、德国奔驰、日本丰田和本田等汽车公司均投入巨资开发质子交换膜燃料电池汽车。处于领先地位的加拿大 Ballard 公司已经开始出售商业化的各种功率系列的质子交换膜燃料电池装置。

丰田汽车公司从1992年开始致力于燃料电池的研发工作，1996年10月首次向外界公开燃料电池汽车，2002年12月在日本国内开始租赁，2005年7月获得车型认证，2008年6月发布了燃料电池汽车 FCHV-adv。丰田汽车公司的质子交换膜燃料电池汽车从研发初始搭载的就是其公司自主研发的燃料电池，在质子交换膜燃料电池汽车发布的同时，他们始终追求燃料电池小型化及高效化的车载燃料电池系统，其燃料电池体积比功率已达到3.1kW/L，与研发之初相比性能已有大幅度提升。

本田汽车公司自搭载 Ballard 的质子交换膜燃料电池汽车之后，2002年开发出搭载自主研发燃料电池的改良型质子交换膜燃料电池汽车，并于2006年9月发布 FCX Concept 车型，2007年发布 FCX Clarity 并开始租赁。本田的燃料电池电堆从1999年到2013年，体积缩小了33%，功率密度达到3.1kW/L。

美国 Plug Power 叉车所配燃料电池单元的外形尺寸为33cm×79cm×98cm，质量为268kg，包括电堆系统、0.8kg 氢燃料的燃料罐、充电电池以及 DC-DC 转换器。其额定电压为27V，可连续输出额定电流为78A（燃料电池平均功率2.2kW），5s内可供给400A电流，1s内可供给1125A电流。电池的容量为550A h，制动时最大电流可达到500A。该燃料电池叉车寿命达到了12500h的水平，在室内空间使用，具有噪声低、零排放的优点。

在我国，中国科学院大连化学物理研究所、清华大学、武汉理工大学、上海空间电源研究所、上海神力、上海攀业燃料电池公司等多家单位都在开展质子交换膜燃料电池的研究，并取得了长足进展，技术逐步接近国外先进水平。2016年，上汽大通在北京车展首次推出了 FCV80 轻客车型，开启了国产质子交换膜燃料电池汽车的商业化运营，规模约100台，这是首款真正具有商业化意义的质子交换膜燃料电池汽车产品，标志着中国质子交换膜燃料电池汽车走出实验室，进入了产业化阶段。在质子交换膜燃料电池汽车整车产品研发上，中国研制的“超越”系列、“上海牌”“帕萨特”“奔腾”“志翔”等质子交换膜燃料电池汽车经受住了高温、大规模、大强度的示范考核，成功服务于2008年北京奥运会和2010年上海世博会。近年来，中国燃料电池汽车研发取得了重要进展。虽然中国燃料电池汽车技术与日、美、欧相比还有相当的差距，但受益于我国政策推动及燃料电池汽车补贴驱动，中国燃料电池汽车销量于2016年开始起步，近3年复合增速达约56%，2018年销量已达1527辆，我国燃料电池车产业进入了商业化初期阶段。

虽然质子交换膜燃料电池汽车已经进入商业化阶段，但目前其价格仍然较高，比如丰田Mirai汽车的售价就高达30万元人民币。影响燃料电池成本的两大因素是材料价格昂贵和组装工艺没有突破，例如使用较高载量的贵金属铂作为催化剂以及昂贵的质子交换膜和石墨双极板加工成本等，导致目前质子交换膜燃料电池成本约为汽油、柴油发动机成本（50美元/kW）的10～20倍。质子交换膜燃料电池汽车要作为大众化商品进入市场，必须大幅度降低成本，这有待于燃料电池关键材料价格的降低和性能的进一步提高。

习题

一、简答题

1.简述质子交换膜燃料电池的优缺点。

2.简述各种质子交换膜燃料电池的工作原理并写出相应的反应式。

二、讨论题

1.燃料电池中，为什么质子交换膜燃料电池被认为更适合用来做汽车动力？

2.除了质子交换膜燃料电池核心电堆外，燃料电池汽车还需要哪些重要部件？

3.你认为质子交换膜燃料电池将来会取代燃油内燃机吗？

参考文献

[1] 刘建国，李佳，等.质子交换膜燃料电池关键材料与技术［M］.北京：化学工业出版社，2021.

[2] Ryan O'Hayre，车硕源，Whitney Colella，著.燃料电池基础［M］.王晓红，黄宏，等，译.北京：电子工业出版社，2007.

[3] 衣宝廉.燃料电池——原理·技术·应用［M］.北京：化学工业出版社，2003.

第 10 章

熔融碳酸盐燃料电池

10.1 熔融碳酸盐燃料电池的结构及工作原理

熔融碳酸盐燃料电池是由多孔陶瓷阴极、多孔陶瓷电解质隔膜、多孔金属阳极、金属极板构成的燃料电池，其电解质是熔融态的碳酸盐，熔融碳酸盐燃料电池的工作温度约650℃，属于高温燃料电池，余热利用价值大，主要用于分散型或中心电站发电设备。

熔融碳酸盐燃料电池单电池组装方式是：隔膜两侧分别是阴极和阳极，再分别放上集流板和双极板，见图 10-1 (a)。熔融碳酸盐燃料电池（或电池组）按气体分布方式可分为内气孔分布管式和外气孔分布管式，见图 10-1 (b)。外气孔分布管式电池组装好后，在电池组与进气管间要加入由 $LiAlO_2$ 和 ZrO_2 制成的密封垫。由于电池组在工作时会发生形变，这种结构会导致漏气，同时在密封垫内还会发生电解质的迁移。鉴于它的缺点，内气孔分布管式逐渐取代了外气孔分布管，它克服了上述缺点，但却要牺牲极板的有效使用面积。在电池组内氧化气体和还原气体的相互流动有三种方式：并流、对流和错流。

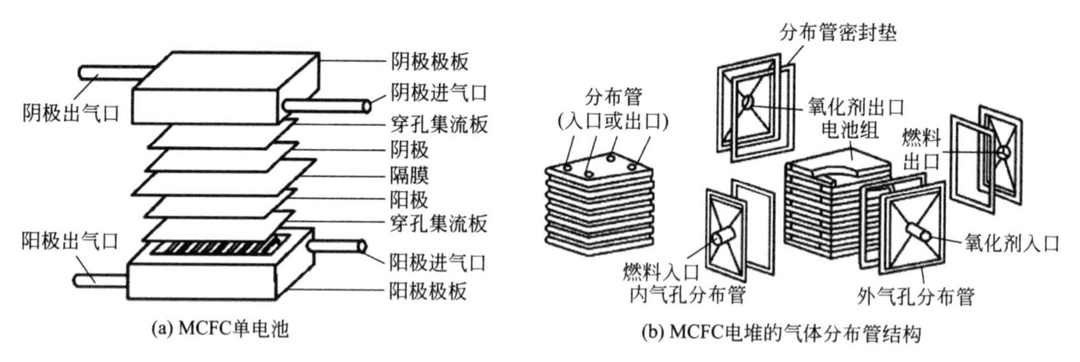

(a) MCFC单电池　　(b) MCFC电堆的气体分布管结构

图 10-1　熔融碳酸盐燃料电池的结构示意图

如图 10-2 所示，当以氢气为燃料、氧气为氧化剂时，熔融碳酸盐燃料电池的阳极、阴极以及总反应式如下：

阳极反应：$$2H_2 + 2CO_3^{2-} \longrightarrow 2CO_2 + 2H_2O + 4e^- \quad (10\text{-}1)$$

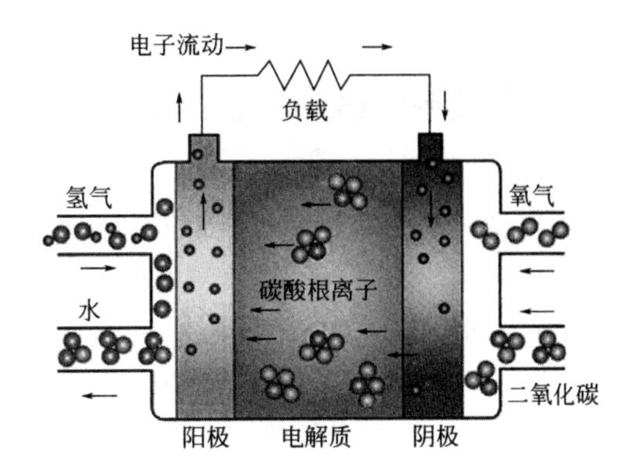

图 10-2　熔融碳酸盐燃料电池工作原理示意图

阴极反应：　$O_2 + 2CO_2 + 4e^- \longrightarrow 2CO_3^{2-}$　(10-2)

总反应：　$2H_2 + O_2 \longrightarrow 2H_2O$　(10-3)

由电极反应可知，熔融碳酸盐燃料电池的导电离子为 CO_3^{2-}。熔融碳酸盐燃料电池与其他类型的燃料电池区别是：在阴极 CO_2 为反应物，在阳极 CO_2 为产物。因此，熔融碳酸盐燃料电池工作过程实现了 CO_2 的循环。为确保电池稳定、连续地工作，必须使阳极产生的 CO_2 及时返回到阴极。一般的做法是：将阳极室排出的尾气燃烧，消除其中的 H_2 和 CO，经分离除水，再将 CO_2 返回到阴极。

10.2 熔融碳酸盐燃料电池的特点

与其他燃料电池相比，熔融碳酸盐燃料电池具有以下优点：

① 电池工作温度较高，反应速度快；

② 可以采用非贵重金属作为催化剂，降低了材料成本；

③ 采用液体电解质，较易操作；

④ 对燃料的纯度要求相对较低，可以对燃料进行电池内重整，能够耐受 CO 和 CO_2，可采用富氢燃料；

⑤ 镍（Ni）或不锈钢作为电池的结构材料，材料容易获得并且价格低廉；

⑥ 高温型燃料电池，余热温度高，余热可以充分利用。

但熔融碳酸盐燃料电池也存在以下缺点亟待解决：

① 以 Li_2CO_3 和 K_2CO_3 混合物作为电解质时，在高温条件下管理较困难，腐蚀和渗漏现象严重，在使用过程中会导致电池烧损和脆裂，降低了熔融碳酸盐燃料电池的使用寿命，其强度与寿命还有待提高；

② 在整个化学反应过程中，CO_2 要循环使用，从燃料电极排出的 CO_2 要经过催化除 H_2 的处理后，再按一定比例与空气混合送入氧电极，CO_2 的循环系统增加了熔融碳酸盐燃料电池的结构和控制的复杂性。

10.3 熔融碳酸盐燃料电池的发展现状

熔融碳酸盐燃料电池的工作温度约650℃，余热利用价值高；电催化剂以镍为主，不用贵金属，并可用脱硫煤气、天然气为燃料；电池隔膜与电极均采用带铸方法制备，工艺成熟，易大批量生产。若应用基础研究能成功地解决电池关键材料的腐蚀等技术难题，则可使电池使用寿命从现在的1万小时～2万小时延长到4万小时。

熔融碳酸盐燃料电池在建立高效、环境友好的50～10000kW的分散电站方面具有显著优势。熔融碳酸盐燃料电池以天然气、煤气和各种碳氢化合物为燃料，可以减少40%以上的CO_2排放，也可以实现热电联供或联合循环发电，将燃料的有效利用率提高到70%～80%。不同功率的熔融碳酸盐燃料电池用途不同，例如发电能力在50kW左右的小型熔融碳酸盐燃料电池电站主要用于地面通信和气象台站等。发电能力在200～500kW的熔融碳酸盐燃料电池中型电站可用于水面舰船、机车、医院、海岛和边防的热电联供。发电能力在1000kW以上的熔融碳酸盐燃料电池大型电站可与热机联合循环发电，作为区域性供电站，还可以与市电并网。

熔融碳酸盐燃料电池在国外已经进行了兆瓦级大规模的示范和应用，它的寿命基本上是在四万小时以上。美国从事熔融碳酸盐燃料电池研究的单位有国际燃料电池公司、煤气技术研究所和能量研究公司。能量研究公司已具备年产2～5MW公用管道型MCFC的能力，并于1995年在加州圣克拉拉建立了2MW试验电厂。煤气技术研究所已具备年产3MW MCFC的生产能力。日本1994年分别由日立和IHI株式会社完成了两个100kW、电极面积$1m^2$加压外重整MCFC。由中部电力公司制造的1MW外重整MCFC已在川越火力发电厂安装，以天然气为燃料时，热电效率大于45%，运行时间大于5000h。由三菱电机与美国ERC合作研制的内重整30kW MCFC已运行10000h。三洋公司研制了30kW内重整MCFC。德国MTU公司宣布在解决MCFC性能衰减和电解质迁移方面已取得突破，该公司发展的当时世界上最大的280kW单组电池运行状况良好。在荷兰由ENC组织并负责实施的为期5年的发展计划，建立了两个250kW外重整MCFC，分别以天然气和净化煤气为燃料。在意大利Ansaldo公司与西班牙合作开发了100kW MCFC，这一命名为Molcare计划的项目得到了欧共体、意大利和西班牙政府的支持。近年来，韩国建成了世界上最大的59MW电站，已经开始在韩国京畿道的工业园区示范应用。国内的中广核也投资了韩国10MW的熔融碳酸盐燃料电池电站，现处于示范应用中。从目前的应用情况来看，两种电堆组合方式，其中一个是2.8MW的，由两个发电模块并联组成，效率达到47%；另外一个是3.7MW的电站，由两个模块并联，最后再串联一个小的发电模块，它的效率达到60%。

早期，熔融碳酸盐燃料电池技术一直为发达国家所掌握，我国在很早就开展了熔融碳酸盐燃料电池的自主研发。中科院大连化学物理研究所从1993年开始进行MCFC研究，先后研究了$LiAlO_2$粉料制备方法和$LiAlO_2$隔膜制备方法，并以烧结Ni为电极组装了$28cm^2$和$110cm^2$单电池，对其电性能进行了全面测试。单电池经5次启动停工循环，性能无衰减。工作电流密度为$100mA/cm^2$时，电压为0.95V；当工作电流密度升高至$125mA/cm^2$时，输出功率密度达到 114mW/cm^2；燃料利用率为 80%时，电池能量转化效率为 61%。

华能集团从 2009 年开始进行熔融碳酸盐燃料电池的研究，从粉末材料到电解质隔膜、电极、双极板以及小电堆到大电堆的组装，目前已经掌握了熔融碳酸盐燃料电池的核心关键技术，开发出了 20kW 的熔融碳酸盐燃料电池系统，燃料利用率达到 69%，发电效率达到 51%。熔融碳酸盐燃料电池的应用场景主要是用来发电，百兆瓦级的大型电站可以用来并网发电。熔融碳酸盐燃料电池的成本较高，目前来说，电堆的成本是 1.2 万元/kW 左右，其中双极板的成本占到了 65%，其他的部件占 35%，电堆的成本目前大量集中在双极板方面。此外，加工费用是材料成本的三倍，未来在电堆成本方面降低空间较大。随着容量放大和技术进步，电堆成本可以下降至 6000 元/kW 以下。

熔融碳酸盐燃料电池是符合中国发展低碳绿色能源的革命性技术之一，可应用于分布式冷热电联产，也可以与可再生能源相结合实现绿色低碳能源的智慧供给。

习题

一、简答题

1. 简述熔融碳酸盐燃料电池的优缺点。

2. 什么是分布式冷热电联产系统？

二、讨论题

1. 熔融碳酸盐燃料电池与其他发电方式相比有什么优势和不足？

2. 与磷酸燃料电池类似，熔融碳酸盐燃料电池也能耐受 CO 和 CO_2，它们的耐受机制相同吗？为什么？

参考文献

[1] 章俊良，蒋峰景. 燃料电池——原理关键材料和技术 [M]. 上海：上海交通大学出版社，2014.

[2] Ryan O'Hayre，车硕源，Whitney Colella，著. 燃料电池基础 [M]. 王晓红，黄宏，等，译. 北京：电子工业出版社，2007.

[3] 衣宝廉. 燃料电池——原理・技术・应用 [M]. 北京：化学工业出版社，2003.

第 11 章

固体氧化物燃料电池

11.1 固体氧化物燃料电池的结构及工作原理

固体氧化物燃料电池属于第三代燃料电池，是一种在中高温条件下直接将储存在燃料和氧化剂中的化学能高效、环境友好地转化成电能的全固态化学发电装置。固体氧化物燃料电池是被普遍认为未来会与质子交换膜燃料电池一样得到广泛应用的一种燃料电池。

如图 11-1 所示，典型的固体氧化物燃料电池结构简单，由两个多孔电极与电解质结合成三明治结构，简称单电池；单电池和连接体及必要的密封件一起形成重复单元。这些重复单元串联在一起形成一定发电功率的电堆，几个电堆可以组合成更大功率规模的模块。空气流沿阴极注入后，氧分子在阴极和电解质间，从阴极取得 4 个电子而分裂成 2 个氧离子，渗透、迁移至电解质和阳极之间，与氢燃料发生反应，释放出水和热。电子通过阳极、外电路回到阴极产生电能。

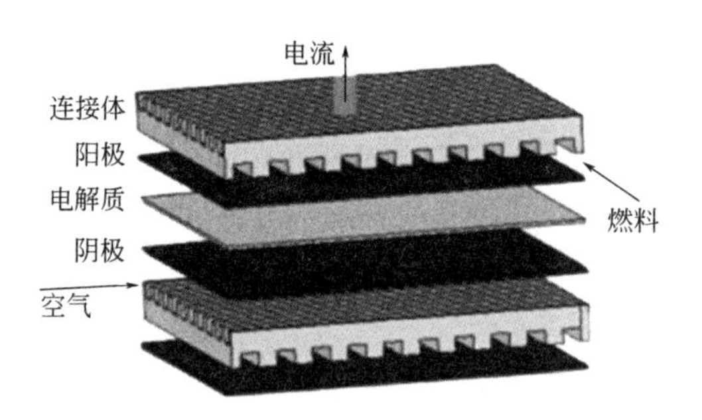

图 11-1　固体氧化物燃料电池的结构示意图

如图 11-2 所示，一套完整的固体氧化物燃料电池发电系统除电堆（主要包括阴极、电解质、阳极、连接体）外，还包含燃料供给系统（主要包括燃料重整器、喷射循环器、集电管路）、供气系统（主要包括泵、加热器、压缩机、鼓风机、循环管路）和控制系统（主要包括电压调节转换器、逆变器、电动机）。固体氧化物燃料电池发电系统的副产品是高品质热能，因此 SOFC 与汽轮机（GT）的热电联产是能源高效利用的有效方式。

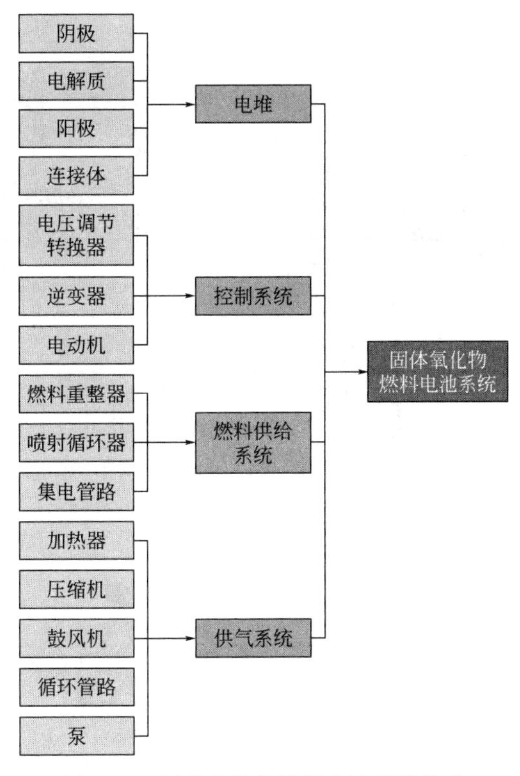

图 11-2　固体氧化物燃料电池系统构成

图 11-3 是 SOFC 与微型燃气轮机（MGT）、蒸汽机（ST）构成的一种混合分布式发电系统，该系统包含燃料处理系统、SOFC 电堆、余热利用系统以及直交流转换系统，发电效率高达 70%以上。该系统工作时，常温空气经过压缩机压缩，克服系统阻力后进入加热器，预热至电堆入口温度，然后输入到电堆的阴极。天然气经过压缩机压缩和脱硫处理后，克服系统阻力进入混合器，与蒸汽发生器中产生的过热蒸汽混合，蒸汽和天然气按一定比例混合，混合后的气体进入加热器在催化剂的作用下发生重整反应产生氢气燃料，输入到电堆的阳极。阴阳极气体在电池内发生电化学反应，电池产生电能的同时，电化学反应产生的热量将未反应完全的阴阳极气体加热。阳极未反应完全的燃料气体和阴极剩余氧化剂通入燃烧室进行燃烧，燃烧产生的高温气体即可用来预热燃料和空气至电堆入口温度，还可以进入燃气轮机做功，输出电能。由于废气温度很高，经过燃气轮机排出的废气仍然有较高的温度，这部分废气通过余热回收蒸汽发生器，将冷凝水加热升温产生大量蒸汽带动蒸汽机转动做功，再次输出电能。经过余热回收蒸汽发生器后的废气温度大幅降低，但其热能仍有利用价值，可以通过余热回收装置提供热水或用来供暖而得到进一步利用。

如图 11-4 所示，当以甲烷为燃料、氧气为氧化剂时，固体氧化物燃料电池的阴极、阳极以及总反应式如下：

阴极：
$$2O_2 + 8e^- \longrightarrow 4O^{2-} \tag{11-1}$$

阳极：
$$4O^{2-} + CH_4 \longrightarrow 2H_2O + CO_2 + 8e^- \tag{11-2}$$

总反应：
$$CH_4 + 2O_2 \longrightarrow 2H_2O + CO_2 \tag{11-3}$$

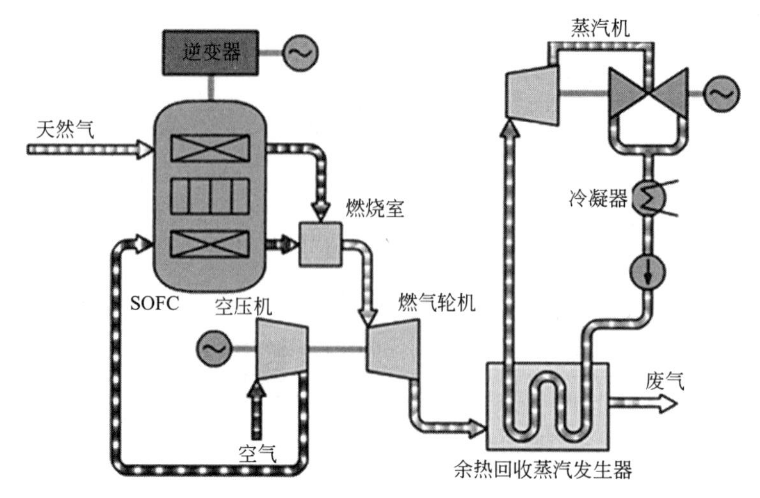

图 11-3　固体氧化物燃料电池发电系统

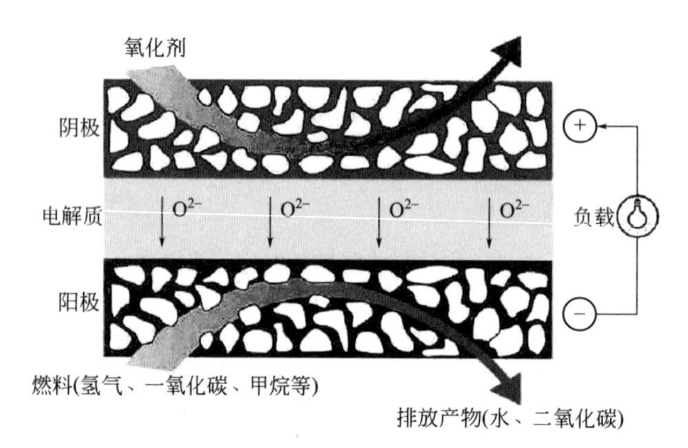

图 11-4　固体氧化物燃料电池工作原理示意图

固体氧化物燃料电池以固体氧化物陶瓷膜作为电解质，这种氧化物在较高温度下具有传递 O^{2-} 的能力，在电池中起传递 O^{2-} 和分离空气、燃料的作用。

11.2　固体氧化物燃料电池的特点

11.2.1　固体氧化物燃料电池的优缺点

固体氧化物燃料电池至今为止大都处于研发和本土示范应用阶段，离全面商品化还有不小的距离。对于商业化的燃料电池，若按照开发时间的顺序一般将磷酸燃料电池称为第一代燃料电池，熔融碳酸盐燃料电池称为第二代燃料电池，而将固体氧化物燃料电池称为第三代燃料电池。

与其他燃料电池相比，固体氧化物燃料电池除了具有燃料电池所普遍具有的效率高、污染小的优点外，还具有以下独特的技术优势：

① 全固态电池结构，从而避免了使用液态电解质带来的腐蚀和电解液流失等问题；

② 对燃料的适应性广，不仅可以直接使用纯氢和天然气、城市煤气、生物质气、液化石油气、NH_3、H_2S、CO_2 等气体作为燃料，还可以使用甲醇、乙醇，甚至汽油、柴油等高碳链液体作为燃料；

③ 应用领域广，既可以用作固定电源，又可以用作小型移动电源，如汽车辅助电源、手提电脑电源、无线通信手机电源等；

④ 能量转换率高，在高的工作温度下，电池排出的高质量余热可充分利用，既能用于取暖也能与蒸汽轮机联用进行循环发电，直接发电效率达到60%～65%，热-电联供的发电效率可高达85%以上；

⑤ 高温操作（500～1000℃），提高了电化学反应速率，降低了活化极化电势，并且无需铂等贵金属作为催化剂，电池成本大大降低；

⑥ 可高度模块化，总装机容量、安装位置灵活方便等。

正是由于固体氧化物燃料电池具有以上的诸多优点，因而受到了世界各国的广泛关注，并投入大量经费进行开发研究。

目前固体氧化物燃料电池研究开发存在的主要问题是电池组装相对困难，其中由过高温度和陶瓷材料脆性引起的技术难题较多。近几年随着固体氧化物燃料电池材料制备和组装技术的发展，固体氧化物燃料电池最有希望成为集中或分布式发电的新能源。

11.2.2 固体氧化物燃料电池的分类

固体氧化物燃料电池按结构不同又可以分为管式、平板式和瓦楞式。

美国西屋（Westinghouse）公司开发的管式固体氧化物燃料电池结构如图11-5所示，是由许多一端封闭的电池基本单元以串、并联形式组装而成，每个单电池从里到外由多孔的氧化锆支撑管、锶掺杂的亚锰酸镧（LSM）空气电极、氧化钇稳定的氧化锆（YSZ）固体电解质和Ni-YSZ金属陶瓷复合阳极组成。

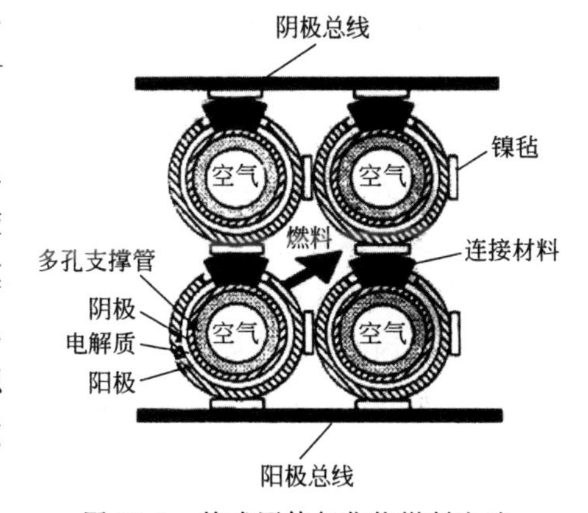

图 11-5　管式固体氧化物燃料电池

管式固体氧化物燃料电池的主要特点是电池组装相对简单，不涉及高温密封这一技术难题，比较容易通过电池单元之间的并联和串联组合成大规模的电池系统。但是，管式固体氧化物燃料电池的电池单元制备工艺相当复杂，通常要采用电化学沉积法制备YSZ电解质和双极连接膜，制备技术和工艺相当复杂，原料利用率低、造价很高。

虽然管式SOFC功率密度仅为0.15W/cm²，比平板SOFC低，但管式电池的衰减率、热循环稳定性比平板电池好得多。单电池最长寿命试验达70000h，远远超过固定电站要求的40000h目标。管式固体氧化物燃料电池可带压运行，可以和燃气轮机或蒸汽轮机集成一体，形成联合发电系统，总效率可达80%，甚至更高。管式固体氧化物燃料电池商业化的主要困难是造价太高，目前它的每千瓦造价是常规火力发电系统的几倍。

如图 11-6 所示，平板式固体氧化物燃料电池的空气电极、固体电解质、燃料电极烧结成一体，形成三合一的单电池结构，即 PEN（positive-electrolyte-negative）平板，单电池单元通过连接体和封接材料构成电堆。

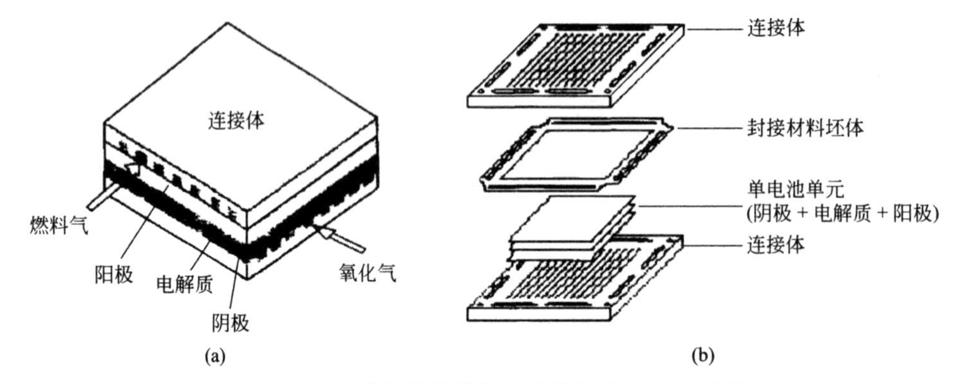

图 11-6　平板式固体氧化物燃料电池单电池（a）和电堆（b）

平板式固体氧化物燃料电池结构的优点是：电池结构简单，平板电解质和电极制备工艺简单，容易控制，造价也比管式低得多；此外，平板式结构电流流程短，采集均匀，电池功率密度也较管式高。平板式固体氧化物燃料电池的主要缺点是：需要解决高温无机密封的技术难题以及由此带来的热循环性能差的问题；其次，对双极连接板材料也有很高的要求，即要求具备与 YSZ 电解质相近的热膨胀系数、良好的抗高温氧化性能和导电性能。

由于平板式固体氧化物燃料电池制备工艺相对简单，且电池功率密度较高，近几年成为国际固体氧化物燃料电池研究领域的主流，全球约 70％的固体氧化物燃料电池研究单位集中在平板式固体氧化物燃料电池上。在 950℃以氢、氧为燃料时，功率密度可达 $0.6W/cm^2$，远远超过管式电池。但电池的内阻较大，研究人员通过将电解质支撑体改为多孔阳极支撑后，电池的内阻大大降低，电池的电化学性能显著提升。此外，平板式 SOFC 的操作温度较高，对电解质、电极材料和连接密封材料要求较高，将操作温度降低至中低温，可以扩大电解质、电极材料和连接密封材料的选择范围，大大拓展燃料电池的适用范围。阳极支撑和中低温是平板式 SOFC 的发展趋势。

瓦楞式固体氧化物燃料电池的基本结构和平板式固体氧化物燃料电池相同，如图 11-7 所示。两者的主要区别在于三合一的单电池结构（PEN）的形状不同。瓦楞式的 PEN 本身形成气体通道，因而双极连接板不需要有导气槽。此外，瓦楞式固体氧化物燃料电池的有效工作面积比平板式大，因此单位体积功率密度更大。主要缺点是瓦楞式 PEN 制备相对困难。

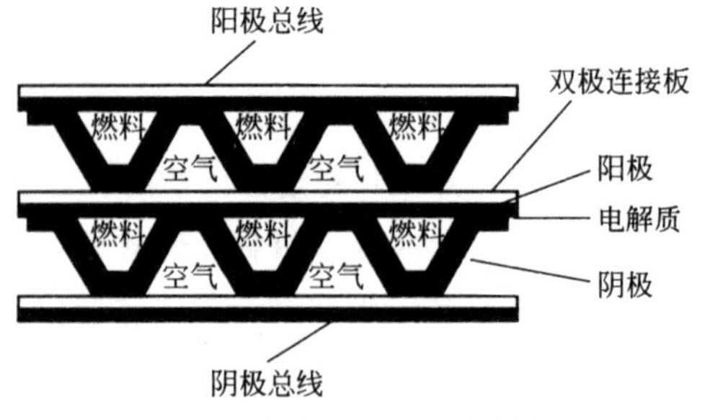

图 11-7　瓦楞式固体氧化物燃料电池

11.3 固体氧化物燃料电池的发展现状

在所有的燃料电池中，固体氧化物燃料电池的工作温度最高，属于高温燃料电池。

近些年来，分布式电站由于其成本低、可维护性高等优点已经渐渐成为世界能源供应的重要组成部分。由于固体氧化物燃料电池发电的排气有很高的温度，具有较高的利用价值，可以提供天然气重整所需热量，也可以用来生产蒸汽，以及和燃气轮机组成联合循环系统，非常适用于分布式发电。燃料电池和燃气轮机、蒸汽轮机等组成的联合发电系统不但具有较高的发电效率，同时也具有低污染的环境效益。

常压运行的小型固体氧化物燃料电池发电效率能达到45%～50%。高压固体氧化物燃料电池与燃气轮机结合，发电效率能达到70%。国外的公司及研究机构相继开展了固体氧化物燃料电池电站的设计及试验，100kW管式固体氧化物燃料电池电站已经在荷兰运行。Westinghouse公司试验开发了多个千瓦级固体氧化物燃料电池。日本的三菱重工及德国的Siemens公司都进行了固体氧化物燃料电池发电系统的试验研究。

1937年，诞生了第一个以氧化锆为电解质的固体氧化物燃料电池。然而，直到20世纪60年代，美国的Westinghouse公司才开始了具有商业前景的固体氧化物燃料电池电堆的研究和开发。出于对未来能源战略、国家安全和环境保护的考虑，世界上许多国家，尤其是发达国家如美国、欧洲一些国家、日本、澳大利亚、韩国等都相继制定了长期研究开发计划，力求在未来的10～15年中，促成固体氧化物燃料电池技术商业化。1999年，美国能源部启动了称之为固态能量转换联盟（solid state energy conversion alliance，SECA）的研发计划，集政府、工业界、大学和研发机构于一体，加速固体氧化物燃料电池的商业化，从而带来了固体氧化物燃料电池技术发展的新时代。2000年，Westinghouse和Siemens公司联合建造了世界上第一台220kW的SOFC-GT联合循环电站（图11-8）。

图11-8 Westinghouse和Siemens公司联合建造的世界上第一台220kW的SOFC-GT联合循环电站

SECA的目标是通过政府和产业界共同投入5.14亿美元，在2012年前后将固体氧化物燃料电池的制备成本降低至400美元/kW，年产5万套工作寿命大于4万小时的3～10kW

的发电系统。图 11-9 显示了 SECA-SOFC 的实际成本下降趋势。2000 年时，SOFC 的成本仍高于 1500 美元/kW，到 2010 年，SOFC 的成本已降低至约 175 美元/kW，提前实现了 SECA 规划的成本目标。到 2020 年，SOFC 的成本进一步降低至约 140 美元/kW。成本的持续降低大大促进了 SOFC 的商业化进程。

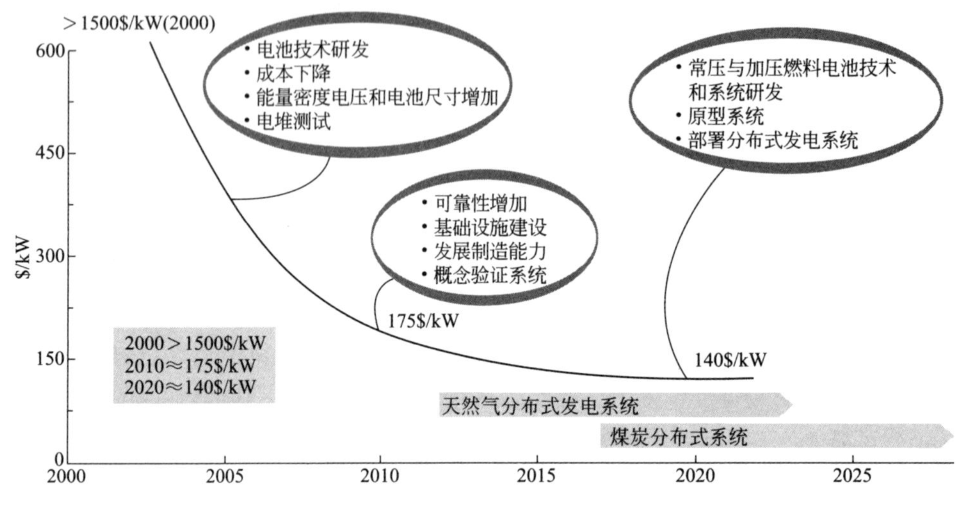

图 11-9 SECA-SOFC 的实际成本下降趋势

到目前为止，固体氧化物燃料电池在技术上经历了从高温（1000℃左右）到中低温（500～850℃）、从管式到平板式等不同的设计开发。Westinghouse 公司率先开始了大直径（22mm×1.8m）管式固体氧化物燃料电池的研制，于 1997 年成功地展示了第一个高温（1000℃左右）管式固体氧化物燃料电池发电站，并已积累了 2 万小时以上的运行经验。但是，由于建造、维护和运行成本太高，商业化十分艰难。该固体氧化物燃料电池电堆成本高的主要原因在于高温对用于固体氧化物燃料电池的材料，尤其是连接体，提出了非常苛刻的要求，在商业化的进程中面临着极大的困难。管式固体氧化物燃料电池最大的特点是不需要高温密封，并可望建成大功率的电站。但是它的功率密度很低，仅约 0.2W/cm^2。目前这种固体氧化物燃料电池主要由 Siemens 和 Westinghouse 公司联合开发。

在 SECA 计划中，Siemens 和 Westinghouse 公司专注于开发新型扁管式固体氧化物燃料电池，运行温度也从 1000℃降至 800℃，以期提高功率密度、降低制造成本。2005 年底的评估结果表明，Siemens 和 Westinghouse 公司开发的固体氧化物燃料电池在性能和成本上尚未达到 SECA 一期目标。

平板式固体氧化物燃料电池是目前最主流的固体氧化物燃料电池类型，工作温度在 500～800℃，已成为固体氧化物燃料电池发展的主流。其主要优点是单电池具有高的功率密度，并且制作成本低；其主要难点是高温密封困难。在美国 SECA 计划中，就有 General Electric（GE）、Cummins、Delphi 和 Fuel Cell Energy 等公司重点对平板固体氧化物燃料电池进行攻关，这些机构将成为美国固体氧化物燃料电池的生产基地。GE 公司已于 2005 年底建成了净功率 5.4kW、发电效率 41%、电堆可用率 90%、衰减率为 1.8%/500h 的固体氧化物燃料电池平板电堆，电堆成本约为 724 $/kW（以 50000 台/a 计），全面达到并超过了部分 SECA 一期指标，GE 也是该计划中目前唯一一个达到 SECA 一期目标的公司，已于 2005 年底顺利率先转入 SECA 二期。

平板式固体氧化物燃料电池既适合于小型分布式发电（1～10kW），也在大型固定发电领域展示着广阔的应用前景。2005 年，美国能源部在 SECA 计划之下，启动了碳基(integrated gasification fuel cell，IGFC）研究项目，GEHPGS、Fuel Cell Energy 和 Siemens Power Generation 等 3 家公司获得了为期 10 年的政府资助，旨在研究开发 100MW 级固体氧化物燃料电池。美国能源部的这一举措开拓了平板式固体氧化物燃料电池的另一重要发展方向。

在 20 世纪 90 年代后期，人们逐渐认识到降低固体氧化物燃料电池工作温度的必要性。中温平板式固体氧化物燃料电池（700～800℃）已被纳入美国能源部 SECA 计划，是目前国际固体氧化物燃料电池研究的前沿和热点。其最突出的优点是在保证高功率密度的同时，可使用不锈钢等合金作为连接体材料，降低了对密封等其他材料的要求，可采用低成本的陶瓷制备工艺，可望大幅降低固体氧化物燃料电池的制造成本。其应用前景是作为固定或移动电源，用于家庭、商业、交通运输和军事等不同领域；满足电网不能覆盖的偏远地区（如山区、草原、海岛、军事设施、航标等）的用电需要以及补充大都市的电力不足。与此同时，为用户提供热水和取暖。

在中低温固体氧化物燃料电池材料方面，迄今为止，已经积累了大量的研究工作，涉及到电解质、阳极、阴极、连接体和密封等材料。然而，其中许多材料仅能在某些性能上满足固体氧化物燃料电池的要求，而同时又存在着这样或那样的缺陷。氧化钇稳定的氧化锆是应用最为广泛的电解质材料。但随着工作温度的降低，其离子导电性逐渐下降，在低于 700℃的工作温度下，很难满足固体氧化物燃料电池的性能要求。而钪稳定的氧化锆复合电解质通过掺杂稀土氧化钪材料大大提升了离子导电性，其在 780℃的电导率与 YSZ 在 1000℃的电导率相当。在中低温条件下，采用钪稳定的氧化锆复合电解质材料的 SOFC 具有更高的电导率和更好的长期稳定性。目前，世界上仅美国 Bloom Energy 公司采用钪稳定的氧化锆电解质材料实现了 SOFC 的产业化（图 11-10）。

图 11-10　Bloom energy 的 SOFC 发电单元

Bloom Energy 公司是全球 SOFC 商用化的领军企业。公司主要产品为 Bloom Energy Server，已更新至第五代，单机输出功率从 100kW 提升至 250kW，发电效率可高达 65%，处于世界领先水平。Bloom Energy 公司是 SOFC 的产业化巨头，在市场总功率 91MW 的 SOFC 产品中占据了 80.9MW（2018 年统计数据）。1MW 的 Bloom Box 可以满足 3250m^2 办公室或 100 户美国家庭的用电需求。目前 Bloom Energy 的百千瓦-兆瓦级 SOFC 电站已经成功为本土多家公司如 Google、FedEx、Wal-Mart、eBay 和 Apple 等的大型数据中心供电，其中 Apple 数据中心 SOFC 发电场的规模已经达到 10MW。

日本 Kyocera 公司研发出了两种形式的阳极支撑型扁管高性能 SOFC 电堆，在此基础上

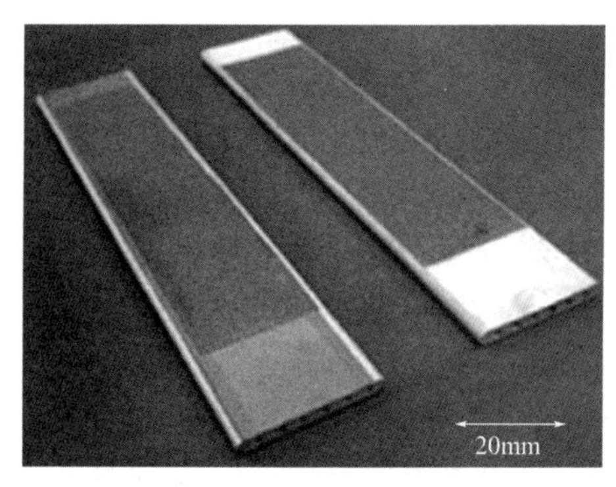

图 11-11　Kyocera 开发的用于家用 CHP 的阳极支撑扁管 SOFC 电池

该公司通过与 Osaka Gas、Aisin、Chofu 和 Toyota 等公司进一步合作成功开发出了家用 SOFC 废热发电系统（combined heating and power，CHP）——ENE-FARM Type S。该系统核心是采用 Kyocera 公司开发的阳极支撑扁管 SOFC 的家用发电系统（图 11-11），其电能转化效率达到了 46.5 %。由于该系统的模块数量少、排出废热少，使得发电单元和供水、供热单元可以紧凑地结合在一起。目前该系统已进入成熟的商业化阶段，利用 SOFC 热电联供发电，最大功率输出约为 700W，并从燃料电池废气中回收热量，用于家用热水箱加热。图 11-12 是基于 SOFC 的 Ene-Farm type S 系统案例，其发电功率 700W，发电效率可达 52%，热电联供效率达到 87%。

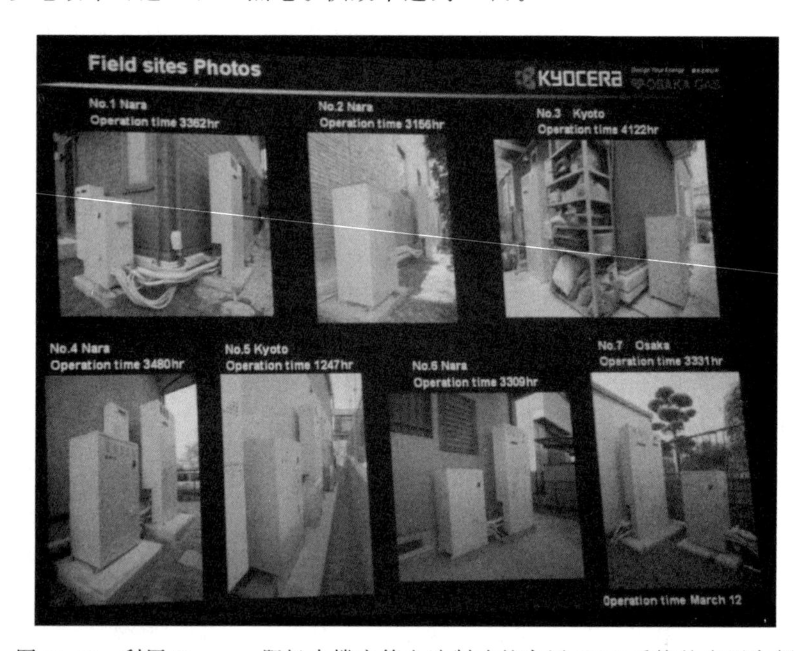

图 11-12　利用 Kyocera 阳极支撑扁管电池制造的家用 CHP 系统的应用案例

我国最早关于固体氧化物燃料电池的研究始于 1970 年代。从 1990 年以后，在科技部、国家计委（现国家发展和改革委员会）、中国科学院等机构部门的资助下，中科院上海硅酸盐研究所、华中科技大学、吉林大学、中国科学院工程研究所（原中科院化冶所）、中国科学技术大学、中国矿业大学、中科院大连化物所、华南理工大学、中科院山西煤炭所等多家研究机构在固体氧化物燃料电池关键材料和制备工艺等方面相继开展了探索和研究工作，积累了宝贵的经验，掌握了固体氧化物燃料电池关键粉体、大面积支撑体、密封、金属连接板的制备技术，具备了建造固体氧化物燃料电池电堆和系统的基础与能力。目前国内已有少数几家公司开始生产 SOFC 产品。比如潮州三环（集团）股份有限公司已批量生产成熟的固体电解质膜片和阳极支撑型平板式电堆；宁波索福人能源已生产出 700W 和 2kW 电堆产品，华清新能源也具备生产单电池、100W～5kW 电堆、发电系统和千瓦级测试系统的能力。然而由于起步晚、投入少，我国固体氧化物燃料电池研发的总体水平与美国、德国、日本等发达国家的先进水平存在着一段不小的差距，尤其是在电堆设计、组装与系统集成等方面差距较大。近十几年来，在科技部和中科院的大力支持下，我国 SOFC 材料研究与国际接轨，一批科研机构分别开发了不同结构和技术路线的电堆，尝试了小型的示范系统开发，并培养了一大批人才，为后续的产业化发展奠定了坚实的基础。结合国内已有基础和目前低碳化的需求，一批大型企业已经开始了 SOFC 的系统集成研发，我国已具备快速追赶国际先进水平的条件。

习题

一、简答题

1. 简述固体氧化物燃料电池的优缺点。

2. 比较管式、平板式和瓦楞式固体氧化物燃料电池。

二、讨论题

1. 查阅资料，相比其他发电技术，固体氧化物燃料电池有什么优势？发展前景如何？

2. 你认为目前国内的固体氧化物燃料电池还需解决哪些材料和技术难题才有望赶超国际先进水平？

参考文献

[1] 孙克宁. 固体氧化物燃料电池 [M]. 北京：科学出版社，2020.

[2] Ryan O'Hayre，车硕源，Whitney Colella，著. 燃料电池基础 [M]. 王晓红，黄宏，等，译. 北京：电子工业出版社，2007.

[3] 衣宝廉. 燃料电池——原理 • 技术 • 应用 [M]. 北京：化学工业出版社，2003.

附录1　实验指导

实验1　氢循环利用演示实验

一、实验目的

熟悉氢的循环利用技术路线

二、实验设备及实验原理

1. 实验设备

氢循环利用演示装置

2. 氢循环利用原理

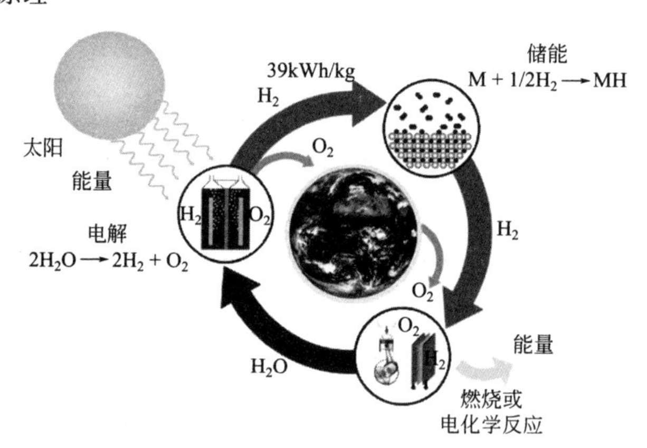

附录图1　氢循环利用原理图

采用太阳能电解水制氢、氢氧燃料电池发电，以提供给小型电器（风扇）电力。燃料电池发电后生成水进入自然界循环，重新进入制氢过程，完成整个氢循环利用。

三、实验方法及操作步骤

1. 实验装置组装

按照说明书提示依次安装各部件。

2. 氢循环利用技术路线的实现

依次打开水通路和气体通路，然后打开光源，使太阳电池板开始工作，观察电解槽中的气体产生过程，观察燃料电池发电后电器的运转情况。

3. 实验装置的拆装

本演示实验完成后把各部件拆卸，清理其中的水和污渍，装箱。

四、实验报告要求

（1）画出氢循环利用的其中一条技术路线图；

（2）给出氢循环利用演示装置2个关键环节（即制氢和应用）的工作原理，并描述所观察到的现象。

实验2 电解池阴极制氢反应催化电极催化性能测试

演示视频

一、实验目的

（1）了解电解水制氢的基本原理；

（2）了解电解水制氢催化电极性能表征方法和分析方法；

（3）完成制氢反应催化电极性能曲线绘制，计算催化电极给定电位下单位时间产氢量以及催化电极的电化学活性面积。

二、实验设备及实验原理

1. 实验设备

电化学工作站。

2. 三电极体系测试制氢催化电极性能

在三电极体系中，将所需研究的催化电极制作成工作电极，与辅助电极组成一个串联回路，使工作电极上的电流畅通。工作电极的电势由参比电极来控制，参比电极的尖端放置在工作电极的附近，以减小溶液电阻。

采用的电化学方法有循环伏安法（cyclic voltammetry，CV）、线性扫描伏安法（linear sweep voltammetry，LSV）和计时电流法（fixed potential amperometry，I-t）。

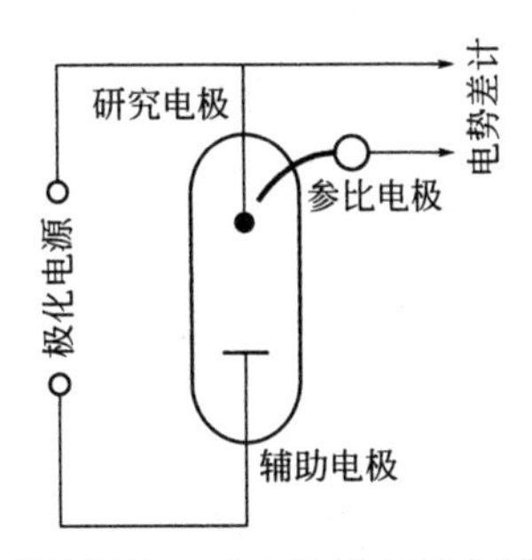

附录图2 三电极体系示意图

3. 实验原理

电解水过程是利用直流电电解水生成氢气和氧气的过程。电流通过水时，分别在电解池阴阳极发生电化学反应（即阴极的还原反应和阳极的氧化反应），分别生成可收集的氢气以及氧气。

在标准大气压和室温下，阴极上析氢反应的标准电极电势为0.00V（vs. RHE），阳极上析氧反应的标准电极电势为1.23V（vs. RHE），因此在常温常压下，电解水所需要的理论最小电压为1.23V。但实际上，由于反应动力学能垒（即活化能）等因素的存在，导致电解池难以在槽压为1.23V下工作，一般情况下，其都会远高于1.23V。因此，开发合适的催化电极以降低两极反应的动力学能垒，实现电解池槽压的降低非常重要。

本实验中只针对阴极反应进行研究，利用三电极体系，测定阴极催化剂催化性能。

（1）通过LSV曲线读取催化电极催化析氢反应的起始电位和$10mA \cdot cm^{-2}$电流密度下的过电位；

（2）通过I-t曲线计算给定电位下单位时间的产氢量：

$$V_{specific}(H_2)=V(H_2)/t \tag{附录-1}$$

$$V(H_2)=m(H_2)/\rho(H_2) \tag{附录-2}$$

$$m(H_2)=n(H_2)\times M(H_2) \tag{附录-3}$$

$$n(H_2)=\frac{\int I\,dt}{2F} \tag{附录-4}$$

式中，$V_{specific}(H_2)$为单位时间产氢量，L/s；$V(H_2)$为氢气的体积；t为电解时间，s；$m(H_2)$为氢气的质量，g；$\rho(H_2)$为氢气的密度，0.0899g/L；$n(H_2)$为氢气的物质的量，mol；$M(H_2)$为氢气的摩尔质量，2g/mol；I为测定电流，A；F为法拉第常数，96485C/mol。

（3）在电极的非法拉第过程区域，利用循环伏安法检测目标催化电极的真实比表面积。

利用循环伏安曲线测得待测催化电极的双电层电容，随后将其与纯汞电极光滑表面单位面积上的微分电容$C=20\mu F \cdot cm^{-2}$基准作比较，获得待测电极的表面粗糙度。

$$j_{dl,ave}=\frac{|j_a|+|j_c|}{2}=C_{dl}\left(\frac{dE}{dt}\right) \tag{附录-5}$$

$$\gamma_{roughness}=C_{dl}/20\mu F \cdot cm^{-2} \tag{附录-6}$$

$$\gamma_{roughness}=S_{true}/S_{surface} \tag{附录-7}$$

式中，C_{dl}为电极的微分电容，$F \cdot cm^{-2}$；j_c、j_a为阴极、阳极的电流密度，$A \cdot cm^{-2}$；dE/dt为扫描速度，V/s；S_{true}为电极的真实比表面积，cm^{-2}；$\gamma_{roughness}$为表面粗糙度；$20\mu F \cdot cm^{-2}$为以Hg/HgO的光滑表面为基准，单位面积上的微分电容。

三、实验方法及操作步骤

（1）利用待测催化电极进行三电极体系组装；配置所需电解液（1M KOH溶液）。

（2）利用电化学工作站对待测催化电极进行CV、LSV和I-t测试。

CV测试的电化学窗口为：[0.1～0.2V（vs. RHE）；扫描速度为：5mV/s、10mV/s、20mV/s、30mV/s、40mV/s和50mV/s。

LSV测试的电化学窗口为：−0.6～0.1V（vs. RHE）；扫描速度为：5mV/s。

I-t测试的电位−0.4V（vs. RHE）；测试时间为：10min。

四、实验报告要求

（1）要求对所得电化学测试数据进行曲线绘制；CV横坐标为E vs. RHE（V），纵坐标

为 j（mA·cm^{-2}）；LSV 横坐标为 E vs. RHE（V），纵坐标为 j（mA·cm^{-2}）；I-t 横坐标为 t（s），纵坐标为 j（mA·cm^{-2}）。

（2）通过 I-t 曲线计算单位时间的产氢量。

（3）利用不同扫描速度下的 CV 曲线计算催化电极的真实比表面积。

实验 3　储氢材料吸氢动力学性能及放氢 PCT 曲线的测试

一、实验目的

（1）了解 PCT 测试仪的测试原理。

（2）完成储氢材料吸氢动力学曲线及放氢 PCT 曲线的绘制，并给出最大吸、放氢量和中值平台压力。

二、实验设备及实验原理

1. 实验设备

PCT 测试仪。

2. PCT 测试仪

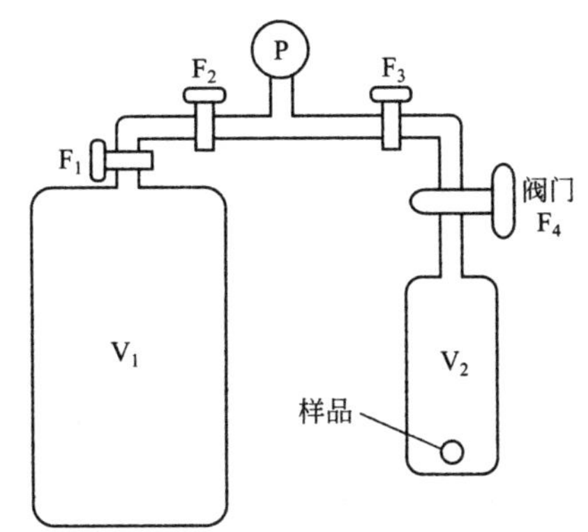

附录图 3　PCT 测试仪示意图

V_1—蓄容器；V_2—样品反应器；P—压力传感器；F_1—进气阀；F_2—放气阀；F_3—真空阀；F_4—V_1-V_2 连接阀

3. 实验原理

采用定容法测试贮氢材料与氢的反应速度及其吸放氢量。定容法是根据一定容积容器中的压力变化，由理想气体状态方程 PV＝nRT 求出氢的反应量，并计算出反应速度。

反应方程式：
$$M+H_x \longrightarrow MH_x \tag{附录-8}$$

吸氢量的计算公式：
$$X=\frac{\Delta p V_0}{mRT}\times 2\times 100\% \tag{附录-9}$$

式中，X 表示合金的吸氢量，%（质量分数）；Δp 表示测试过程中由于吸氢引起的压力变化，MPa；p_0 表示标准大气压，MPa；V_0 表示样品反应器、蓄容气及管道的总体积；m

表示所测合金的质量，g；$R=8.314$，为气体常数；T 表示样品测试温度，K。

放氢量的计算如下。

根据放氢 PCT 测试的操作过程记录数据，由于 V_1、V_2 的体积固定，根据理想气体状态方程，可计算出阀门打开后系统瞬间的平衡压力 P_{b1}、P_{b1} 为样品与气体不发生反应时系统的平衡压，因此：

$$p_{b1}=(p_0V_2+p_1V_1)/(V_1+V_2) \qquad \text{(附录-10)}$$

样品开始吸氢后，压力会逐渐下降。通过所测得的 p_1' 与 p_{b1} 的气体压力值，则可以计算出参加反应的气体的量 n_1

$$n_1=(p_1'-p_{b1})\cdot(V_1+V_2)/RT \qquad \text{(附录-11)}$$

对应的合金放氢量（质量分数）为：

$$\Delta w_1=2n_1/m\times100\%=(p_1'-p_{b1})\cdot(v_1+v_2)/(mRT)\times2\times100\% \qquad \text{(附录-12)}$$

不断降低 V_1 的压力，可以再次测量含氢量变化，这样可以依次得到 Δw_2，Δw_3，…，Δw_n。

由此可以计算出合金总放氢量：

$$\Delta w=\Delta w_1+\Delta w_2+\Delta w_3+\cdots+\Delta w_n \qquad \text{(附录-13)}$$

三、实验方法及操作步骤

3.1　实验前样品处理

将合金铸锭样品机械破碎至 ϕ5mm 左右，称取 3g 左右的合金颗粒装入反应器 V_2，依次打开真空泵开关，真空阀门 F_3 及 V_1-V_2 连接阀 F_4 将 V_1、V_2 及管道内的空气排干净。

3.2　吸氢动力学测试

首先打开高压氢气瓶，在蓄容器 V_1 中充入 4MPa 的氢气，打开 V_1-V_2 连接阀 F_4，记录压力随着时间变化的数据。

3.3　放氢 PCT 测试

记录步骤 3.2 压力达到平衡后的压力值 p_0。关闭阀门 F_4，打开放气阀 F_2，使蓄容器 V_1 压力降至 p_1。打开阀门 F_4，此时样品开始放氢，当压力数值不变（即达到压力平衡）时，记录此时的压力值 p_1'。再次关闭阀门 F_4，重复上述步骤，可以得到一系列的 p_2、p_2'、p_3、p_3'、…、p_n、p_n'。

不断降低 V_1 中的压力，可以再次测量放氢量变化，这样得到一系列的 Δw_n、p_n。将 Δw_n 累加，即可得到合金对应每个平衡压 p_n 的绝对放氢量 Δw，由此可得到一系列坐标（Δw，p_n）。将其绘制在压力-氢含量坐标中，即得到合金的放氢 PCT 曲线。

四、实验报告要求

（1）画出合金的吸氢动力学曲线，横坐标为时间（单位：min），纵坐标为吸氢量［单位：%（质量分数）］。

（2）画出合金的放氢 PCT 曲线，横坐标为氢含量［单位：%（质量分数）］，纵坐标为平台压力（单位：MPa）。

（3）计算合金的最大吸氢量及放氢量，读出中值平台压。

实验 4 质子交换膜燃料电池单电池的组装及测试

一、实验目的

（1）了解质子交换膜燃料电池关键材料（催化剂、膜和电极）与膜电极部件及单电池之间的关系；

（2）掌握单电池的组装及工作极化曲线测试方法。

二、实验仪器、材料及原理

1. 实验仪器

燃料电池测试系统

2. 实验材料

膜电极：包括 Nafion212 膜、铂碳催化剂和碳纸、单电池；

模具：包括集流板、垫片、端板、螺钉等；

其他：扭力扳手、氢气、氧气。

3. 实验原理

质子交换膜燃料电池，采用高分子膜作为固态电解质，具有能量转换率高、低温启动、无电解质泄露等特点，被广泛用于轻型汽车、便携式电源以及小型驱动装置等领域，是目前研究最热门的一种燃料电池，其在汽车领域的应用研究更是备受关注。实验室研究质子交换膜燃料电池都是从单电池开始，单电池是构成电堆的基本单元，主要用来研究和测试燃料电池关键材料和部件性能，为燃料电池电堆的设计和构造提供实验数据支撑。单电池主要由电极、催化剂和质子交换膜关键材料及集流板、垫片和端板等辅助材料构成。其中，催化剂、膜和电极通过一定方式连接构成了电池的核心部件——膜电极。

当以氢气为阳极燃料，氧气为阴极氧化剂时，单电池的阳极、阴极以及总反应如下：

阳极反应： $$2H_2 \longrightarrow 4H^+ + 4e^- \quad \text{(附录-14)}$$

阴极反应： $$O_2 + 4H^+ + 4e^- \longrightarrow 2H_2O \quad \text{(附录-15)}$$

电池总反应： $$2H_2 + O_2 \longrightarrow 2H_2O \quad \text{(附录-16)}$$

三、实验方法及操作步骤

（1）单电池的组装：首先在端板上相应位置依次对齐对称放置集流板、垫片、膜电极、垫片、集流板；接着放好另一个端板，用手缓慢旋紧螺钉初步紧固电池，使用扭力扳手在一定力度下将电池进一步紧固，这样就完成了单电池的组装。

（2）单电池性能测试：将单电池放在燃料电池测试系统的样品台上，连接好燃料气体进出口管路和测试线，开启燃料电池测试系统，打开电脑和测试软件，预热一段时间后，开启燃料气体钢瓶阀门，在电脑上设置燃料电池极化测试运行参数，达到测试要求后，开始测试；测试完成后，导出数据，作图，即可得到单电池的工作极化曲线。

四、实验报告要求

（1）画出燃料电池单电池的常规结构示意图，标注关键材料和核心部件；

（2）画出单电池工作极化曲线，解读电池性能；

（3）思考影响单电池工作极化曲线的可能因素。

附录2　本书思政元素导引

章节	页码	思政元素	学生素养
第1章	7	我国近年来发展氢能的重大举措及目前氢能产业发展水平	使学生意识到从事新能源行业是幸运的，同时也要通过努力学习，为国家的能源事业贡献力量，培养学生的专业自豪感和历史使命感
第3章	45	强化“双碳”目标概念	培养学生大国担当意识
	52	国内电解水制氢的技术进展和水平	培养学生爱国主义情操、紧跟国家电解水制氢发展的前沿技术
	59	我国政府对可再生能源制氢的政策导向以及未来可再生能源能供给的可能性	培养学生锐意创新的精神和爱国主义情操，紧跟国家战略发展方向
	64	我国在生物质制氢领域的优势	培养学生民族自信心和探索科学海洋的意识
第4章	74	我国发展液氢容器的进展	培养学生勇于开拓的精神
	85	国内钒基储氢合金的研发水平	培养学生民族自豪感
	96	我国在金属N-H体系储氢材料方向的开创性成果	培养学生开拓创新的意识和自信心
	97	我国在有机液态储氢领域的研发水平	培养学生开拓创新的意识和自信心
第5章	103	国内外燃料电池车的总体情况和研究进展	让学生了解燃料电池车产业的最新发展，培养学生锐意创新的精神
	105	以国内氢能发电机产品为例，说明该燃料电池技术产业化的可行性	培养学生民族自豪感和爱国主义情操
	107	国内低压固态储氢技术的发展状态	培养学生锐意创新的精神
	109	国内镍氢电池领域发展水平	培养学生锐意创新的精神
第6章	112	我国“碳中和”和“碳达峰”双碳目标的提出及氢能机遇背景	培养学生紧跟国家前沿能源政策、重大战略急需导向思维
	113	国际氢能学会（IAHE）大奖：“威廉·格罗夫爵士”奖及我国的获奖情况	培养学生爱国主义情操和攀登科学高峰的意志
	117	我国燃料电池电堆的代表企业及其取得的突破性进展	培养学生锐意创新的精神和爱国主义情操
	118	我国在燃料电池电堆领域的技术水平	培养学生爱国主义情操和攀登科学高峰的意志
	118	我国在燃料电池领域的开创性成果	培养学生锐意创新的精神、攀登科学高峰的意志和工匠精神
	120	我国在燃料电池电极材料领域的研发水平	培养学生攀登科学高峰的意志，清楚碳纤维产业未来方向

续表

章节	页码	思政元素	学生素养
第6章	123	我国在燃料电池铂催化剂领域的研发水平	培养学生锐意创新的精神、攀登科学高峰的意志，清楚铂催化剂产业未来方向
	125	我国在燃料电池质子交换膜材料领域的研发水平及开创性成果	培养学生民族自豪感、锐意创新的精神、攀登科学高峰的意志和工匠精神
	129	我国在燃料电池双极板领域的代表性企业及研发水平	培养学生爱国主义精神和攀登科学高峰的意志，清楚双极板产业未来方向
	134	我国在燃料电池膜电极产品方面的代表企业	培养学生爱国主义精神和攀登科学高峰的意志
	135	武汉理工新能源和大连新源动力两家的燃料电池膜电极产品及国内总体的膜电极技术水平	培养学生爱国主义精神和攀登科学高峰的意志，清楚膜电极产业未来方向
	137	陈立泉院士提出的燃料电池发展思路、目标和重点任务等	培养学生攀登科学高峰的意志，清楚燃料电池关键材料产业未来方向
	138	我国的燃料电池产业链现状	培养学生的爱国主义精神、锐意创新的精神和攀登科学高峰的意志，清楚我国燃料电池技术任重而道远
	145	我国的燃料电池关键材料、关键技术总体水平	培养学生的爱国主义精神
	146	我国首款真正具有商业化意义的燃料电池车产品——FCV80轻客车型	培养学生的爱国主义精神
		我国首发的第一款氢燃料电池汽车——格罗夫	培养学生的爱国主义精神
	146-147	我国燃料电池与国外的差距及优势	培养学生的爱国主义精神和攀登科学高峰的意志
	147	我国的燃料电池短、中、长期发展规划	培养学生的爱国主义精神和攀登科学高峰的意志
第7章	155	我国的碱性燃料电池发展现状	培养学生的爱国主义精神和攀登科学高峰的意志
第8章	159	我国发展磷酸燃料电池的优势	让学生清楚我国的天然气能源状况及发展磷酸燃料电池的重要性
第9章	167	我国的质子交换膜燃料电池技术（以中国科学院大连化学物理研究所为代表）与发达国家处于同一起跑线	培养学生的爱国主义精神、锐意创新的精神和攀登科学高峰的意志
	167	我国科技部门对质子交换膜燃料电池予以大力支持	培养学生的爱国主义精神，清楚燃料电池汽车产业规划方向
	168	我国的质子交换膜燃料电池代表单位及总体技术水平	培养学生的爱国主义精神和攀登科学高峰的意志
第10章	172	概述了我国熔融碳酸盐燃料电池研究现状及初步产业化情况	培养学生的爱国主义精神、锐意创新的精神和攀登科学高峰的意志
第11章	182	我国的固体氧化物燃料电池研究进展、产业化状况和与国外的差距及总体水平	培养学生的爱国主义精神、锐意创新的精神和攀登科学高峰的意志，让学生清楚我国固体氧化物燃料电池的现状